SCHMERZEN FORMEN

Johannes Maria Breuer

SCHMERZEN FORMEN

Agentielles Design in der
Schmerzerfassung

 Springer Vieweg

Johannes Maria Breuer
Bauhaus-Universität Weimar
Weimar, Deutschland

Dissertation Bauhaus-Universität Weimar, 2024.
u.d.T. Johannes Breuer: „SCHMERZEN FORMEN – Designbasierte Entwicklung einer visuell-haptischen Erfassung individueller Schmerzerfahrung mittels interaktiver Eingabe- und Darstellungsformen"

ISBN 978-3-658-45976-5   ISBN 978-3-658-45977-2   (eBook)
https://doi.org/10.1007/978-3-658-45977-2

Die Deutsche Nationalbibliothek verzeichnet diese Publikation in der Deutschen Nationalbibliografie; detaillierte bibliografische Daten sind im Internet über https://portal.dnb.de abrufbar.

Gefördert durch das Bauhaus-Promotions-Stipendium und das Promotionsabschluss-Stipendium der Bauhaus-Universität Weimar.

Planung/Lektorat: Friederike Lierheimer
Springer Vieweg ist ein Imprint der eingetragenen Gesellschaft Springer Fachmedien Wiesbaden GmbH und ist ein Teil von Springer Nature.
Die Anschrift der Gesellschaft ist: Abraham-Lincoln-Str. 46, 65189 Wiesbaden, Germany

Für Margot und Ulrich

Danksagung

Ich möchte mich bei all jenen bedanken, die mich während der Entstehungszeit der vorliegenden Arbeit begleitet haben. Ohne ihre Unterstützung hätte dieses Projekt so nicht entstehen können. Für eine jederzeit anregende Betreuung bedanke ich mich bei meinen Mentoren, Prof. Dr. Jan Willmann und Prof. Andreas Mühlenberend. Dank an Prof. Kora Kimpel für die Begutachtung der Arbeit.

Ich bedanke mich beim PhD-Programm der Bauhaus-Universität Weimar und bei Prof. Dr. Alex Toland.

Ich bedanke mich bei Prof. Dr. Winfried Meißner, Dr. Philipp Baumbach, Dr. Christin Arnold und dem gesamten Team der interdisziplinären Schmerztagesklinik des Universitätsklinikums Jena für die Unterstützung in der Durchführung dieses Projektes. Danke an Daniel Stachnik für die professionelle und stets konstruktive Zusammenarbeit bei der Umsetzung des Demonstrators.

Ich bedanke mich bei meiner Familie, meinen Freund*innen und Kolleg*innen: Julia Breuer, Margot und Ulrich Breuer, Theresa und Tristan Heider, Catrin und Thilo Rückeis.

Dr. Marlene Bart, Maximilian Rünker, Dr. Tobias Held, Oliver Trepte.

Die Professur Jan Willmann, Michael Braun, Timm Burkhardt, Niklas Hamann, Anna Magdalena Lukasek, Dr. Jennifer Moosbrugger, Elias Falk Paul Naphausen, Natascha Tümpel.

Das Fraunhofer CeRR und speziell Dr. Marie Lena Heidingsfelder.

Joschua Senger, Tim Winterhalter und Jan Höckesfeld.

Jasper Mecklenburg und Christian Friedow.

Inhaltsverzeichnis

Abkürzungsverzeichnis

ABC	Activity Based Checks
ANT	Akteur Netzwerk Theorie
BPI	Brief Pain Index
CAD	Computer-Aided Design
CBASP	Cognitive Behavioral Analysis System of Psychotherapy
CERN	Conseil européen pour la recherche nucléaire
CSS	Cascading Style Sheets
DFNS	Deutscher Forschungsverbund Neuropathischer Schmerz
DIN	Deutsches Institut für Normung
EEG	Elektroenzephalografie
EKG	Elektrokardiogramm
FHIR	Fast Healthcare Interoperability Resource
GPS	Global Positioning System
GRIP	The Graphical Index of Pain
GUI	Graphical User Interface
HCI	Human Computer Interaction
HDMI	High-Definition Multimedia Interface
HL	Health Level Seven International
HSL	Hue Saturation Lightness
HTML	Hypertext Markup Language
ISO	Internationale Organisation für Normung
IT	Informationstechnik
KIS	Krankenhausinformationssystem
MARS	Mobile App Rating Scale

NRS	Numerische Rating-Skala
OS	Operating System
PC	Personal Computer
PROM	Patient Reported Outcome Measures
QST	Quantitative Sensorische Testung
SMS	Short Message Service
SUS	System-Usability-Scale
UI	User Interface
USB	Universal Serial Bus
UX	User Experience
VAS	Visual Analogue Scale
WHO	World Health Organization
WLAN	Wireless Local Area Network
WWW	World Wide Web

Abbildungsverzeichnis

Tabellenverzeichnis

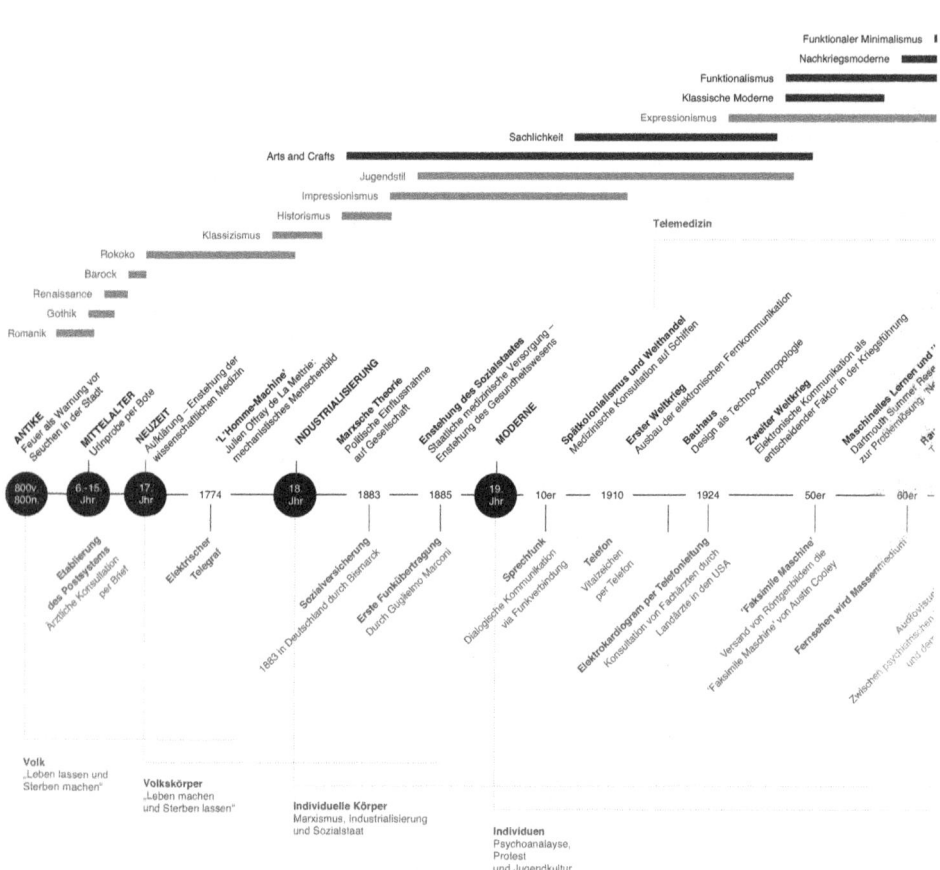

Abbildung Historische Entwicklung digitaler Gesundheitsversorgung

Postmoderne

Radical Design

Space Age

mHealth

eHealth

KI
...arch Projekt, Algorythmen
...uronale Netze"

...mfahrt
...echnologietreiber für
...Telemedizinische Versorgungskonzepte

Protest und Postmoderne
Jugendkultur als Massenphänomen
politisierung und Umweltbewegung

Erste PCs

GLOBALISIERUNGS MODERNE

SMS und Chats
Neue Formen der Schriftkommunikation
Emojis und Abkürzungen

Cloud-Computing
Universelle Verfügbarkeit von
Rechenleistung

Social Media
Inszenierung der eigenen Person
in sozialen Netzwerken

Big Data Analytics
Auswertung durch Mustererkennung
in ungeordneten Datenpools

Quantify-Self
Erfassen der entwicklung
der eigenen Person in Daten

Sensorik und Internet of Things
Automatisierte Datenerhebung
und Vernetzung durch SmartDevices

Wearables
Zunehmende Akzeptanz von
Wearables wie Smartwatches
oder drahtlosen Kopfhörern

| 1964 | 70er | 90er | 1997 | 00er | 2001 | 2006 | 2007 | 2008 | 2014 | 2015 | 2018 |

...lie Telemedizin
...Hospital in Nebraska
...Norfolk State Hospital

Computerbasierte Diagnostik

PCs und WWW

Deep Blue
Amtierender Schachweltmeister wird
durch reine Rechenleistung geschlagen

iTunes Music Store
Content on Demand

Google Health Kit
Tech-Unternehmen werden Akteure
der Gesundheitsversorgung

iPhone
Etablierung des Smartphones

Apple App Store & Google Play Store
Smartphones erhalten universelle Funktionalitäten
durch öffnung der Plattform für Entwickler

Apple Watch & Health Kit
Auftritt eines Technologiekonzerns als
Instanz in Gesundheitsfragen

eHealth Gesetz
Förderung von Apps und IKT in der
Gesundheitsversorgung

Auflösung des Fernbehandlungsverbotes
Bundesärztekammer eröffnet die Möglichkeit für
praktizierende Ärzte über IKT zu praktizieren

Gemachtes „Ich"
Avatare,
Social Media und
Quantify Self

Einleitung: Digitale Schmerzerfassung und personalisierte Medizin

1

In den letzten Jahrzenten lassen sich in der Gesundheitsversorgung zwei wesentliche Trends beobachten. Einer zunehmenden Digitalisierung[1] und Datengetriebenheit[2] in der Medizin, die mit einer Absenkung von Zugänglichkeitsschwellen und sinkenden Kosten durch den Einsatz von Informationstechnik[3] einhergeht, steht eine zunehmende Personalisierung der Versorgung gegenüber. Letztere strebt unter dem Label einer patient*innenzentrierten[4] Medizin eine Fokussierung auf individuelle Patient*innebedarfe an, statt wie bisher spezifische fachliche Routinen auszuagieren und mechanistisch-empiristischen Paradigmen zu folgen. In der vorliegenden Arbeit wird ein neuer Ansatz zur Schmerzerfassung entwickelt

---

[1] Der Begriff ‚Digitalisierung' umfasst die digitale Transformation von Information und Kommunikation sowie die Modifikation von Instrumenten und Geräten durch digitale Technologien. In einer weiteren Lesart steht er auch für eine „digitale Revolution" und wird oft mit Begriffen wie „Informationszeitalter" und „Computerisierung" in Verbindung gebracht [30].

[2] ‚Datengetriebene Medizin' ist eine Richtung der Medizin, die Gesundheitsdaten nutzt, um die medizinische Versorgung zu verbessern. Durch die Analyse verschiedener Datenquellen können maßgeschneiderte Behandlungsstrategien entwickelt, Krankheitsrisiken vorhergesagt und gezielte Prävention ermöglicht werden [22].

[3] Unter ‚Informationstechnik' versteht man die Verarbeitung, Übertragung und Speicherung von Informationen mithilfe von Computern und Kommunikationssystemen [163].

[4] ‚Patientenzentrierte Medizin' bezeichnet einen Ansatz, bei dem Patient*innen als aktive Partner in den medizinischen Entscheidungsprozess einbezogen werden. Dabei werden individuelle Bedürfnisse, Werte und Präferenzen der Patient*innen berücksichtigt, um eine ganzheitliche und auf sie abgestimmte medizinische Versorgung zu gewährleisten [297].

J. M. Breuer, *SCHMERZEN FORMEN*,
https://doi.org/10.1007/978-3-658-45977-2_1

und erprobt. Er demonstriert, dass in einem verantwortungsvollen, menschzentrierten[5] Designverständnis beide Entwicklungen verbunden sind. Thema der Arbeit ist die Schmerzerfassung bzw. die individuelle Schmerzartikulation mittels visuell-haptischer Schnittstellen[6]. Sie soll vor dem Hintergrund der genannten Trends der Digitalisierung und einer patient*innenzentrierten Medizin neu gefasst werden. Untersuchungsgegenstand ist die Interaktivität[7] der Erfassung – also die dialogische Beziehung zwischen der Eingabe der Nutzer*innen und ihrer Reaktion.

Was ist unter einer Schmerzerfassung aus der Perspektive des Designs, bzw. des menschzentrierten Designs zu verstehen? Der Ansatz geht davon aus, dass der Schmerz als subjektive Erfahrung stets einer „ästhetischen Anreicherung" [66] bedarf, um zu einem kommunizierbaren Gegenstand zu werden. Er benötigt eine *Form*. Eine in der Disziplin des Designs verortete Arbeit muss sich daher mit der Formgebung des Schmerzes auseinandersetzen. Die Mehrdeutigkeit des Titels verweist auf einen doppelten Zugang: Bei der Artikulation von Schmerzen hat die Gestaltung des Mediums[8] einen wesentlichen Einfluss darauf, welche

---

[5] ‚Menschzentriertes Design' beschreibt einen Gestaltungsansatz bzw. eine Haltung, nach welcher zu entwickelnde Lösungen auf allgemeine menschliche Bedürfnisse eingeht. In diesem Sinne kann menschzentriertes Design auch als eine Form des ethischen Designs betrachtet werden. Neben diesem Verständnis ist außerdem der aus dem Bereich der Computer-Mensch-Interaktion (HCI: Human-ComputerInteraction) stammende menschenzentrierte Entwicklungsprozess zu nennen, der ein strukturiertes Vorgehen und Formen der Evaluation anhand von Kriterien der Nutzbarkeit und Nutzer*innenerfahrung bezeichnet (s. Abschnitt 2.3.1.1).

[6] Die vorliegende Arbeit untersucht Schmerzerfassung unter dem Aspekt ihrer visuell-grafischen Artikulation. Die Eingrenzung ist einerseits auf die aktuelle Dominanz dieser Interaktionsform im Bereich digitaler Endgeräte (s. Abschnitt 2.2.1.1), zum anderen auf das Forschungsumfeld (Bauhaus Universität Weimar) und eigene Expertise zurückzuführen. Sprachbasierte Schmerzartikulation oder Formen der rein taktilen Artikulation bzw. einer Artikulation durch Tonmodulation wären ebenfalls denkbar, werden aber hier nicht behandelt.

[7] ‚Interaktivität' bezieht sich auf die Eigenschaft eines Systems, auf Eingaben oder Aktionen von Benutzern zu reagieren und ihnen die Möglichkeit zu bieten, aktiv mit dem System zu interagieren; sie geht damit über eine reine Transmission von Informationen hinaus [141]. Ein anderes Konzept beschreibt Grade bzw. Stufen der Interaktivität – von der Rezeption hin zur Konstruktion der Inhalte bei gleichzeitiger „intelligenter" Rückmeldung des Systems [258]. In der vorliegenden Arbeit wird Interaktivität als aktive Interaktion mit einer Softwareanwendung verstanden – speziell durch die Gestaltung einer Input-Output Relation.

[8] Es lässt sich kein einheitliches Verständnis des Begriffs ‚Medium' identifizieren, vielmehr ist er durch eine historische Variabilität gekennzeichnet und fluider Gegenstand medienwissenschaftlicher Debatten. In Bezug auf Medien kann generell zwischen einem syntaktisch-materiellen, einem semantischen und einem die Ebene der kommunikativen Vermittlung

Aspekte überhaupt mitgeteilt werden können. Für ein dialogisch agierendes System liegt darin eine große Chance. Denn es bietet grundsätzlich das Potential, sich in besonderer Weise an individuelle Erfahrungen anzupassen und dadurch vorgegebenen Restriktionen der Artikulation entgegenzuwirken. Es überrascht daher, dass die Potentiale der interaktiven Schmerzerfassung noch nicht genutzt worden sind (s. Abschnitt 2.2.1.2). Die vorliegende Arbeit möchte diese Lücke schließen, indem sie die Wirkmacht des Artikulationssystems unter den Begriffen der *Agentialität*[9] und *Affordanz*[10] reflektiert und einen interaktiven Designprozess entsprechend den Bedürfnissen und Zielstellungen der Nutzer*innen gestaltet.

Für die Entwicklung eines Systems, mit dem sich individuelle Schmerzerfahrungen interaktiv artikulieren[11] lassen, braucht es eine Entwicklung aus der Praxis heraus unter Einbezug multipler Perspektiven – es braucht, so die Ausgangsthese, den Ansatz des Designs. Statt einen Formenkatalog zu gestalten und diesen anstelle bisheriger Instrumente einzusetzen, zielt das vorliegende Projekt auf die Nutzung eines bisher zu wenig genutzten Potentials: Es will die Patient*innen selbst in die Artikulation ihrer Schmerzformen einbinden. Dazu soll ein Werkzeug bereitgestellt werden, das einen doppelten Zweck erfüllt: Einerseits erlaubt es, die persönlichen Ausdrucksformen der Patient*innen interaktiv zu ermitteln, andererseits stellt es ein standardisiertes Erfassungsverfahren mit

---

betreffenden Zugang differenziert werden [254]. In dieser Arbeit steht vor allem die kommunikative Ebene im Vordergrund. Dabei geht es um die ‚Mediatisierung‘ von Schmerzerfahrungen, wobei die Reziprozität der syntaktisch-materiellen Eigenschaften mit den resultierenden Semantiken als Ergebnis einer ‚Agentialität‘ der Medienproduktionssysteme begriffen wird.

[9] Der Begriff der ‚Agentialität‘ ist hier im Sinne der Akteur-Netzwerk-Theorie (ANT) zu verstehen und beschreibt die (nicht-intentionale) Beeinflussung eines Umfeldes sowohl durch menschliche als auch nichtmenschliche Akteur*innen [165]. In Bezug auf die Schmerzerfassung soll damit herausgestellt werden, dass die Gestaltung der Software bzw. der Interaktion bspw. bestimmte Aspekte der Schmerzen abfragt und andere unberücksichtigt lässt. Auf diese Weise nimmt sie einen signifikaten Einfluss auf den Akt der Schmerzartikulation (s. Abschnitt 4.4.4.1).

[10] Das Konzept der ‚Affordanz‘ beschreibt wahrgenommene Handlungsmöglichkeiten, die ein Objekt oder eine Umgebung anbietet, basierend auf seinen Eigenschaften und Merkmalen. Aus einer relationalen Perspektive betrachtet können Technologien generell als Affordanzen für bestimmte Handlungen aufgefasst werden und somit als Ermöglicher bestimmter Existenzweisen [vgl. 88].

[11] ‚Schmerzartikulation‘ bezeichnet in dieser Arbeit die Handlung einer Person, mit der sie ihre persönliche Schmerzerfahrungen ausdrückt bzw. kommuniziert. Dies kann durch Worte, Gesten, Mimik bzw. andere Formen der Körpersprache, aber auch mittels technischer Hilfsmittel bzw. Medien geschehen.

eindeutigen Datenpunkten zur Verfügung, welches eine (maschinelle[12]) Auswertung ermöglicht. Entsprechend wird mit einer Auffassung gearbeitet, die Design weniger als die Entwicklung eines abgeschlossenen Projektes, sondern eher als Entwicklung von Infrastrukturen versteht, in denen wiederum eigene Artefakte und Ausdrucksformen entwickelt werden können; eben das kann schließlich zur Ermächtigung der Nutzer*innen führen [vgl. 40].

In jüngerer Zeit ist Design als eine „ästhetische Form der praktischen Welterschließung" bestimmt worden: Es erschließe „Probleme im Lichte ihrer Lösungen" [89]. In dieser Hinsicht macht das Design eines Schmerzerfassungssystems in dem Maße Schmerzen sichtbar, in dem es Schmerzabbildungen unter bestimmten Voraussetzungen erst erschafft. Praktisch bedeutet dies: Die Verantwortung von Designer*innen kann nicht durch den Einbezug von Stakeholdern weitergereicht werden und der Designprozess endet nicht mit der Abgabe des Entwurfs an die Programmierer*in. Vielmehr definiert die Form des Systems die Form der damit erzeugten Bilder. Diese Form bestimmt damit auch die Schmerzen als ein spezifisches Wissen über diese Körper und damit auch über Körperbilder generell. Mit der Anerkennung der Agentialität interaktiver Systeme und ihrer reziproken Schmerzformungseffekte entsteht für Designer*innen eine besondere Verantwortung. Sie wird im vorliegenden Projekt im Sinne eines verantwortungsvollen menschzentrierten Designs reflektiert und ihr soll methodisch begegnet werden.

Mit diesem Zugang möchte die Arbeit einen Beitrag dazu leisten, Menschen bei der Artikulation ihrer Schmerzen zu unterstützen und sie dadurch auch zu ermächtigen. Durch die Entwicklung neuer Formen der Schmerzdarstellung will sie die Situation von Kranken und an Schmerzen leidenden Personen erleichtern helfen.

---

[12] ‚Maschinelles Lernen' meint die Nutzung von adaptiven Algorithmen, um aus Daten ein komplexes Modell zu entwickeln und daraus Wissen abzuleiten. Dieses Modell kann anschließend auf neue, unbekannte Daten angewendet werden, um Vorhersagen zu treffen, ohne vorher festgelegte Regeln oder Berechnungsvorschriften zu benötigen [97]. In Bezug auf die Schmerzerfassung bedeutet dies, dass ein Modell, welches sowohl mit Diagnosen als auch mit zugehörigen Schmerzmessungen angelernt wurde, Vorhersagen machen kann zur statistisch wahrscheinlichen Schmerzerfahrung auf Grundlage der Diagnose, als auch umgekehrt eine auf Wahrscheinlichkeit beruhende Diagnose auf Grundlage der Schmerzmessung vornehmen kann. Die Arbeit argumentiert in diesem Zusammenhang für eine möglichst detailreiche und multifaktorielle Erfassung der Schmerzerfahrung, um diese Vorhersagen stärker auf die persönliche Erfahrung der Patient*innen hin zu optimieren.

1.1 Zusammenfassung der Arbeit

Neben der zunehmenden Datengetriebenheit des gesamten Gesundheitssektors [22] gewinnt die subjektive Erfahrung von Patient*innen als Kriterium in den letzten Jahrzenten verstärkt an Bedeutung [64]. Unter dem Anspruch einer patient*innenzentrierten Medizin wird die Fokussierung auf individuelle Patient*innebedarfe postuliert, statt spezifische fachliche Routinen auszuagieren oder mechanistisch-empiristischen Paradigmen zu folgen. Im Falle der Schmerzerfassung kommen zur Datenerhebung i. d. R. standardisierte Fragebögen zum Einsatz, welche in Papierform, aber zunehmend auch als Onlineformulare oder mobile Anwendungen, den Patient*innen vorgelegt werden. Insgesamt erfüllen diese Formate durch ihre diskreten und deterministischen Optionen kaum oder gar nicht die Ansprüche einer individuellen, patient*innenzentrierten Erhebung. Sie sind aus der Perspektive ihrer Interaktivität als stark reduziert zu bezeichnen, weil sie nur die Wahl zwischen vorab definierten Optionen bereithalten. Dagegen sind digitale Anwendungen wie SmartphoneApps auf Grund ihrer multimedialen[13] und multisensorischen[14] Eingabe- und Darstellungsmöglichkeiten in der Lage, als differenzierte, interaktive Kommunikationsmedien zwischen Behandler*innen und Patient*innen zu fungieren. Auch im Fall einer massiven Individualisierung[15] wären sie in der Lage, eindeutige (und maschinell auswertbare) Datenpunkte zu erzeugen. In diesem Sinne zielt die vorliegende Arbeit

---

[13] Zum Begriff der ‚Multimedialität‘ herrscht keine definitorische Einigkeit. So wird unter Multimedialität einerseits schlicht die Kombination bzw. Verknüpfung verschiedener Medien wie Text-, Bild-, Ton- und Videoinhalte verstanden, aber auch ein generelles Charakteristikum digitaler Systeme bzw. die Grundlage der Mensch-Computer-Interaktion [250]. In dieser Arbeit soll mit dem Begriff der Multimedialität zum Ausdruck gebracht werden, dass unterschiedliche mediale Ebenen und Elemente (potentiell) zum Einsatz kommen, die sich durch Interaktion modellieren lassen.

[14] ‚Multisensorisch‘ weist in diesem Zusammenhang auf die Vielheit unterschiedlicher Datenerfassungen hin, welche beispielsweise beim Formfaktor Smartphone, neben den Tipp- und Wischgesten auf dem berührungsempfindlichen Bildschirm (Touchscreen), auch Geräuscherfassung, Lagesensor und weitere umfasst (s. Abschnitt 2.3.2.).

[15] In diesem Zusammenhang ist mit ‚Individualisierung‘ eine auf persönliche Erfahrungen hin durchgeführte Adaption der Darstellungsparameter (von Schmerzen) gemeint und damit auch eine stärkere Differenzierung der Schmerzartikulation durch die Erhöhung der Anzahl zu modellierender multipler Parameter.

auf die Entwicklung eines interaktiven Erfassungssystems[16] für eine personalisierte Form der haptisch-visuellen[17] Schmerzartikulation. Dazu werden verschiedene Darstellungs- und Animationsparamater[18] zur Schmerzvisualisierung,
sowie deren haptische Steuerung mittels Touchscreen (und anderer Eingabeformen) ermittelt, umgesetzt, getestet und optimiert. Methodisch wird dies durch
vier aufeinanderfolgende iterative Studien und unter Einbezug von Schmerzpatient*innen, sowie Expert*innen aus dem Bereich der Schmerztherapie realisiert.
Die Ergebnisse weisen darauf hin, dass der Ansatz der Entwicklung eigener,
grafischer Artikulationsformen im Kontext der Schmerztherapie generell auf
Akzeptanz stößt, aus der Perspektive der Patient*innen zum Ausdruck subjek-
tiver Erfahrungen nutzbringend ist, sowie Potentiale im Bereich der Anamnese,
Diagnostik und Therapie von Schmerzen aufweist. In dieser Hinsicht bestätigen sich die in der Arbeit verfolgten Hypothesen sowohl zum generellen Ansatz
der haptisch-visuellen Erfassung, als auch zum multidimensionalen Einfluss des
Designs in Bezug auf a) das Erreichen von (ermittelten und angenommenen)
Zielen der Stakeholdergruppen, b) das Konzept von Schmerzen im Allgemeinen,
als auch c) den Einfluss auf die Interaktion zwischen Behandler*innen und Patient*innen, welche sich durch das entwickelte System materialisieren. Dies wurde
unter Berücksichtigung einer besonderen Verantwortung des Designs erreicht, die
verschiedene Dimensionen umfasst: a) die Gestaltung des Prozesses (Recherche, Partizipation und Entwurfsmethoden), b) die Ausgestaltung des Artefakts
(unter Berücksichtigung der Agentialität und der ermittelten Ziele) und c) der
(ethischen) Zielstellung selbst, als Orientierung für den Prozess und oberstes
Kriterium zur Ausgestaltung des Artefakts.

---

[16] Mit ‚Erfassungssystem' ist die Einheit bestehend aus Schmerzdarstellungsparametern,
deren Steuerung sowie die Einbettung in eine Softwareanwendung (mit der Navigation zwischen verschiedenen Funktionen, wie der Schmerz-Lokalisierung und der Modulation von
Darstellungsparametern) gemeint.

[17] Die ‚haptisch-visuelle Erfassung' bezieht sich auf die Interaktion mit einem berührungsempfindlichen Bildschirm, bei dem der Benutzer Aktionen auslösen bzw. Eingaben machen
kann. Dabei werden die Benutzereingaben mittels haptischer Gesten erfasst, entsprechend als
Parametermodulation interpretiert und als Veränderung der Darstellung ausgegeben.

[18] ‚Parameter' ist hier in der Lesart der Informatik als Variable einer Funktionsgleichung
gemeint [161] – als ein flexibler Wert, nach dessen Abhängigkeit eine Veränderung des
Gesamtresultats (in diesem Fall den Eigenschaften der Schmerzvisualisierung) entsteht.
Somit wird eine Zuordnung zwischen verschiedenen Darstellungen (und Animations-) Parametern und Schmerzaspekten/Dimensionen konstruiert und folglich eine Bedingung zwischen der Anzahl der Parameter und dem Detaillierungsgrad der Schmerzartikulation hergestellt.

1.2   Einführung in das Thema

Im Folgenden wird eine Einführung in das Thema gegeben und eine thematische Einbettung der Arbeit vorgenommen. Dazu wird zunächst die Klammer hin zur Gesundheitsversorgung im allgemeinen geöffnet (Einbettung) und im Anschluss daran schrittweise auf das Thema des Designs digitaler Schmerzerfassungssysteme hin geschlossen.

1.2.1   Personalisierte Gesundheitsversorgung und Medizin

Medizin ist die wissenschaftliche Auseinandersetzung mit Krankheit unter der Zielsetzung, individuelle Gesundheit herzustellen. Krankheit wird dabei traditionell pathogenetisch vor allem als Störung der Gesundheit verstanden bzw. Gesundheit als die Absenz von Krankheit [vgl. 56]. Um der Krankheit zu begegnen, operiert die Medizin in den Bereichen a) Prävention/Prophylaxe, verstanden als Maßnahmenbündel zur Vermeidung der Entstehung von Krankheiten, b) Diagnostik, verstanden als Identifikation von Krankheiten und Krankheitszuständen, sowie c) Therapie und Rehabilitation, verstanden als Linderung von krankheitsbedingten Leiden und der (Wieder-) Herstellung von Gesundheit [vgl. 231]. Dabei kommt der Medizin eine besondere Autorität zu, welche sich zum einen auf ihre wissenschaftliche Fundierung stützt (statistisch belastbare und eindeutige Ursache-Wirkungsprinzipien), zum anderen auf ihre staatliche Verankerung (durch das öffentliche Gesundheitswesen oder die staatliche Approbation). Somit nimmt die Medizin insgesamt eine besondere Rolle in Bezug auf die Deutung und Beeinflussung persönlicher wie auch kollektiver Körperlichkeit ein [96]. Dabei berührt sie auch andere Wissenschaften wie Psychologie oder Ethik – speziell dem Ethos des ärztlichen Handelns (Leid zu verringern und die Verpflichtung zu helfen) ist durch den Eid des Hippokrates prominent im Selbstverständnis des Faches verankert [106].

Einem ganzheitlichen Ansatz folgend wird Gesundheit ab der zweiten Hälfte des 20. Jahrhunderts als ‚Zustand des vollkommenen körperlichen, seelischen und sozialen Wohlbefindens und nicht als bloße Abwesenheit von Krankheit oder Gebrechen' verstanden [290]. Nach dieser Auffassung löst sich ein statisches und dichotomes *Gesundsein* (gegenüber dem *Kranksein*) zu Gunsten eines Kontinuums auf, in dem Individuen als mehr oder weniger gesund bzw. krank verortet werden [vgl. 10]. Dieses Kontinuum eröffnet zunehmend den Raum für eine individuelle Gesundheitsauffassung, welche sich von der Deutungshoheit und Autorität statistischer Normen emanzipiert. Während in der Klinik traditionell

Individuen auf Medien ihrer Krankheit reduziert wurden [vgl. 95], gelingt es in der aktuellen medizinischen Praxis zunehmend, Bedingungen für individuelle Gesundheits- und Krankheitszustände zu schaffen. Canguilhems (2017) Definition von Gesundheit, nicht den gängigen Normen zu entsprechen, sondern selbst normativ tätig zu sein, kann damit systematisch umgesetzt werden.

Seit den 1980er Jahren wird diese Entwicklung unter dem Begriff der patient*innenzentierten und personalisierten Medizin diskutiert und zunehmend systematisch in der medizinischen Praxis verankert [184]. Praktisch bedeutet das zum einen eine engmaschige Abstimmung zwischen Patient*innen und Ärzt*innen in der Planung und Durchführung von Therapien, zum anderen eine wachsende Bedeutung der subjektiven Erfahrung von Patient*innen als Kriterium des Erfolgs einer Therapie [184]. So genannte *„Patient-Reported Outcomes Measures"*[19] bestimmen damit zunehmend die Praxis der Gesundheitsversorgung – von der kurzfristigen Abstimmung der Therapie bis hin zur Übernahme der Maßnahmen durch die Krankenkassen [198].

Eine mehr und mehr datengetriebene Medizin, verbunden mit den sinkenden Kosten individueller Genomsequenzierungen, werden perspektivisch zu einer weiteren Personalisierung der Medizin und der Gesundheitsversorgung führen [259]. Dabei ist ebenfalls mit einer sukzessiven Abkehr von normativen Krankheitsauffassungen zu rechnen und einer steigenden Bedeutung der präventiven Medizin, sowie von individueller Gesundheit bzw. *Wellness* als Zustand des Wohlbefindens im körperlichen und seelischen Sinne [vgl. 231]. In den Phänomenen des Quantify Self und Life-Loggings[20] zeigt sich eine schleichende Auflösung der ärztlichen Autorität – aber auch die Verschiebung der Verantwortung von gemeinschaftlichen Instanzen hin zu den Patient*innen selbst, die dann auch privatwirtschaftliche Akteur*innen ins Spiel bringt.

---

[19] Als ‚Patient-Reported Outcome Measurements' (PROMs) werden spezifische Messinstrumente (i. d. R. Fragebögen) zur Erfassung von Informationen zu Gesundheit, Symptomen, Lebensqualität oder anderen Aspekten des Patientenerlebens durch die Patient*innen selbst bezeichnet. PROMs erheben eine subjektive Bewertung und Einschätzung der Patient*innen und dienen der Evaluation von Therapieansätzen, der Erfassung von Behandlungseffekten und der Integration der Patient*innenperspektive in die Gesundheitsversorgung und Forschung [64].

[20] Unter den Begriffen ‚Quantify Self und Life-Logging' wird hier die Praxis des Sammelns von Gesundheitsdaten und persönlichen Erfahrungen subsumiert, die dazu dient, (datengestütze und quantifizierte) Erkenntnisse über das eigene Leben zu gewinnen [vgl. 183].

1.2.2 Digital-ökonomische Implikationen in der Gesundheitsversorgung

Die Entwicklung der Distribution von Körperwissen über technische Geräte, bis hin zum medizinischen Einsatz in Prävention, Diagnostik und Therapie, ist bedingt durch die technologischen Entwicklungen der (Fern-/Tele)-Kommunikation[21]. Bereits in der Antike ist der Einsatz von Kommunikationstechniken zu medizinischen Zwecken belegt [68]. Die Entwicklung spezifischer Geräte zur Fernübertragung von medizinischen Informationen ist allerdings erst seit Beginn des 20. Jahrhunderts zu beobachten und lässt sich auf die Entwicklung der elektronischen Datenübermittlung über Funk und Kabel zurückführen [68]. Vor allem in den 60er Jahren wurden in den Vereinigten Staaten von Amerika verschiedene Pilotprojekte zur Ferndiagnostik per Video und durch Übertragung von EKG und Herztönen zur medizinischen Fernversorgung entwickelt [68]. Bis zum Ende der 1990er Jahre wurde dies praktisch allein von medizinischem Fachpersonal eingesetzt, was sich auch im damals geläufigen Begriff der Tele-*Medizin* widerspiegelt.

Parallel zur Etablierung des World Wide Web[22] – und der damit einhergehenden Onlineservices – wurde der Begriff der *Telemedizin* als Oberbegriff aber zunehmend von dem des *eHealth* abgelöst. Die Verbreitung des Begriffs lässt sich durch seine Nähe zu dem des *eCommerce*[23] erklären und mit der damit verbundenen gesteigerten Attraktivität für Investoren im Vergleich mit dem „Nischenprodukt Telemedizin" [vgl. 76] in Verbindung bringen. Die Veränderung der begrifflichen Tonalität bildet insofern auch den Einstieg neuer ökonomischer Akteur*innen in die Gesundheitsversorgung ab. Das Aufkommen patient*innenenzentrierter *Services*[24] löst die ärztliche Versorgung als primäre

---

[21] Unter ‚Telekommunikation' wird die Übertragung von Informationen, Daten oder Signalen über eine räumliche Distanz hinweg verstanden, um eine Kommunikation zwischen zwei oder mehreren Personen oder Geräten zu ermöglichen [122].

[22] ‚World-Wide-Web' (WWW) bezeichnet den Zusammenschluss einer Vielzahl von Hypertext-Systemen, die als Websites bezeichnet werden, zu einem interaktiven Informations- und Kommunikationssystem [vgl. 153]. Die Inhalte des World-WideWeb bauen strukturell auf der u. a. von Sir Berners-Lee in den 80er Jahren am CERN entwickelte „Hypertext Markup Language" (HTML) auf – einer textbasierten Auszeichnungssprache zur Strukturierung verschiedener Inhalte (bspw. Texten, Bildern), um ein internationales kollaboratives Arbeiten (in der physikalischen Forschung) zu ermöglichen [34].

[23] ‚E-Commerce' bezeichnet den Verkauf von Waren und Dienstleistungen mittels eines „Onlineshops" über digitale Netzwerke [154].

[24] ‚Service' (zu deutsch ‚Digitaler Dienst') umfassen eine breite Palette von Angeboten, die von Websites bis hin zu Internetinfrastrukturdiensten und Onlineplattformen reichen (bspw.

Autorität in der Deutung über den Gesundheitszustand teilweise auf. So ist in den letzten Jahren eine Neupositionierung – vor allem hinsichtlich des Informationsgefälles – der Patient*innen in ihrer Konfrontation mit digitalen Umgebungen zu beobachten [vgl. 86]. Die unmittelbare Leistungsdistribution von Onlineangeboten wie Streamingdiensten[25] und immer kürzere Lieferzeiten im Onlinehandel stellen seit den 2000er Jahren zunehmend die Norm dar, an welcher sich auch die Leistungserbringung in der traditionellen Gesundheitsversorgung messen lassen muss. Die daraus folgende Erwartungshaltung der Nutzer*innen, technologische Entwicklungen wie maschinelles Lernen, sowie Cloud-Computing[26] und die flächendeckende Verbreitung sensorbestückter Apparaturen und mobiler Endgeräte bilden die Rahmenbedingungen für die rezente Entwicklung im Bereich der digitalen Gesundheitsversorgung. Eine in diesem Zusammenhang vielfach geforderte begriffliche Differenzierung zwischen medizinischen Anwendungen (beispielsweise zur Überwachung von chronischen Krankheiten wie Diabetes) auf der einen, sowie *Fitness*- und *Wellness*apps auf der anderen Seite [5, 121, 285] wird auf den Geräten selbst nicht abgebildet.

Es ist anzunehmen, dass digitale Gesundheitssysteme zunehmend als Aktanten, vielleicht sogar als Autoritäten in der Verhandlung individueller Gesundheit an Bedeutung gewinnen werden – ein entsprechender Markt wird auf einen möglichen Jahresumsatz von einer Trillion US-Dollar geschätzt [86]. Entsprechend aktiv in diesem Bereich sind große IT Firmen wie Apple, Google/ Alphabet und Microsoft [13, 113, 191], welche durch ihre privilegierte wirtschaftliche Stellung auch die Gestaltungsmacht besitzen, den Trend weiter voran zu treiben. Im Gegensatz zur staatlichen Fürsorge oder der ärztlichen Ethik (vgl. Abschnitt 1.2.1) entstehen aus wirtschaftlichem Kalkül zunehmend skalierbare und standardisierte Plattformlösungen, welche sich leicht für neue Märkte

---

Online-Marktplätze, soziale Netzwerke, Plattformen für Contentsharing, App-Stores sowie Online-Reise- und Unterkunftsplattformen) [87].

[25] ‚Internet Streaming‘ bezeichnet die Übertragung von digitalen Medieninhalten in Echtzeit über das Internet, wobei der Inhalt kontinuierlich wiedergegeben wird, ohne dass er zuerst vollständig heruntergeladen werden muss. Populäre Anbieter sind neben Youtube und Vimeo (die hauptsächlich werbefinanziert agieren) Netflix, Amazon Prime aber auch Apple, die über ihre Plattformen Serien und Filme im Leih-, Kauf- oder Abomodell anbieten.

[26] ‚Cloud Computing‘ bezeichnet die Bereitstellung von IT-Ressourcen, z. B. Rechenleistung, Speicherplatz und Anwendungen über das Internet, wodurch Benutzer*innen auf diese Ressourcen zugreifen und sie nutzen können, ohne dass sie lokal auf ihren eigenen Geräten vorhanden sein müssten [234].

adaptieren lassen. Die Deutung von Gesundheit oder Krankheit droht in diesem Zug auf eine statistische Normgröße des Big-Data Pools[27] zurückzufallen [vgl. 173] – individuelle Kriterien oder die Berücksichtigung der Bedürfnisse von Randgruppen sind aus ökonomischer Perspektive (zumindest ab einem bestimmten Maße) unattraktiv [vgl. 23].

1.2.3 Zur Bedeutung von nutzer*innenzentrierten Gesundheitsanwendungen

Digitale Gesundheitsanwendungen – als Verhandlung persönlicher Gesundheit durch Softwarelösungen wie Smartphoneanwendungen – gliedern sich in eine prinzipielle Erweiterung des Weltzugangs über personalisierte Geräte wie das Smartphone[28] und den Personal Computer[29] ein. Deren Entwicklung lässt sich der generellen Tendenz eines Digital Turn[30], der Auflösung von starren Infrastrukturen und Geräten hin zu dynamischen, adaptiven und personalisierten Anwendungen, zuordnen. Durch den Einsatz von Gesundheitsanwendungen erhalten Nutzer*innen Zugang zu speziellem medizinischem Wissen und entsprechenden Praktiken – auch hier gilt der allgemeine Trend zu individualisierten Angeboten und Erfahrungen. Die Betroffenen selbst können nun Daten über ihren Körper erheben, verwalten und interpretieren. Besonders prominent sind dabei

---

[27] ‚Big Data‘ bezeichnet die große Menge an Daten, die durch ihre a) Menge b) Vielfalt, und c) Dynamik gekennzeichnet sind, aber auch die daraus resultierenden Herausforderungen für die herkömmliche Datenverarbeitung [26]. Sie stellen für die Medizin ein immenses Potenzial für die Interpretation mit Hilfe maschinell lernender Systeme dar und könnten auf dieser Grundlage Risiken identifizieren oder Therapieempfehlungen aussprechen.

[28] Ein ‚Smartphone‘ ist ein mobiles Endgerät, das häufig über einen bedienungsempfindlichen Bildschirm (Touchscreen) bedient wird und über Funktionen verfügt wie Internetzugang, Textnachrichten, E-Mails, Telefon und weitere mobile Anwendungen (Apps) (s. Abschnitt 2.3.2).

[29] Der Begriff des ‚Personal Computer‘ ist historisch gewachsen und markiert die Ausstattung eines persönlichen Computerarbeitsplatzes, unabhängig von einem Rechenzentrum [162]. Das Konzept des Heim-PCs bezieht sich auf den Einzug komplexer digitaler und interaktiver Systeme in Privathaushalte.

[30] Der Begriff des ‚Digital Turn‘ (auch Digitale Transformation oder digitale Revolution genannt) beschreibt die durch den Einsatz von digitalen Technologien erzeugten Veränderungen in Gesellschaft, Wirtschaft, Forschung und Wissenschaft [78]. Diese Veränderungen sind insofern als ein Paradigmenwechsel zu verstehen, als dass sie nicht mehr nur identifizierbar sind, sondern neue Modi der Wissensproduktion (und der Wissenskulturen) zur Folge haben [156].

Gesundheits- und Fitnessapps [vgl. 50], bzw. Anwendungen, welche einen gesunden Lebensstil unterstützen. Darunter fallen Anwendungen zum Management der Medikamenteneinnahme, zur Unterstützung während der Schwangerschaft und zur Versorgung von Neugeborenen oder der Verwaltung von Diäten [29]. Solche prinzipiell eher unterstützenden Anwendungen legen bestimmte Aspekte der Gesundheitsversorgung in die Hände der Nutzer*innen selbst, beziehungsweise in die der Hersteller dieser Anwendungen, während sie bisher ausnahmslos und exklusiv den durch die Approbation vom Staat geschützten Ärzt*innen zugestanden wurden. Diese Entwicklung wird aktuell durch die so genannte „Gatekeeperfunktion[31]" der Krankenkassen und gesetzlich durch die Richtlinien zu Medizinprodukten in Deutschland zu kontrollieren versucht. Obwohl zahlreiche Apps entsprechende Funktionen suggerieren [174] dürfen Gesundheitsanwendungen ohne eine entsprechende Zertifizierung keine medizinischen Funktionen aufweisen, z. B. Diagnosen stellen oder Therapieempfehlungen geben [94]. Entsprechend zertifizierte und verschriebene Anwendungen, etwa zur Psychotherapie, werden mittlerweile allerdings auch von den Krankenkassen übernommen [233]. Im Gegensatz zu regulären Therapieangeboten werden solche Anwendungen – idealerweise [vgl. 77] – aus der Nutzer*innenperspektive konzipiert und realisiert. Als autonome Anwendungen stellen sie ein möglichst hohes Maß an Unterstützung durch das System selbst dar. Sie ermächtigen beispielsweise Patient*innen mit einer chronischen Krankheit, selbstständig(er) damit zu leben. Als Beispiel wäre hier das Management von Diabetes durch entsprechende Gesundheitsanwendungen zu erwähnen, aber auch digitale Symptomtagebücher, mit deren Hilfe sich der Einfluss verschiedener Aktivitäten auf die Stärke der Symptome – beispielsweise bei chronischen Schmerzerkrankungen – nachvollziehen lässt. Insgesamt lassen sich im Bereich der personalisierten, nutzer*innenzentrierten Gesundheitsanwendungen unterschiedliche Akteur*innen, Interessen und Zielstellungen identifizieren. Neben den Interessen der Nutzer*innen selbst sind dabei auch medizinische und ethische Kriterien zu nennen. Weiterhin bestehen je nach Kontext und Projekt ökonomische Verwertungsinteressen und somit spezielle Adressierungen (Krankenkassen, Krankenhäuser, Endkund*innen) welche ebenfalls in der Entwicklung berücksichtigt werden müssen. Das Design von personalisierten, nutzer*innenzentrierten

---

[31] Der Begriff ‚Gatekeeper' lässt sich mit Schleusenwärter, Pförtner oder Türsteher übersetzen und beschreibt eine Person bzw. Institution, welche über die Weiterleitung von Waren oder Informationen entscheidet und somit (inoffiziell) über den Zugang zu Personengruppen. Der Begriff lässt sich auf Kurt Lewins Informationstheorie zurückführen, hat mittlerweile aber den Status eines universellen Konzeptes erreicht [238].

Gesundheitsanwendungen bewegt sich folglich in einem Spannungsfeld zwischen diversen und zum Teil auch divergenten Anforderungen.

1.2.4 Zusammenfassung: Thematische Einbettung der Arbeit

Die Entwicklung hin zu einer patient*innenzentrierten und personalisierten Medizin verschiebt die Autorität über die Beurteilung von Körpern als krank oder gesund von medizinischen Normen hin zu der persönlichen Einschätzung der betroffenen Individuen. Gleichzeitig löst sich die gesund/krank-Dichotomie zu Gunsten eines Kontinuums auf, welches das Potential der Normung individueller Gesundheitskonzepte weiter begünstigt. Digitale Versorgungssysteme und patient*innenzentrierte, personalisierte Gesundheitsanwendungen ermächtigen ihre Nutzer*innen in der Verhandlung ihrer Gesundheit und im Umgang mit Krankheiten, selbsttätig zu agieren. Die Auswertung von Patient*innendaten und ihre Korrelierung mit Referenzdaten birgt große Potentiale für eine präventive Medizin. Gleichzeitig treten in Form der dahinterstehenden Unternehmen neue Akteur*innen in der Gesundheitsversorgung bzw. neue Verwertungssysteme und Geschäftsmodelle auf, welche auf Skalierung abzielen und insofern wiederum Normierungstendenzen aufweisen. Die Einsatzbereiche patient*innenzentrierter, personalisierter Gesundheitsanwendungen sind vielseitig und können vor allem als Assistenzsysteme bei chronischen Erkrankungen für die Betroffenen eine sinnvolle Unterstützung darstellen. Verantwortungsvolles und menschzentriertes Design bedeutet in diesem Zusammenhang, in einem sich im Wandel befindenden Gefüge die Interessen der Patient*innen zu vertreten und die besondere Verantwortung, welche aus der Agentialität solcher Systeme mit Blick auf die Datenerfassung folgt, zu reflektieren und ihr gerecht zu werden.

1.3 Zielstellungen, Forschungsfragen und Vorgehen

1.3.1 Zielstellungen und Forschungsfragen

Die Sammlung und Nutzung medizinischer Daten durch mobile Endgeräte birgt ein erhebliches Potential für die Entwicklung und Evaluierung von Therapien, sowie für die Präventivmedizin. Durch die Korrelation von persönlichen Messwerten mit einem Pool an Referenzdaten lassen sich statistische Wahrscheinlichkeiten in Bezug auf Risikofaktoren, Erfolgsaussichten oder auch Nebenwirkungen von Therapien aufzeigen [vgl. 259]. Zugleich ermöglicht die Entwicklung hin zu einer patient*innenzentrierten und personalisierten Medizin die Ermächtigung von Patient*innen und eine feingliedrig zugeschnittene Versorgung. In der Konsequenz bedeutet dies aber auch, dass die Kategorien einer gelungenen Therapie – also die persönliche Erfahrung als flexible Messgröße – eine essenzielle Rolle dabei spielen, nicht auf den Stand einer normativen und pathogenetischen Medizin zurückzufallen.

Die Erhebung von Schmerzen ist in diesem Gefüge ein essenzieller Baustein. Nicht nur gilt, dass Schmerzen der häufigste Grund für die Vorsprache in einer Arztpraxis sind, sondern es gilt auch, dass im Fall von Schmerzen die subjektive Erfahrung und die persönliche Artikulation die einzig relevante Größe darstellt. Desto feiner aufgelöst[32] und persönlicher die Erhebung gelingt, desto höher ist auch die Wirkmacht einer medizinischen Versorgung, welche sich auf diese Daten stützt. Zugespitzt könnte man sagen, dass die Form der Schmerzerfassung über den Umweg der Statistik die Form der Therapie bestimmt. Der Präzision der Erfassung kommt somit perspektivisch eine noch weiter steigende Bedeutung zu.

Daraus ergibt sich folgende Frage: Welche Kriterien lassen sich hinsichtlich einer ‚Präzisierung der Artikulation‘ heranziehen? Als subjektive Erfahrungen können diese allenfalls von der betroffenen Person selbst kommen und müssen für jede gefundene Form einzeln entwickelt werden – somit wäre derjenige Ausdruck besonders präzise, der eine möglichst individuelle Passung aufweist.

---

[32] ‚Auflösung‘ bezeichnet den Detaillierungsgrad, mit dem eine (ursprünglich) analoge Eingabe digital abgebildet werden kann. In Bezug auf Bilder ist dies beispielsweise die Anzahl horizontal zur Anzahl vertikal verteilter Pixel [35]. Auflösung ist ein übertragbares Prinzip der Mensch-Computer-Interaktion, da jedes Interface letztlich eine Übersetzung analoger/ physischer Eingaben in einen digitalen Wert bedeutet. In Bezug auf die Schmerzerfassung wird in dieser Arbeit Auflösung als die ästhetische Übersetzung von „Datengranularität" [177] verstanden. Es wird zudem eine Parallele zwischen der Datenerfassung mit elektrisch-digitalen Geräten und Schnittstellen, sowie der Erhebung mittels Instrumenten wie Fragebögen hergestellt und als Auflösung wird entsprechend die quantifizierte Anzahl an Auswahloptionen bzw. Abstufungen verstanden. In dieser Hinsicht zielt das vorliegende Projekt auf eine Erhöhung der Auflösung der potenziell zu erfassenden Schmerzen durch den Einsatz von parametrischen, feingranularen Modulationen.

Hinsichtlich der unerlässlichen Standardisierung[33] verlagert sich der Betrachtungsgegenstand folglich vom Ausdruck selbst auf das Erfassungsinstrument und seinen Möglichkeitsrahmen[34]. Seine Leistungsfähigkeit bezieht sich nicht auf die einzelne Form, die es erzeugt, sondern auf das Potential, welches in der Interaktion mit ihr entsteht. Dieser Zusammenhang erfordert eine Vermittlung zwischen Erweiterung und Restriktion des Möglichkeitsrahmens, dessen Gelingen nur in der Nutzung selbst beurteilt werden kann. Das verlangt in der Konsequenz eine Entwicklung aus der Praxis heraus und im Dialog mit den Nutzenden selbst (s. Abschnitt 3.2.3).

In dieser Arbeit sollen die folgenden Forschungsfragen beantwortet werden: Welchen Möglichkeitsrahmen der Schmerzartikulation (bzw. der Gestaltung von Schmerzrepräsentationen) braucht es für die Erfassung persönlich-individueller Schmerzerfahrungen a) zur Vermittlung relevanter Aspekte des Schmerzerlebens aus der Perspektive der Nutzer*innen, b) zur Erzeugung einer potentiell therapeutisch produktiven Schmerzauffassung[35] aus der Rückkopplung in der Nutzung mit dem System und c) zur Interpretation für medizinisch-therapeutische Zielstellungen (Anamnese, Diagnose, Therapie). Dazu sollen die folgende Unterfragen beantwortet werden:

---

[33] ‚Standardisierung‘ beschreibt den Prozess der Entwicklung und Umsetzung von einheitlichen Regeln, Normen, Spezifikationen oder Verfahrensweisen, um Konsistenz, Kompatibilität, Vergleichbarkeit und Qualität in verschiedenen Bereichen sicherzustellen [279]. In Bezug auf Schmerzerfassung bedeutet dies, einheitliche Aspekte (wie Qualität, Quantität, zeitlicher Verlauf) zu erheben und in einer vergleichbaren Form zu dokumentieren. Standardisierung lässt sich als Antithese zu Individualität verstehen – die Arbeit argumentiert hier aber für eine Erhaltung von Individualität durch eine Erhöhung der Auflösung bzw. Vergrößerung des Möglichkeitsrahmens der Schmerzartikulation durch den Einsatz parametrischer, feingranularer Modulationen zur Schmerzerfassung.

[34] Mit ‚Möglichkeitsrahmen‘ soll in dieser Arbeit der Bereich potentieller Handlungsmöglichkeiten bzw. Optionen beschrieben werden die einer Person innerhalb einer bestimmten Lebenssituation gegeben sind. Somit steht dieser Begriff in inhaltlicher Nähe zur Auflösung, denn durch die gewählte Auflösung der Artikulationsoptionen und durch die Gestaltung des Erfassungsinstruments wird der ‚Möglichkeitsrahmen‘ der Nutzer*innen hinsichtlich ihrer Schmerzartikulation bestimmt. Die Arbeit zielt darauf ab, den Möglichkeitsrahmen in Bezug auf die Schmerzartikulation zu vergrößern.

[35] Mit einer ‚therapeutisch produktiven Schmerzauffassung‘ ist die Einstellung der Patient*innen gegenüber ihrer Schmerzerfahrung gemeint. Speziell bei chronischen Schmerzen werden diese häufig als nicht beinflussbar hingenommen, wobei das Ziel einer Therapie das Erreichen eines aktiven Modus‘ der Patient*innen gegenüber den Schmerzen ist (s. Abschnitt 2.1.5). Da Schmerzerfahrung und Schmerzartikulation als reziprok zu begreifen sind [vgl. 235] wird in dieser Arbeit die Hypothese vertreten, dass sich durch die gezielte Abfrage bestimmter Aspekte der Schmerzerfahrung die Einstellung der Patient*innen gegenüber ihren Schmerzen modellieren lässt.

1. Welche Eigenschaften und Funktionen (Parameter der Schmerzartikulation) werden benötigt und wie lässt sich dies in einem Interface umsetzen?
2. Wie muss der Entwurfsprozess ausgestaltet werden (welche Methoden, Entwurfswerkzeuge und welche Form des Nutzer*inneneinbezugs sind einzusetzen)?
3. Welche Aspekte der Schmerzerfassung sind aus medizinisch-therapeutischer Perspektive relevant?
4. Welche Schmerzauffassungen sind aus therapeutischer Perspektive produktiv und wie lassen sich diese ästhetisch umsetzen?

Konkret sollen diese Fragen in der vorliegenden Arbeit durch die Entwicklung eines digitalen Schmerzerfassungssystems zur persönlich-individuellen Schmerzartikulation erfolgen. Die Zielstellung der praxisbasierten Designforschung wäre demnach, ein System zu entwickeln, in dem sich eine persönlich-individuelle Schmerzartikulation anhand verschiedener grafischer Darstellungsparameter mittels einer visuell-haptischen Schnittstelle durchführen lässt.

1.3.2   Aufbau der Arbeit

Nach der Eingrenzung des Themas und der Klärung der Forschungsfrage wird in *Kapitel 2* ein Überblick über den medizinischen, physiologischen und therapeutischen Hintergrund von Schmerzen und Schmerzerkrankungen gegeben, sowie in einige aktuelle klinische Schmerzerfassungsinstrumente eingeführt. Weiterhin wird der Stand der Praxis der Schmerzerfassung auf mobilen Endgeräten erläutert und es werden einige Referenzprojekte des persönlich-kreativen Schmerzausdrucks vorgestellt. Den dritten Teil des Stands der Forschung bildet ein Überblick über aktuelle Entwicklungsmethoden und Werkzeuge nutzer*innenzentrierter Gesundheitsanwendungen. Das Kapitel schließt mit einer Zusammenfassung und der Formulierung der Forschungslücke in Bezug auf digitale Systeme zur Entwicklung persönlicher Schmerzausdrucksformen.

In *Kapitel 3* wird die für diese Arbeit maßgebliche Methodologie der praxisbasierten Designforschung vorgestellt, sowie das Vorgehen und einzelne Methoden der Studien erläutert.

Die Dokumentation der Studien zu dieser praxisbasierten Designforschung bildet das *Kapitel 4*, das sich in vier Einzelstudien und eine abschließende Zusammenfassung untergliedert. In der ersten Studie werden durch die Befragung von Betroffenen und Ärzt*innen, sowie durch die Analyse von Beiträgen aus Selbsthilfeforen für an Schmerzen leidende Personen Kriterien und Hypothesen für den Entwurf erarbeitet und es wird eine erste Konzeptstudie entwickelt. Die zweite Studie stellt die Entwicklung eines Sets an interaktiven Grafiken dar, welche die grundlegende Funktionsweise des Ansatzes mit Hilfe von standardisierten Schmerzstimuli anhand von explorativen Nutzer*innentestungen und mittels eines grounded-theory[36] -Ansatzes auswertet. Die dritte Studie beinhaltet die Weiterentwicklung der Grafiken zu einem Erfassungssystem, bestehend aus unterschiedlichen Werkzeugen. In der letzten Studie wird der Aufbau des Demonstrators[37] beschrieben, sowie die Durchführung und die Ergebnisse einer Patient*innen und Proband*innen Studie, gefolgt von einer Evaluation der erzeugten Schmerzvisualisierungen durch Expert*innen im Bereich Schmerztherapie.

Die Arbeit schließt in *Kapitel 5* mit einer Diskussion und einem anschließenden Fazit zu den Ergebnissen des Projektes. Es bietet zudem einen Ausblick auf mögliche Anschlussprojekte.

---

[36] ‚Grounded Theory' ist ein Forschungsansatz, nach welchem Theorien und Konzepte aus gesammelten Daten induktiv abgeleitet werden, anstatt diese anhand von *a priori* gebildeten Theorien deduktiv auszuwerten [108].

[37] ‚Demonstrator' ist hier im Sinne des Technologiereifegrades bzw. des „Technology Readiness Levels" [178] zu verstehen, als ein auf Stufe 6 funktionaler Prototyp in welchem alle wesentlichen Technikelemente implementiert wurden und der innerhalb einer dem vorgesehen Einsatz entsprechenden Umgebung erprobt wird.

Forschungsstand zum Design digitaler Schmerzerfassung

2.1 Schmerzerfassung: Klinischer Hintergrund

Gemeinhin werden Schmerzen als ein unangenehmes, sensorisches und emotionales Erlebnis verstanden, das mit einer tatsächlichen oder potentiellen Gewebeschädigung verbunden ist oder in Bezug auf eine solche Schädigung beschrieben wird [134]. In dieser häufig herangezogenen Definition nach der *International Association for the Study of Pain* wird die Vielschichtigkeit des Phänomens aus medizinischer Perspektive deutlich. Sie soll in diesem Abschnitt überblicksartig zusammengefasst werden. Dabei wird 1. auf Entstehung und Ursachen von Schmerz, 2. auf die Entstehung des Schmerzerlebnisses, 3. auf die Mechanismen der Chronifizierung von Schmerzen, 4. auf die Objektivierung von Schmerzen und 5. auf Schmerztherapien eingegangen.

2.1.1 Entstehung und Ursachen von Schmerz

Allgemein wird eine Schmerzursache in *nozizeptiv* und *neuropathisch* unterteilt [287, s. 19]. Zu den nozizeptiven werden „normale" [vgl. 59] Schmerzen gezählt: Sie sind auf direkte Gewebeschädigungen zurückzuführen und durch spezifische Rezeptoren – die Nozizeptoren – verursacht [223]. Betreffen die Schmerzen den Bereich der Haut, der Muskeln oder des Bindegewebes, so werden sie als *somatisch* bezeichnet. Sind die Schmerzen im Bereich der Organe oder der Eingeweide lokalisiert, bezeichnet man sie als *viszeral* [287]. Ein *somatischer* Schmerz ist in der Regel sehr gut lokalisierbar und lässt sich differenziert beschreiben. Bei *viszeralen* Schmerzen ist dies weitaus schwieriger: Sie werden eher vage als koli-kartig und als eher grob einer gesamten Körperregion zugeordnet charakterisiert [287].

Im Gegensatz zu den *nozizeptiven* Schmerzen kann sich bei den *neuropa-thischen* Schmerzen die Lokalisation der Schmerzwahrnehmung vom Ort der Schmerzentstehung unterscheiden. Der Ort, an dem die Schmerzen empfunden werden, ist lediglich eine Projektion einer Schmerzerfahrung in ein bestimmtes Versorgungsgebiet des Nervs [287]. Geläufiger sind Nervenschmerzen: Sie wer-den auf Dysfunktionen entweder im peripheren oder im zentralen Nervensystem zurückgeführt[1] [vgl. 59].

Obwohl die Reduzierung auf einen *nozizeptiven* und *neuropathischen* Ursprung[2] eine sehr grobe Vereinfachung komplexer biologischer Prozesse dar-stellt [221], spielt sie in der medizinischen Praxis weiterhin eine wichtige Rolle und bildet in der Regel die Grundlage der Entscheidung über die therapeutischen Maßnahmen [287] (s. Abschnitt 2.1.5).

2.1.2   Schmerzmodelle[3]

Insgesamt korreliert die Entwicklung der Erklärung von Schmerzen anhand von Modellen stark mit wissenschaftlichen Paradigmenwechseln und damit einher-gehenden Denkmustern. Egloff und Egle identifizieren insgesamt vier historisch gestaffelte Modelle zur Entstehung von Schmerzen [83]. Nach einem vereinzelt immer noch anzutreffenden *(1) vorkartesianischen Verständnis* ist der Schmerz gleichzusetzen mit einem Schaden und einer Strafe seitens einer höheren Macht. Patient*innen mit einer solchen Auffassung verfügen nur über ein schwaches naturwissenschaftlich-anatomisches oder psychologisches Abstraktionsvermögen und führen ihre Schmerzen (zum Teil) auf philosophisch-religiöse oder magische Vorstellungen von ‚Schuld' und ‚Strafe' zurück. Im Gegensatz dazu steht das bis heute vielfach verbreitete Modell des biologischen Ursache-Wirkungsprinzips, ebenso das *(2) Kartesianische Schmerzmodell.* Hier wird die Schmerzentstehung

---

[1] Die in der Praxis noch übliche Unterscheidung zwischen peripherem und zentralem Ner-vensystemen ist mittlerweile als obsolet zu bezeichnen, da Schmerzpatient*innen nachweis-lich häufig eine Mischung beider Schmerzanteile aufweisen [83].

[2] Interessant ist, wie sich in dieser Einteilung von ‚Körperschmerz' und ‚Nervenschmerz' das cartesianische dualistische Körperbild – bestehend aus *soma* und *psyche* – widerspiegelt, welches das westliche Medizinverständnis bis heute dominiert [vgl. 83].

[3] Zu diesem Absatz vgl. insgesamt: „Weder Descartes noch Freud? Aktuelle Schmerzmodelle in der Psychosomatik" von Egloff, Egle, und von Känel [83].

durch eine Glockenstranganalogie erklärt: Sie besteht aus der Annahme einer Ursache (Ziehen des Stranges), einer Leitung (Strang) und der Erfahrung des Schmerzes (Läuten der Glocke) [287]. Das bei akutem Schmerzgeschehen (wie bei der Erfahrung von nozizeptiven somatischen Schmerzen) durchaus adäquate Modell[4] ist nicht in der Lage, Phantomschmerzen oder Schmerzen ohne körperliche Schädigung zu erklären, noch kann es das Ausbleiben von Schmerzen trotz stärkster physiologischer Schädigungen verständlich machen [vgl. 59]. Hier setzt *(3)* das ‚Freudsche' *Psychoanalytische Modell* an, welches einen ungeklärten Schmerzursprung auf Störungen der Psyche zurückführt und dafür den Begriff der *psychogenen Schmerzstörung* eingeführt hat [83]. Gemeinsam mit dem ‚Kartesianischen Schmerzmodell' manifestierte die Rezeption der Psychoanalyse das ‚moderne' Verständnis des Menschen: Als Zweiklang von Psyche und Körper. Diese Dichotomie überträgt sich zum Teil noch immer auf die Bewertung von Schmerzen: Auf der einen Seite stehen die ‚echten', also durch Gewebeschäden verursachten Schmerzen und auf der anderen Seite die ‚eingebildeten' Schmerzen, die vermeintlich allein psychischen Ursprungs sind.

In dem 1965 veröffentlichten Artikel „Pain mechanisms: A new theory" aktualisieren Melzack und Wall diese Auffassung mit ihrer Theorie der Schmerzwahrnehmung, welche sie als eine Interaktion von zentralem und peripherem Nervensystem beschreiben [188]. Im *(4) aktualisierten Kartesianischen Modell* wird die starr proportionale Korrelation zwischen peripherem Reiz und zentraler Schmerzregistrierung aufgehoben. Beim Übergang des Reizes in das Rückenmark werden spezielle Schaltzellen (Transmissionszellen) aktiv, die durch Anregung oder Hemmung Einfluss auf den Durchgang des Signals nehmen und insofern wie Torwächter („Gate-Control") agieren [188]. Durch die Funktion des ‚Übersetzens' lassen sich Phänomene wie eine „situativ bedingt verstärkte oder reduzierte Schmerzerfahrung" erklären, es lassen sich aber auch ‚Schmerzen aus dem Nichts' auf einen ‚Übersetzungsfehler' zurückführen. Anhand bildgebender Verfahren können mittlerweile die bei der Schmerzwahrnehmung aktiven Hirnareale identifiziert und somit objektive Korrelate der subjektiven Empfindung identifiziert werden. Dadurch lässt sich zeigen, wie sich ein subjektiv empfundenes Schmerzmaß in den beteiligten zerebralen Strukturen widerspiegelt. Auch

---

[4] Wobei auch dabei eine starke Reduktion vorliegt – aktuell werden mindestens drei unterschiedliche Erklärungsansätze zur Entstehung und Leitung von nozizeptiven Schmerzen diskutiert; 1. Die Spezifitätstheorie (hochschwellige Schmerzrezeptoren reagieren auf schmerzhafte Reize); 2. Die Intensitätstheorie (niedrigschwellige Mechano-/Thermorezeptoren reagieren auf unterschiedliche Reize mit einer Folge von Reizen); 3. Mustertheorie (niedrigschwellige Mechano-/Thermorezeptoren reagieren auf bestimmte Reize mit einem bestimmten Muster von Impulsen) [vgl. 287].

bei psychosomatischen Schmerzerkrankungen können zerebrale Reaktionsmuster nachgewiesen werden [vgl. 83]. Es hat sich gezeigt, dass eine individuelle Disposition und Vorerfahrungen die Schmerzantwort beeinflussen und selbst bei psychisch gesunden Personen kontextabhängig variable Schmerzantworten auftreten können [11]. Diese Phänomene werden im *(5) Postkartesianischen Schmerzmodell* gespiegelt, welches stets von einer multifaktoriellen Schmerzgenese ausgeht und eine psychobiologische Disposition des zentralen Nervensystems berücksichtigt [83].

2.1.3   Schmerzchronifizierung

Wie im vorangegangenen Abschnitt dargestellt, ist bei der Schmerzwahrnehmung grundsätzlich immer das zentrale Nervensystem beteiligt. Dieses ist – im Vergleich zum peripheren Nervensystem – stark adaptiv, es passt sich also anhand seiner Aktivität an und stärkt beispielsweise Nervenbahnen, welche häufig aktiv sind. Mit anderen Worten: Das zentrale Nervensystem ist dynamisch und lernfähig. Liegt beispielsweise eine Verletzung des Gewebes vor, erhöhen die Neuronen ihre Sensibilität, was dazu führt, dass bestimmte Reize stärker schmerzen (Hyperalgesie) oder vorher unterschwellige Reize plötzlich wahrgenommen werden (Allodynie) [vgl. 53]. Es wird angenommen, dass dieser Mechanismus die Funktion hat, bei einer Schädigung des Körpers eine Schonung der betroffenen Stelle zu bewirken. Anders als bei der Geruchs- oder Geräuschwahrnehmung stellt sich beim Schmerzreiz daher keine Adaption ein: Der Geruch in einem Raum lässt sich irgendwann nicht mehr wahrnehmen – im Gegensatz dazu erhöht sich eine Schmerzwahrnehmung immer weiter [vgl. 59]. Das ist auf die Wechselwirkung von einzelnen Nervenzellen zurückzuführen. Sie übermitteln Reize nicht nur linear über einzelne Synapsen, sondern streuen Neurotransmitter dreidimensional, wirken somit auf weitere Zellen ein und erhöhen deren Sensibilität [120]. Wiederkehrende oder langanhaltende Schmerzen können auf diese Weise zu längerfristigen Veränderungen sowohl im peripheren, als auch im zentralen Nervensystem führen; es entstehen neue Synapsen und bestehende Verbindungen werden stabilisiert [53]. Die neuen Synapsen können auch nach der Verheilung des geschädigten Gewebes bestehen bleiben und führen dann zu einer verzerrten, überstarken Schmerzwahrnehmung (Hypersensitivität) – bis hin zu andauernden, chronischen Schmerzen [59]. Das daraus häufig resultierende Schutzverhalten und ein sozialer Rückzug verstärken dann die Fokussierung auf die Schmerzen und steigern sie in der Folge weiter. Chronische Schmerzen resultieren somit aus dem Zusammenwirken unterschiedlicher ätiologischer Faktoren, in denen auch die Beziehungen und das Verhalten im sozialen Feld der Patient*innen eine entscheidende Rolle spielen. Chronische Schmerzen sind eine Folge des Zusammenspiels der sensorischen, affektiven, kognitiven und funktionellen Dimension von Schmerz [16].

2.1.4 Objektivierung von Schmerzen

Die Objektivierung von Schmerzen durch Messverfahren lässt sich in drei Bereiche einteilen: die *experimentelle Schmerzmessung*, welche das Verhalten von Proband*innen auf standardisierte Reizapplikationen bewertet; die *klinische Schmerzmessung*, welche unterschiedliche Formen der Beurteilung der Schmerzerfahrung von Patient*innen selbst oder ihrer Beobachtung durch andere Personen umfasst [255]; sowie die Einschätzung einer Schmerzerfahrung anhand physiologischer Parameter. Dazu werden beispielsweise Herz- und Atemfrequenz, Hautleitfähigkeit und Elektromyogramme des Gesichts [61, 142], aber auch bildgebende Verfahren und die EEG-Messung des Gehirns [59, 83] eingesetzt. Als *passive* Formen der Schmerzmessung bleiben diese Verfahren jedoch Interpretationen, so dass die Selbstauskunft durch die Patient*innen weiterhin als die valideste Methode der Erhebung zu betrachten ist [vgl. 286].

Das wohl bekannteste und am intensivsten verfolgte Instrument der *experimentellen Schmerzmessung* ist das ‚Dolorimeter' von Hardy und Wolff. Durch eine Apparatur, die einen konzentrierten Lichtstrahl auf die Haut lenkt, wurden unterschiedliche Schmerzstärken referenziell in ausgiebigen Studien erarbeitet und es wurde die Wirkung von betäubenden Substanzen wie Schmerzmittel und Alkohol auf die wahrgenommene Schmerzstärke untersucht[5].

Trotz der Schwierigkeiten einer objektiven Messung ist für die Evaluierung von Therapien oder zur Anamnese eine Erhebung anhand standardisierter Größen unerlässlich [vgl. 8]. Verschiedene Schmerzarten (akute Schmerzen/chronische Schmerzen) werden dabei mit unterschiedlichen Methoden erhoben. So ist es das Ziel einer Schmerzmessung bei akuten Schmerzen (z. B. nach einer Operation), die Stärke des Schmerzes zu erfassen, um die Dosierung von Schmerzmitteln zu bestimmen. Bei Verdacht auf chronische Schmerzen wiederum ist es entscheidend, die Qualität – also die Art des Schmerzes – zu erfragen, um möglichst früh Anzeichen einer Chronifizierung zu erkennen [221]. Die Ergebnisse werden

---

[5] Dieser im Labor valide Ansatz scheiterte aber in der Praxis, als Patient*innen aufgefordert wurden, die von ihnen empfundene Schmerzstärke anhand vom Dolorimeter verursachter Vergleichsreize zu beurteilen. Der einzelne Schmerzreiz konnte nicht die Komplexität eines individuellen Falls abbilden [59].

in der Regel anhand von standardisierten Befragungen wie der *NRS*, *VAS* oder dem *McGill Pain Questionnaire* erhoben (für einen detaillierten Überblick über aktuell eingesetzte Selbstauskunftsverfahren s. Abschnitt 2.1.6). Um die Beeinträchtigung der Patient*innen durch ihren Schmerz im Alltag zu untersuchen, sind weiterhin standardisierte körperliche Leistungstests verbreitet, wie z. B. das 5-Minuten-Gehen, Treppensteigen, 15-Meter-Gehen, Aufstehen und der belastete Vorwärtsstreckentest [266].

2.1.5 Therapieansätze zur Behandlung von Schmerzen

Die westliche Schmerzmedizin wurde seit der Neuzeit vom Ursache-Wirkungs-Prinzip dominiert. Es begreift Schmerzen als Symptom einer dahinterliegenden Krankheit, deren Ursache es zu tilgen gilt (s. Abschnitt 2.1.1). Dieses Verständnis hat sich im Laufe des 20. Jahrhunderts zu Gunsten eines differenzierten Blicks auf Schmerzen gewandelt, in dessen Folge multimodale Ansätze entstanden sind [148]. Diese Ansätze kombinieren verschiedene Therapiemaßnahmen. Grundsätzlich ist aber immer noch zu unterscheiden, ob es sich bei der Behandlung von Schmerzen um ein akutes Symptom bzw. um einen vorhersehbaren Schmerz handelt (beispielsweise durch ein Trauma verursacht oder in Folge einer Operation entstanden) oder ob chronische Schmerzen vorliegen, welche selbst Gegenstand der Behandlung sind [vgl. 17]. Wie weiter oben beschrieben, besteht bei wiederkehrenden und langanhaltenden Schmerzen grundsätzlich immer das Risiko einer Chronifizierung. Entgegen dem Glauben, dass Schmerzen als Symptom zum Kranksein dazugehören und auszuhalten sind, gilt daher in der modernen Schmerzmedizin, dass Schmerzen möglichst früh und möglichst effektiv unterbunden werden sollten [36]. Verschiedene Maßnahmen, wie z. B. Injektionsbehandlungen, Akupunktur und medikamentöse Schmerztherapien, stehen dabei zur Verfügung. Sie werden sowohl für die Behandlung akuter, als auch chronischer Schmerzen eingesetzt. In den folgenden beiden Absätzen werden zunächst Prinzipien der Schmerztherapie und der WHO-Stufenplan vorgestellt, woraufhin anschließend der Ansatz der multimodalen Schmerztherapie zum Thema wird.

2.1.5.1 Prinzipien der Schmerztherapie und WHO Stufenplan

Die WHO hat die wichtigsten Prinzipien zur Planung einer Schmerztherapie 1996 in drei Prinzipien zusammengefasst: *1. By the mouth* (wenn immer möglich: Orale Vergabe von Schmerzmitteln zur Förderung der Autonomie der Patient*innen), *2. By the ladder* (Vergabe von Schmerzmitteln nach Typen von Nichtopioiden über mittelstarke bis starke Opioide. Dabei wird jeweils auf der aktuellen Stufe so lange höher dosiert, bis ein befriedigendes Ergebnis erreicht wurde; ggf. wird auch um eine Stufe gesteigert) *3. By the Clock* (zur Verhinderung einer Chronifizierung muss die Gabe der analgetischen Dosis regelmäßig erfolgen, um einen dauerhaften Spiegel herzustellen) [9]. Zur Vergabe der Schmerzmittel sind dabei zwei Grundsätze herauszustellen; 1. die *antizipatorische Methode* – also das Vorhersehen von zu erwartenden Schmerzen und das Verabreichen von Schmerzmitteln, bevor die Schmerzen überhaupt einsetzen – und 2. *die Titration* – also die zeitlich getaktete, regelmäßige Verabreichung von Schmerzmitteln, um einen effektiven Spiegel zu halten [vgl. 126].

2.1.5.2 Multimodale interdisziplinäre Schmerztherapie

Im Gegensatz zu akuten Schmerzen, die vor allem als Folge somatischer Erkrankungen behandelt werden, ist bei chronischen Schmerzen der drohende oder bereits chronifizierte Schmerz Gegenstand der Therapie. Wie weiter oben erläutert, tendieren chronische Schmerzen zu einer Krankheit auszuarten, die alle Lebensbereiche bestimmt [36]. Die Schmerzen führen dazu, dass sich Patient*innen sozial zurückziehen, woraus eine gesteigerte Fokussierung auf den Schmerz resultiert, die schließlich zu weiterem Rückzug führt. Patient*innen mit chronischen Schmerzen leiden in der Folge nicht selten zusätzlich auch an Depressionen [16]. Chronische Schmerzen sind daher unter dem Aspekt eines biopsychosozialen Krankheitsverständnisses zu betrachten und als multifaktorielles Phänomen zu begreifen, welches sensorische, affektive, kognitive und funktionelle Dimensionen aufweist [16]. Die Therapie adressiert dies durch Interdisziplinarität: Multimodal durch verschiedene somatische, körperlich übende, psychologisch übende und psychotherapeutische Verfahren [vgl. 17]. Dabei ist die Zuwendung und die positive Motivation von besonderer Bedeutung [36]. Das zeigt sich auch deutlich in der interdisziplinären Bewertung zum Beginn der Therapie, welche häufig schon positive Effekte bei den Patient*innen zur Folge hat [148].

Konkret wird eine *multimodale interdisziplinäre Schmerztherapie* von einem Therapeutenteam aus Ärzt*innen einer oder mehrerer Fachrichtungen, Psycholog*innen bzw. Psychotherapeut*innen und mit Personen aus weiteren Disziplinen – wie Physiotherapeut*innen, Ergotherapeut*innen, Mototherapeut*innen – durchgeführt. Zu Anfang der Therapie werden individuelle Ziele für die Patient*innen ressourcenorientiert erarbeitet. Die Behandlung erfolgt in Kleingruppen von maximal acht Personen. Von besonderer Bedeutung ist dabei die regelmäßige Beurteilung des Behandlungsverlaufs im Behandlungsteam, wobei die beteiligten Therapieformen und Disziplinen gleichberechtigt nebeneinander stehen [17].

Den verschiedenen Dimensionen der Erkrankung entsprechend reichen die Therapieziele über eine reine Schmerzlinderung hinaus und adressieren eine langfristige Motivation zu einem selbstverantwortlichen Krankheitsmanagement der Patient*innen. Das umfasst das Reflektieren und Vermeiden schmerzverstärkender Handlungen und assoziierter Denkmuster, sowie das Erkennen eigener Leistungsgrenzen und der Einflüsse des sozialen Umfelds auf die Erkrankung. Insgesamt soll die Eigenverantwortung gefördert und die Körperwahrnehmung der Patient*innen verbessert werden, um eine langfristige Reduktion der Schmerzen zu ermöglichen [16].

2.1.6 Klinische Verfahren zur selbstberichteten Schmerzerfassung

Die Erhebung der Schmerzen von Patient*innen stellt eine essentielle Grundlage für medizinische Tätigkeiten dar und wird auch als ‚fünftes Vitalzeichen' verstanden [190]. Die Schmerzerfahrung der Patient*innen spielt dabei sowohl bei der Anamnese und Diagnostik als auch bei der Verlaufskontrolle eine wesentliche Rolle. Trotz eines großen Erfahrungsschatzes und etablierter Praktiken bleibt die vollständige Objektivierung von Schmerzen unmöglich. Die Menge an veröffentlichten Instrumenten und Messverfahren zeigt deutlich, welch starke Herausforderung die Schmerzbewertung auf Grund ihrer subjektiven Natur nach wie vor darstellt [vgl. 49].

Schmerzerfassungsmethoden werden unterschiedlich typologisiert. Die Einteilung kann nach Einsatzgebiet, Erkrankung, Schmerztyp und Schmerzparameter erfolgen. Aus der Perspektive des Ziels der Messung ist aber vor allem die Unterscheidung zwischen der Erhebung chronischer und akuter Schmerzen einerseits und der Schmerzparameter (Qualität, Intensität, Lokalisierung, Dauer) andererseits wesentlich (s. Abschnitt 2.1.4). Dabei lässt sich konstatieren, dass standardisierte selbstberichtete[6]

Schmerzerfassungsverfahren nahezu ausschließlich über den Zugang der Visualität und Textualität operationalisiert werden (als prominente Ausnahme

---

[6] ‚Selbstberichtet' (aus dem englischen ‚Self-Reported') heißt, dass die Schmerzangabe von der betroffenen Person selbst aktiv artikuliert wird – in Abgrenzung von Schmerzerfassungsmethoden, die auf Beobachtungen oder auf körperlich unmittelbaren oder passiven Messungen beruhen. Letztere werden in dieser Arbeit im Folgenden ausgeklammert, da hier ausschließlich die aktive Angabe der Schmerzen durch die Betroffenen selbst von Interesse ist.

wäre hier die mündliche Abfrage nach der numerischen Ratingscala zu nennen). Im Folgenden sollen einige Instrumente vorgestellt werden. Entsprechend der thematischen Verortung der Arbeit werden sie nach ihrer grafischen und interaktionalen Ausgestaltung typisiert[7].

2.1.6.1 Schmerzerfassung mittels unidimensionaler Gesichter und Symbole

Gesichter und Smileys kommen vor allem bei Kindern und Jugendlichen zum Einsatz. Aufgrund der bildlichen Darstellungen fällt ihnen die Einschätzung der Schmerzintensität und ihre Verortung in einem abstrakten Bewertungssystem leichter, da sie sich mit den abgebildeten Gesichtern identifizieren können. Das im folgenden vorgestellte *Wong-Baker Faces Pain Rating,* sowie die *Faces Pain Scale* sind gut etablierte Methoden in der klinischen Praxis [286]. Die Darstellungsformen, etwa das Vorhandensein von Tränen oder nicht, werden dabei hinsichtlich ihrer Passung zu bestimmten Altersstufen diskutiert [286]. Wie die beiden folgenden Skalen (Abbildung 2.1 und 2.2) zeigen, stellen Gesichter und Smileys eine unidimensionale Abfrage dar, welche sich vor allem zur Erfassung von Schmerzintensität bzw. der Belastung durch Schmerzen eignet.

Wong-Baker Faces Pain Rating

Die Skala wurde von Donna Wong and Connie Baker ursprünglich für den Einsatz in der Schmerzerfassung für Kinder entwickelt [70]. Die Skala wird entsprechend bei Kindern über drei Jahren verwendet (bei noch jüngeren Kindern kommt in der Regel eine Einschätzung der Schmerzen durch Beobachtung zum Einsatz) [286]. Die Erhebung erfolgt, indem den Betroffenen zuerst die Bedeutung der Smileys erläutert wird („dieser hat gar keine Schmerzen, dieser ein wenig" usw.). Im Anschluss wird eines der Smileys ausgewählt. Die Schmerzskala ist auch für kognitiv eingeschränkte Patient*innen geeignet, wenn sie beispielsweise nicht zählen können und daher für sie die numerische Ratingskala ungeeignet ist.

---

[7] Die Taxonomie erhebt auf der Ebene der Instrumente selbst keinen Anspruch auf Vollständigkeit, wobei die wesentlichen Instrumente der klinischen Praxis hier aufgeführt werden. Sie beruht auf Überblicksbeiträgen über klinische Schmerz Selbstauskunftsverfahren [9, 49, 65, 75, 93, 119, 193, 286, 287].

Wong-Baker FACES® Pain Rating Scale

0	2	4	6	8	10
No Hurt	Hurts Little Bit	Hurts Little More	Hurts Even More	Hurts Whole Lot	Hurts Worst

Abbildung 2.1　Wong, Faces Scale [70]

Faces Pain Scale

Die Skala wird bei Kindern und Jugendlichen im Alter von vier bis sechzehn Jahren eingesetzt und zeigt sechs Gesichter mit abgestuft schmerzverzerrtem Ausdruck – von ‚kein Schmerz' bis zu ‚sehr starke Schmerzen'. Die Methode wird häufig in Kombination mit einer numerischen Ratingscala eingesetzt, die in der *Faces Pain Scale – Revised* Version in direkte Korrelation zu den Gesichtern gestellt wird, bzw. mit auf der Skala abgedruckt ist. Die Betroffenen sollen auf eines der Gesichter zeigen, um die Stärke ihrer Schmerzempfindung anzugeben [vgl. 286].

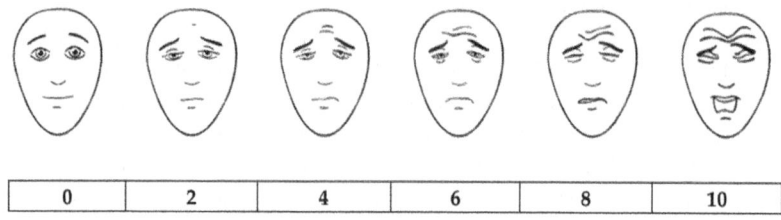

0	2	4	6	8	10

Abbildung 2.2　Faces Pain Scale – Revised [286]

2.1.6.2　Schmerzerfassung mittels unidimensionaler Skalen

Skalen – vor allem die verbale numerische Ratingskala – sind lineare Bewertungssysteme zur Angabe der Schmerzintensität, wobei letztere entweder in diskreten Schritten oder linear markiert angegeben wird. Das Erfragen der Schmerzintensität anhand der verbalen numerischen Ratingskala gehört in der Klinik zur

Routine und wird gleichermaßen von den Pflegenden wie vom ärztlichen Personal angewandt [190]. Der Vorteil der Skalensysteme – und vor allem der verbalen
Abfrage – liegt in der Einfachheit sowohl bezüglich der Erhebungssituation selbst
als auch in der weiteren Verarbeitung und Korrelation der gewonnenen Informationen. Einfache Ratingskalen sind allerdings nur in der Lage, Aussagen über
die Schmerzintensität zu erheben und eignen sich daher vor allem zur Ermittlung
eines kurz- oder langfristigen Handlungsbedarfs.

Numerische Ratingskala
Die numerische Ratingskala ist die wohl am weitesten verbreitete Methode
der Schmerzerfassung [150]. Bei ihr werden die Betroffenen aufgefordert, ihre
Schmerzen entweder verbal in einer imaginären Skala von 0 bis 10 zu verorten
oder sie auf einer abgedruckten Skala zu markieren. Dabei wird im ersten Schritt
erklärt, was die Werte bedeuten: „0 ist kein Schmerz, 10 ist der größte vorstell-
bare Schmerz". Die Patient*innen sollen daraufhin ihre Schmerzen auf der Skala
eintragen [9]. Der Einsatz wird für Kinder ab neun Jahren empfohlen. Für den
Einsatz in klinischen Studien wird die Aussagekraft kritisch diskutiert, da der Vergleich der Schmerzangabe prinzipiell nur in Bezug auf dieselbe Person über eine
zeitliche Abfolge sinnvoll ist, nicht aber vergleichend zwischen unterschiedlichen
Personen [286] (Abbildung 2.3).

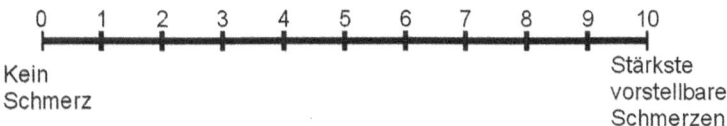

Abbildung 2.3 Numerische Ratingskala

Visual Analogscala
Die Visual Analogskala ist eine nicht-nummerierte oder unterteilte Skala, deren
eines Ende *kein Schmerz* und dessen anderes Ende *den schlimmsten vorstellbaren
Schmerz* bedeutet. Die Patient*innen sollen die Intensität ihrer Schmerzen durch
eine Markierung auf der Skala verorten. Das Besondere der Visual Analogscala
besteht darin, dass durch das Fehlen von Markierungen für die einzelnen Schritte
eine hohe Freiheit in der Verortung besteht und sehr feine Abstufungen der Erfahrung in der Notation möglich sind [9]. In der Auswertung wird die Markierung
der Patient*innen allerdings in der Regel in eine diskrete Zahl übersetzt, so dass

sich das Ergebnis für die weitere klinische Verwendung nicht von dem der verbalen oder numerischen Ratingskala unterscheidet [286]. Die Visual Analogscala gibt es in einer Vielzahl unterschiedlicher Formen und Ausführungen, u. a. als Papierversion, oder auch als Schiebesystem aus Plastik (Abbildung 2.4).

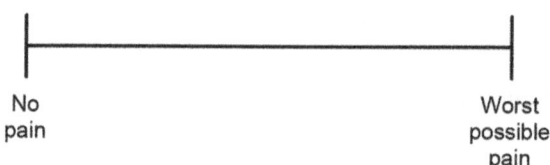

Abbildung 2.4   Visual Analogscala

2.1.6.3 Schmerzerfassung mittels Fragebögen und multifaktorielle Erfassung

McGill Pain Questionnaire
Der McGill Pain Questionnaire wurde von Melzack und Torgenson 1971 an der McGill Universität in Montreal, Kanada entwickelt. Der Fragebogen wird zur multidimensionalen Ermittlung der Intensität von Schmerzen eingesetzt. Dabei werden neben körperlichen auch die affektiven Dimensionen des Schmerzes abgefragt. Entsprechend lässt sich durch den Fragebogen über einen zeitlichen Verlauf der Einfluss therapeutischer Maßnahmen auf unterschiedliche Aspekte der Schmerzerfahrung verfolgen. Der Fragebogen ist in drei Teile gegliedert: 1. Fragen zur Schmerzqualität: *Wie fühlt sich der Schmerz an?* 2. Fragen zum zeitlichen Verlauf: *Wie ändert sich der Schmerz im Laufe der Zeit?* und 3. Fragen zur Schmerzintensität / Schmerzstärke: *Wie stark ist der Schmerz?* Die Patient*innen werden aufgefordert, den Ort ihres Schmerzes anhand eines Körperschemas zu markieren und die Fragen zu Schmerzqualität, Zeit und Intensität durch die Auswahl eines von mehreren verschiedenen Adjektiven zu beantworten [vgl. 286] (Abbildung 2.5).

Descriptor Differential Scale
In der *Descriptor Differenzial Scale* wird der Grad des Zutreffens von zwölf verschiedenen Schmerzbeschreibungen auf einer Skala von 0 bis 10 bewertet. Die Patient*innen werden instruiert, auf der Strichlinie zu markieren, wie sehr ihr Schmerz mit einer bestimmten Beschreibung korreliert; entsprechend sollen sie

McGill Pain Questionnaire

Patient's Name ______________ Date ________ Time ______ am/pm

PRI: S ______ (1-10) A ______ (11-15) E ______ (16) M ______ (17-20) PRI(T) ______ (1-20) PPI ______

1 FLICKERING QUIVERING PULSING THROBBING BEATING POUNDING	11 TIRING EXHAUSTING
2 JUMPING FLASHING SHOOTING	12 SICKENING SUFFOCATING
3 PRICKING BORING DRILLING STABBING LANCINATING	13 FEARFUL FRIGHTFUL TERRIFYING
4 SHARP CUTTING LACERATING	14 PUNISHING GRUELLING CRUEL VICIOUS KILLING
5 PINCHING PRESSING GNAWING CRAMPING CRUSHING	15 WRETCHED BLINDING
6 TUGGING PULLING WRENCHING	16 ANNOYING TROUBLESOME MISERABLE INTENSE UNBEARABLE
7 HOT BURNING SCALDING SEARING	17 SPREADING RADIATING PENETRATING PIERCING
8 TINGLING ITCHY SMARTING STINGING	18 TIGHT NUMB DRAWING SQUEEZING TEARING
9 DULL SORE HURTING ACHING HEAVY	19 COOL COLD FREEZING
10 TENDER TAUT RASPING SPLITTING	20 NAGGING NAUSEATING AGONIZING DREADFUL TORTURING
	PPI 0 NO PAIN 1 MILD 2 DISCOMFORTING 3 DISTRESSING 4 HORRIBLE 5 EXCRUCIATING

BRIEF MOMENTARY TRANSIENT	RHYTHMIC PERIODIC INTERMITTENT	CONTINUOUS STEADY CONSTANT

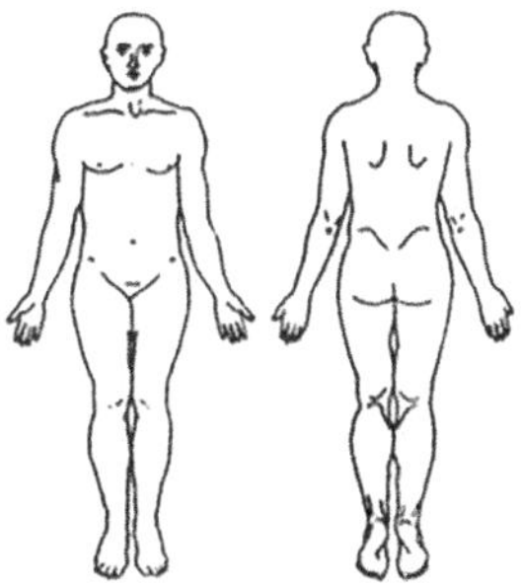

E = EXTERNAL
I = INTERNAL

COMMENTS:

Abbildung 2.5 McGill Pain Questionnaire [187]

ihre Zustimmung markieren. Der Fragebogen wendet psychophysische Prinzipien der klinischen Schmerzerfassung an [vgl. 286] (Abbildung 2.6).

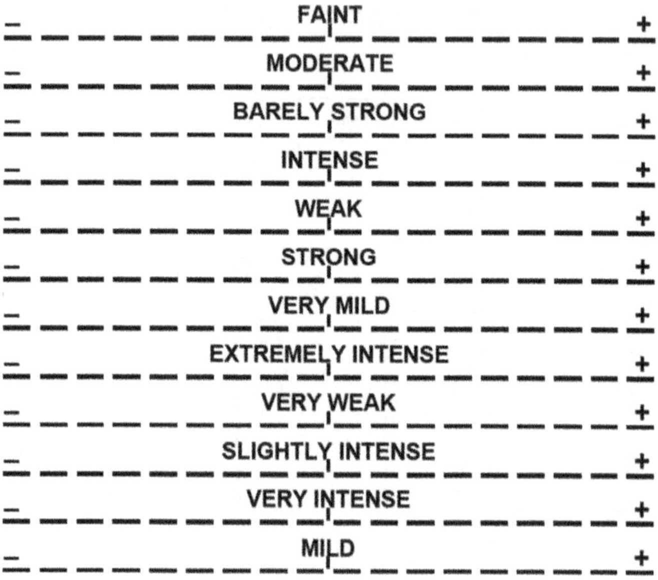

Abbildung 2.6 Descriptor differential scale [116]

Brief Pain Inventory (BPI)

Das BPI wurde auf Grundlage des McGill Pain Questionnaire erarbeitet. Der Fragebogen beinhaltet insgesamt siebzehn Skalen zur Selbsteinschätzung der Patient*innen. Neben Fragen zu den sensorischen und reaktiven Komponenten von Schmerzen werden auch demografische Daten, sowie die eingenommenen Medikamente erfasst. Der *Brief Pain Inventory*-Fragebogen enthält neben der sensorischen Komponente des Schmerzes wie Intensität, Lokalisation und zeitlicher Verlauf auch Fragen, die auf mögliche, durch die Schmerzen induzierte Depressionen abzielen sowie Fragen zum sozialen Umfeld bzw. dem Zugang zu Unterstützungsmaßnahmen [vgl. 286] (Abbildung 2.7).

Brief Pain Inventory—*Short Form*

First Name _____   Date _____

Last Name _____   Time _____

1. Throughout our lives, most of us have had pain from time to time (such as minor headaches, sprains, and toothaches). Have you had pain other than these everyday kinds of pain today?

   ❑ Yes ❑ No

2. On the diagram, shade in the areas where you feel pain. Put an X on the area that hurts the most.

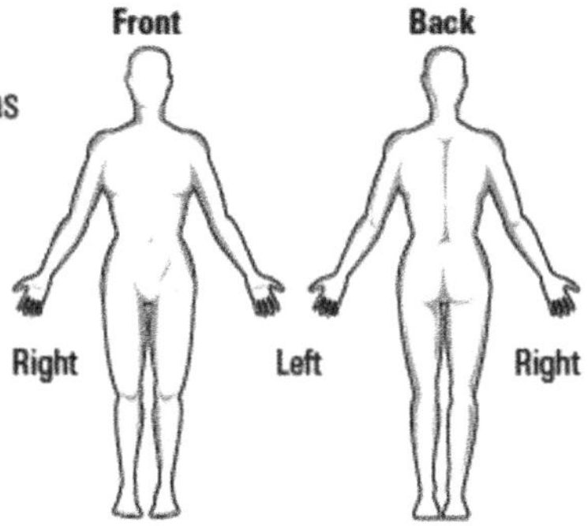

   Front   Back

   Right   Left   Right

3. Please rate your pain by circling the one number that best describes your pain at its **worst** in the last 24 hours.

   | No pain | 0 | 1 | 2 | 3 | 4 | 5 | 6 | 7 | 8 | 9 | 10 | Worst pain imaginable |

4. Please rate your pain by circling the one number that best describes your pain at its **least** in the last 24 hours.

   | No pain | 0 | 1 | 2 | 3 | 4 | 5 | 6 | 7 | 8 | 9 | 10 | Worst pain imaginable |

Abbildung 2.7 Brief Pain Inventory [69]

Neuropathic Pain Scala

Die Neuropathic Pain Scala besteht aus zehn Punkten zu unterschiedlichen Charakteristika von neuropathischen Schmerzen (vgl. Abschnitt 2.1.1), welche anhand von zugeordneten Skalen mit einer Einteilung von 0 bis 10 beurteilt werden sollen. Dabei bedeutet 0 keine Schmerzen, 10 die stärksten vorstellbaren Schmerzen. Der Neuropathic Pain Scale ist nur für Patient*innen gedacht, bei denen bereits neuropathische Schmerzen diagnostiziert wurden [103] (Abbildung 2.8).

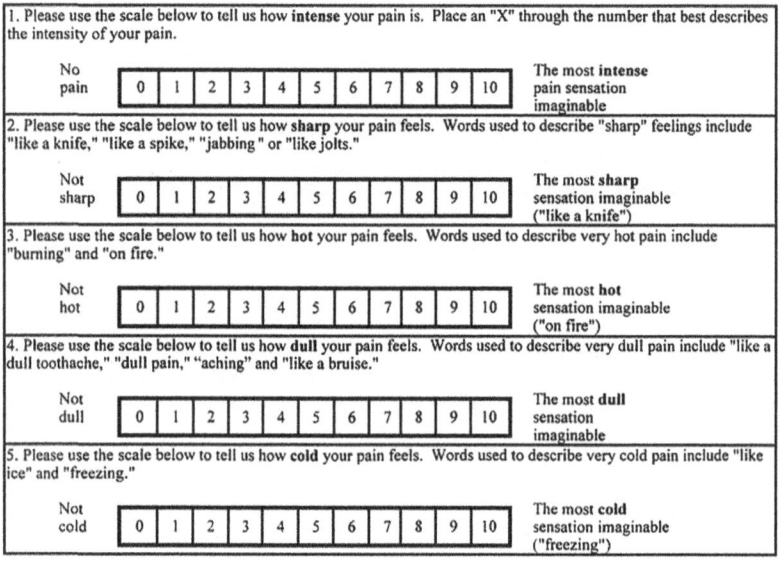

Abbildung 2.8 Neuropathic Pain Scale [241]

Activity-Based Checks

Die ABC Skala (Activity-Based Checks) wurde aus dem Bedarf nach realweltlichen Kontexten von erfassten Schmerzdaten an der Medizinischen Fakultät der Universität von Kansas entwickelt. Durch die Verknüpfung der Schmerzen mit funktionalen Aktivitäten – wie dem Aufstehen aus dem Bett oder vom Stuhl – steigt die Aussagekraft und wird für Kliniker*innen nachvollziehbarer gestaltet [132]. In dem Fragebogen werden die Patient*innen nach ihren Schmerzen bei bestimmten Aktivitäten wie Schlafen, Sitzen, Laufen usw. befragt. Um die Aktivitäten zu veranschaulichen, wurde mit Piktogrammen gearbeitet. Neben der Erfassung der Schmerzintensität wird der Fokus vor allem auf funktionale Beeinträchtigungen gelegt. Es geht also darum, inwiefern Patient*innen bestimmte Aktivitäten nur noch eingeschränkt bzw. unter wie starken Schmerzen sie diese durchführen können [130] (Abbildung 2.9).

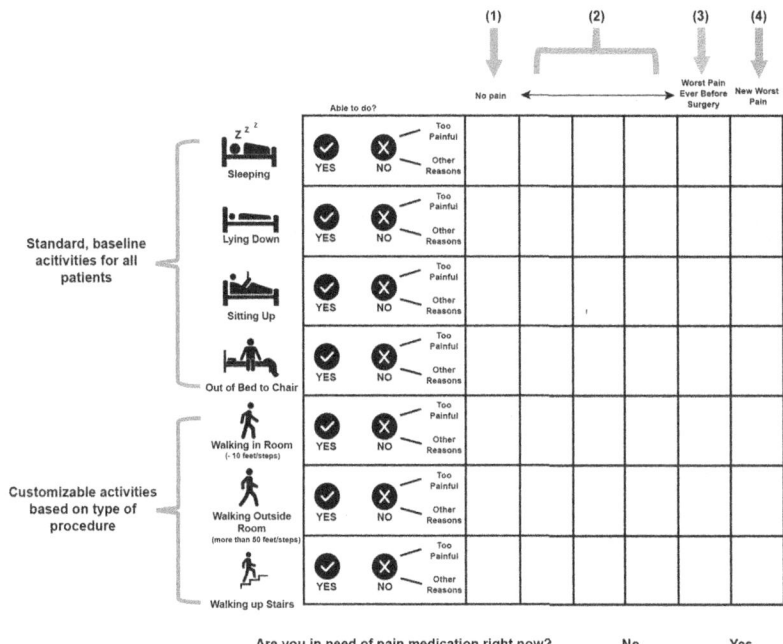

Abbildung 2.9 Activity-Based Checks [132]

Pain Disability Index

Der Pain Disability Index misst das Ausmaß, in dem verschiedene Aspekte des Lebens der Patient*innen durch chronische Schmerzen beeinträchtigt sind. Dazu wird abgefragt, wie sehr der Schmerz die Personen daran hindert das zu tun, was sie normalerweise tun würden – bzw. wie weit sie in der Lage sind Handlungen auszuführen, wie sie sie normalerweise ausführen würden. Dies erfolgt auf einer 0–10 Punkte-Skala, welche die Behinderung durch den Schmerz bei bestimmten

Aktivitäten ausdrückt. Angesprochen werden beispielsweise alltägliche Aufgaben im Haushalt, Hobbies oder soziale Interaktionen [282] (Abbildung 2.10).

Pain Disability Index

Patient Name: Date:

The rating scales below are designed to measure the degree to which aspects of your life are disrupted by chronic pain. In other words, we would like to know how much pain is preventing you from doing what you would normally do or from doing it as well as you normally would. Respond to each category indicating the overall impact of pain in your life, not just when pain is at its worst.

For each of the 7 categories of life activity listed, please check the number on the scale that describes the level of disability you typically experience. A score of 0 means no disability at all, and a score of 10 signifies that all of the activities in which you would normally be involved have been totally disrupted or prevented by your pain.

Family/Home Responsibilities: This category refers to activities of the home or family. It includes chores or duties performed around the house (e.g. yard work) and errands or favors for other family members (e.g. driving the children to school).

No Disability   ○ 1   ○ 2   ○ 3   ○ 4   ○ 5   ○ 6   ○ 7   ○ 8   ○ 9   ○ 10   Worst Disability

Recreation: This disability includes hobbies, sports, and other similar leisure time activities.

No Disability   ○ 1   ○ 2   ○ 3   ○ 4   ○ 5   ○ 6   ○ 7   ○ 8   ○ 9   ○ 10   Worst Disability

Social Activity: This category refers to activities, which involve participation with friends and acquaintances other than family members. It includes parties, theater, concerts, dining out, and other social functions.

No Disability   ○ 1   ○ 2   ○ 3   ○ 4   ○ 5   ○ 6   ○ 7   ○ 8   ○ 9   ○ 10   Worst Disability

Occupation: This category refers to activities that are part of or directly related to one's job. This includes non-paying jobs as well, such as that of a housewife or volunteer.

No Disability   ○ 1   ○ 2   ○ 3   ○ 4   ○ 5   ○ 6   ○ 7   ○ 8   ○ 9   ○ 10   Worst Disability

Sexual Behavior: This category refers to the frequency and quality of one's sex life.

No Disability   ○ 1   ○ 2   ○ 3   ○ 4   ○ 5   ○ 6   ○ 7   ○ 8   ○ 9   ○ 10   Worst Disability

Self Care: This category includes activities, which involve personal maintenance and independent daily living (e.g. taking a shower, driving, getting dressed, etc.)

No Disability   ○ 1   ○ 2   ○ 3   ○ 4   ○ 5   ○ 6   ○ 7   ○ 8   ○ 9   ○ 10   Worst Disability

Life-Support Activities: This category refers to basic life supporting behaviors such as eating, sleeping and breathing.

No Disability   ○ 1   ○ 2   ○ 3   ○ 4   ○ 5   ○ 6   ○ 7   ○ 8   ○ 9   ○ 10   Worst Disability

Abbildung 2.10 Pain Disability Index [282]

Pain Catastrophizing Scale

Die Pain Catastrophizing Scale ermittelt den Grad der Schmerz-Katastrophierung durch die Patient*innen. Das Phänomen der Schmerz-Katastrophierung ist gekennzeichnet durch die Tendenz, den Bedrohungswert eines Schmerzreizes zu vergrößern, das Empfinden von Hilflosigkeit während der Schmerzerfahrung, sowie eine einsetzende Unfähigkeit, die eigenen Gedanken in Erwartung oder während eines schmerzhaften Ereignisses zu kontrollieren. Die Pain Catastrophizing Scale fragt in Form einer Checkliste dreizehn Punkte ab, welche aufaddiert den Grad der Schmerz-Katastrophierung ergeben [278] (Abbildung 2.11).

0 – not at all   1 – to a slight degree   2 – to a moderate degree   3 – to a great degree   4 – all the time

When I'm in pain ...

1☐ I worry all the time about whether the pain will end.

2☐ I feel I can't go on.

3☐ It's terrible and I think it's never going to get any better.

4☐ It's awful and I feel that it overwhelms me.

5☐ I feel I can't stand it anymore.

6☐ I become afraid that the pain will get worse.

7☐ I keep thinking of other painful events.

8☐ I anxiously want the pain to go away.

9☐ I can't seem to keep it out of my mind.

10☐ I keep thinking about how much it hurts.

11☐ I keep thinking about how badly I want the pain to stop.

12☐ There's nothing I can do to reduce the intensity of the pain.

13☐ I wonder whether something serious may happen.

...Total

Abbildung 2.11 Pain Catastrophizing Scale [278]

Dolografie

Die *Dolografie* ist ein visuelles Hilfsmittel, welches das therapeutische Gespräch zwischen dem/der behandelnden Schmerzexpert*in und dem/ der Schmerzpatient*in fördert, indem es ein gezieltes und differenziertes Sprechen über die verschiedenen Komponenten des Schmerzes ermöglicht [247]. Das grafisches Karten-Set ist 2011 im Rahmen der Bachelorarbeit von Sabine Affolter und Katja Rüfenacht an der Hochschule der Künste in Bern in Zusammenarbeit mit einem Facharzt für psychosomatische Medizin entstanden [19]. In mehreren Testphasen, die in der Endphase auch die Auswahlentscheidungen und Rückmeldungen der Patient*innen umfassten, wurde es überarbeitet. In einer weiterführenden Masterarbeit haben Affolter und Rüfenacht die Karten schließlich zu einem vierundreißig Karten starken Set überarbeitet [131]. Durch Praxistests in schmerztherapeutischen Gesprächssituationen am Universitätsspital Bern konnte für die Dolografie ein signifikanter therapeutischer Effekt nachgewiesen werden [247]. Eine weiterführende Studie am Universitären Zentrum für Zahnmedizin Basel kam hinsichtlich der Befunderhebung bei Patienten mit orofazialen Schmerzen zum Einsatz. Es wurde deutlich, dass eine bestimmte Bildkarte signifikant am häufigsten gewählt wurde und somit als passende bildliche Repräsentation des Schmerzes gelten konnte [43] (Abbildung 2.12).

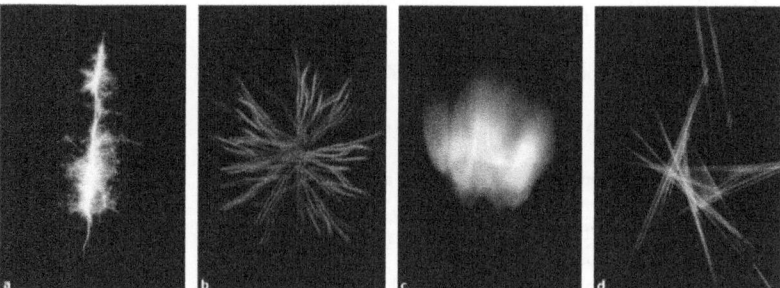

Abbildung 2.12 Am häufigsten gewählte Bilderkarten bei orofazialen Schmerzen nach einer Studie am Universitären Zentrum für Zahnmedizin in Basel [43]

2.1.7 Zusammenfassung: Eine mechanistische Perspektive auf Schmerzen

In der aktuellen klinischen Praxis kommt eine Vielzahl von unterschiedlichen Verfahren zur selbstberichteten Schmerzerfassung zum Einsatz. Die Erfassung der Schmerzintensität erfolgt oftmals mit linearen unidimensionalen Skalen, welche sich nur in der Ausgestaltung unterscheiden – in ihrer Funktion und ihrer Aussagekraft sind sie als gleichwertig einzuschätzen [21]. Das Angebot an Fragebögen wiederum stellt ein kaum zu überblickendes Feld dar. Es lassen sich Fragebögen zur Schmerzqualität und Lokalisierung von Schmerzen, zu Schmerzinterferenzen und funktionalen Beeinträchtigungen, zu krankheitsspezifischen Schmerzerfahrungen, zu psychosozialen Faktoren etc. finden [vgl. 75]. Für alltägliche Erhebungen in der Klinik ist der Aspekt ‚Einfachheit der Skalen' von kaum zu überschätzender Bedeutung und auch für die differenzierte, multidimensionale Anamnese ist der Einsatz von Fragebögen unumgänglich. Durch verschiedene Studien konnte allerdings nachgewiesen werden, dass Wörter, Bilder, Analogien und Metaphern besser geeignet sind als diskrete Skalen [58, 82]. Obwohl es Hinweise darauf gibt, dass Schmerzen in visueller Form deutlich akkurater erhoben werden können [257] und eigene Artikulationsformen zu präziserem Ausdruck führen [239], wird diese Art der Schmerzerhebung aktuell kaum eingesetzt.

Trotz der inhaltlichen Breite der Erhebungsverfahren lässt sich festhalten, dass Schmerzen in der aktuellen klinischen Praxis nur in sehr grober Form dokumentiert und wenig nutzer*innenzentriert erhoben werden. Konkret lassen sich folgende Probleme identifizieren:

a) Geringe Auflösung: Es steht nur eine sehr geringe (quantitative) Anzahl an Auswahlmöglichkeiten zur Verfügung.

b) Statik: Durch die Beschränkung auf Stift und Papier lässt sich die Schmerzerfahrung nur in statischer Form artikulieren[8].

c) Passivität: Patient*innen verbleiben bei der Schmerzerfassung in einer passiven Rolle, insofern sie ihre persönliche Erfahrung ausschließlich den ihnen zur Verfügung gestellten Optionen zuordnen können.

d) Diskretheit: Die zur Verfügung gestellten Optionen sind ausschließlich diskrete ja/nein Auswahlmöglichkeiten[9].

---

[8] Zwar lassen sich auch Schmerzverläufe behelfsmäßig ‚statisch' darstellen (beispielsweise durch Kurven), doch ist hier ist die Statik der Notation selbst gemeint.

[9] Obwohl viele Fragebögen auch vorsehen, mehrere Optionen bspw. zur Schmerzcharakteristik auszuwählen, arbeiten sie ausschließlich mit einer diskreten Auflistung und sehen Möglichkeiten zur Adaption dieser Größen nicht vor.

Zusammenfassend ist festzuhalten, dass sich mit aktuellen Erfassungsverfahren die Postulate einer personalisierten und patient*innenzentrierten Medizin nur sehr eingeschränkt bzw. gar nicht realisieren lassen (s. Abschnitt 1.2.1.). Aktuelle Verfahren sind einem pathogenetischen und mechanistischen Ansatz verpflichtet, der häufig unreflektiert auch in digitale Schmerzerfassungssysteme übernommen wird (s. Abschnitt 2.2.1.2).

2.2   Schmerzerfassung: Digitale Praxis

Wie in der Einleitung dieser Arbeit beschrieben, wurden technische Entwicklungen – wie die der Bild- und Tonübertragung – rasch auch für (tele-)medizinische Einsatzzwecke adaptiert [68]. Auch in Bezug auf Schmerzdaten gilt, dass schon früh Versuche unternommen wurden, die Daten über digitale Medien zu erfassen. Einen ersten Ansatz zu einer standardisierten grafischen Erhebung lässt sich auf Anfang der 1990er Jahre datieren. Swanston et al. haben argumentiert, dass die Schmerzerfassung auf diese Weise a) im intuitiven Modus von ‚Versuch und Irrtum' bzw. ‚Aktion-Reflexion' durchgeführt werden kann und b) die Erfassung dennoch von Anfang an in einer digital auswertbaren, quantitativen Form vorliegt [280]. In einer Pionierstudie wurde im Klinikum der Medizinische Fakultät Ninewells eine grafische Adaption des McGill-Schmerzfragebogens entwickelt und getestet, wobei die einzelnen Schmerzeigenschaftswörter in interaktive Grafiken übersetzt wurden (s. Abb. 2.13).

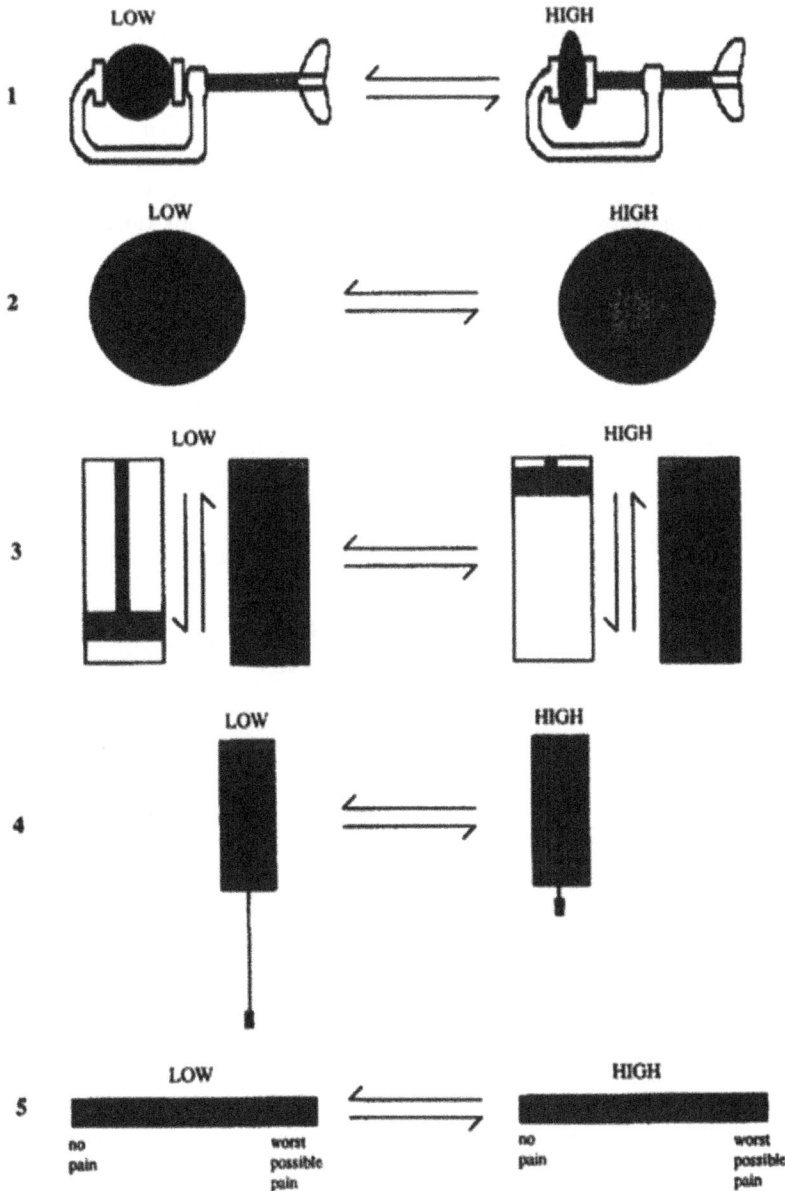

Abbildung 2.13 Schematische Darstellung der interaktiven Animationen. Die Animationen stellen (1) Druckschmerz, (2) Brennen, (3) Pochen, (4) Stechen und (5) eine Visuell-Analogskala dar [280]

Heute stellen Gesundheitsanwendungen in den duopolistischen ‚App Stores'
von Google und Apple (s. Abschnitt 2.3.2.1) grob 10 % des Angebotes dar[10].
Innerhalb der Kategorie ‚Top Apps Medizin'[11] lassen sich neunundzwanzig Apps
zum Management von Schmerzen identifizieren. Insgesamt stellen sie also einen
verschwindend geringen Anteil des Angebots von Gesundheitsanwendungen an
sich dar (s. Abb. 2.14 und 2.15). Das eingeschränkte Angebot lässt sich vor allem
auf den hohen Aufwand und den Einsatz an Zeit und Geld zurückführen, der für
eine Medizinproduktzertifizierung nötig ist[12].

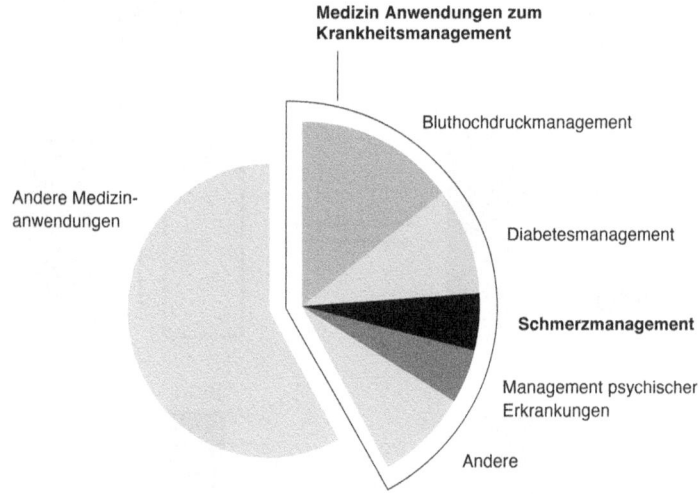

Abbildung 2.14 Verteilung der Gesundheitsanwendungen ‚Top Apps' in der Kategorie
‚Medizin' im Google Play Store (n = 240 Apps). Stand: 13. Mai 2020

---

[10] Als Orientierung wird hier die Verteilung im US-Amerikanischen Apple App Store des
Jahres 2020 aufgeführt.

[11] Dies meint bei Apple die zweihundert meistgeladenen Apps der jeweiligen Kategorie, bei
Google die Top 240.

[12] Unter die Medizinproduktregulierung fallen Gesundheitsanwendungen dann, wenn sie
Diagnosen stellen oder Therapieempfehlungen aussprechen bzw. selbst zu Therapiezwecken
eingesetzt werden [107].

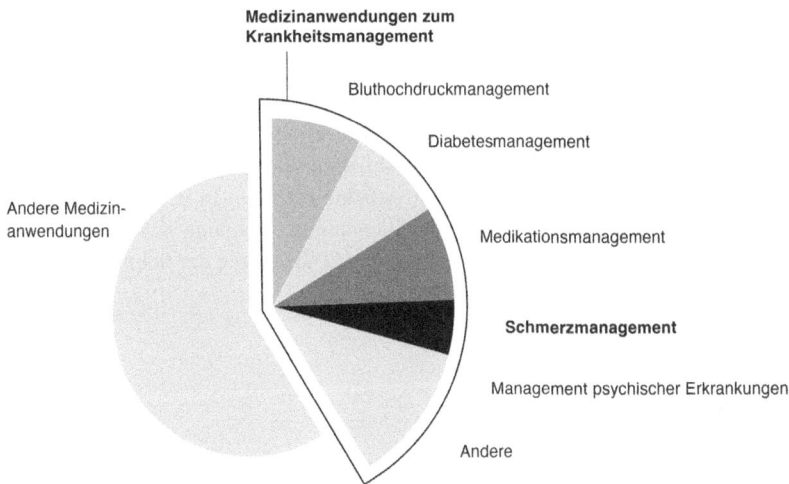

Abbildung 2.15 Verteilung der Gesundheitsanwendungen 2 ‚Top Apps' in der Kategorie ‚Medizin' im Apple App Store. Stand: 15. Mai 2020

2.2.1 Schmerzerfassung in Gesundheitsanwendungen

Die Erhebung von Schmerzen in mobilen Gesundheitsanwendungen ist in der Regel in weitere Funktionen eingebunden. Im Krankheitsmanagement dient sie zumeist auch der Dokumentation von weiteren Symptomen bzw. Informationen, zum Beispiel in Form von Schmerztagebüchern. Wie im Folgenden dargelegt, wird die Multifunktionalität auf der grafischen Nutzer*innenoberfläche (GUI[13]) in Form dezidierter Eingabeelemente realisiert. Sie orientieren sich grafisch vielfach an etablierten klinischen Schmerzerhebungsverfahren (s. Abschnitt 2.1.6). Auswahloptionen werden anhand gängiger GUI Elemente wie Knöpfe, Schieberegler etc. umgesetzt. Zusammenfassend lässt sich festhalten, dass die digitale Schmerzerfassung aus mehreren Gründen keine eigenständige Form aufweisen, sondern vielmehr aus der Adaption bestehender Konzepte und Umsetzungen bestehen sollte.

Da der Gegenstand dieser Arbeit die Form der Erhebung und Darstellung von Schmerzen ist, werden im Folgenden die Applikationen nicht nach ihrer Funktion, sondern anhand ihrer Eingabemasken und Darstellungsformen typisiert.

---

[13] ‚GUI' ist die Abkürzung von ‚Graphical User Interface' und kann mit ‚Grafische Nutzer*innenoberfläche' übersetzt werden.

Dazu werden jeweils die gängigen Formen anhand einer Beispielapplikation vorgestellt. Die Typologie wurde auf Grundlage einer systematischen Studie[14] im Mai 2020 erstellt. Dazu wurden neunundzwanzig Anwendungen und achtzehn wissenschaftliche Veröffentlichungen berücksichtigt. In der Rubrik *Schmerzerfassung* wurde dabei im allgemeinen Sinne jede Abfrage, welche sich dezidiert auf Schmerzen bezieht, erfasst, ergänzt um Abfragen, die Qualität, Quantität, Dauer und weitere mit Schmerzen assoziierte Aspekte betrafen. In den meisten Fällen findet sich bei den vorliegenden Applikationen eine Trennung zwischen den zur Verfügung stehenden Auswahloptionen und der Darstellung der Schmerzen in der Verlaufsdarstellung.

---

[14] **Selektion und Ergebnisse App Stores:** In einem ersten Schritt wurden im Apple App Store die „beliebtesten Apps" in der Kategorie „Medizin" (n=240) hinsichtlich der Kategorien ‚potenziell relevant' und ‚nicht relevant' auf Grundlage des Namens der Anwendung, der Beschreibung des Stores und den verfügbaren Screenshots bewertet. Das gleiche Prozedere wurde mit allen Apps in der Kategorie „Gesundheit und Fitness" (n=240) im Apple App Store durchgeführt. Da der Google Play Store anders aufgebaut ist, wurden hier die Anwendungen in den Kategorien „Gesundheit und Fitness", die Anwendungen in den Unterkategorien „Empfehlungen für Dich" (n=190), „Bleibe motiviert" (n=28), „Gesünder kochen" (n=17), „Entdecke die Natur" (n=22), „Für die Frauen unter uns" (n= 22), sowie „Gönne dir eine Pause" (n=12), gesichtet. Die Kategorie „Medizin" war analog zum Apple App Store ohne Unterkategorien aufgebaut: Hier wurden alle aufgelisteten Apps (n=200) gesichtet. Alle Anwendungen wurden analog zum Apple App Store vorerst hinsichtlich der Kategorien ‚potenziell relevant' und ‚nicht relevant' auf Grundlage des Namens der Anwendung, der Beschreibung des Stores und den verfügbaren Screenshots bewertet. Alle potentiell relevanten Anwendungen (n=50) aus dem Apple App Store und dem Google Play Store wurden auf ein Android bzw. iOS Smartphone heruntergeladen und installiert und nach Schmerzeingabe und Darstellung durchsucht (wenn diese Funktionalität nicht vorhanden war, wurden sie aussortiert). Insgesamt wurden neunundzwanzig Anwendungen berücksichtigt. – **Selektion und Ergebnisse wissenschaftlicher Veröffentlichungen:** Die Sammlung wissenschaftlicher Veröffentlichungen zum State oft the Art der Erhebung von Schmerzen auf Smartphone Apps sowie zu konkreten Projekten erfolgte auf Grundlage einer systematischen Suche auf der Plattform ‚Google Scholar' im Mai 2020. Dazu wurden jeweils die ersten zweihundert Ergebnisse zum Suchbegriff „Pain screening app" und „Pain monitoring app" vorerst hinsichtlich der Kategorie ‚potentiell relevant' und ‚nicht relevant' auf Grundlage der Titel und Abstracts gesichtet. Im zweiten Schritt wurden alle potentiell relevanten Aufsätze (n=40) nach Abbildungen der Eingabe- und Verlaufsdarstellung von Schmerzen durchsucht. Insgesamt konnten Abbildungen der grafischen Eingabe- und Darstellung von Schmerzen in achtzehn Aufsätzen berücksichtigt werden.

2.2.1.1 Eingabeelemente grafischer Nutzer*inneninterfaces zur Schmerzerfassung

Eingabeelemente sind grafische Funktionsindikatoren, mit denen die Nutzer*innen durch eine bewusst und gezielt getätigte Denotation – wie das Drücken eines virtuellen Knopfes, das Manipulieren eines Schiebeelementes usw. – einen Datenpunkt über den von ihnen empfundenen Schmerz hinzufügen. Von besonderer Bedeutung ist dabei, dass die Nutzer*innen dialogisch mit dem System agieren, insofern eine Darstellung aller Optionen der Eingabe vorliegt, aus der sie wählen, bzw. eine sichtbare Repräsentation ihrer Empfindung interaktiv modellieren können.

Eingabeelemente zur Lokalisierung von Schmerzen

Der Großteil der untersuchten Gesundheitsanwendungen ermöglicht die Verortung der Schmerzen anhand eines Körperschemas, in das die Schmerzen eingezeichnet werden können. In einem kleineren Anteil der Anwendungen dient das Körperschema auch zur Anzeige der dokumentierten Schmerzen, so dass die grafische Repräsentation der Schmerzen deckungsgleich ist mit der Visualisierung der gespeicherten Daten. Es lassen sich grundsätzlich zwei unterschiedliche Typen der Schmerzverortung anhand von Körperdarstellungen identifizieren: Solche mit ‚diskreten‘ Auswahl-Bereichen (Typ A) und solche, in welchen die Schmerzen ‚eingezeichnet‘ werden können (Typ B).

Zu *Typ A* lassen sich unterschiedliche – teils mehr oder weniger schematische – Körperdarstellungen zur Lokalisation der Schmerzempfindung vorfinden [37, 41, 55, 74, 118, 125, 185, 211, 268]. Dabei ist entweder der gesamte Körper oder ein Teil des Körpers (z. B. der Kopf oder die Hand) abgebildet. Es können dann unterschiedliche Bereiche direkt oder über Punkte ausgewählt werden, um im nächsten Schritt die Schmerzstärke oder Schmerzart einzustellen (Abbildung 2.16).

Typ B ermöglicht das Einzeichnen des Schmerzbereichs in eine Körperdarstellung. Dabei werden z. B. unterschiedliche Farben zur Verfügung gestellt [46, 67, 169], aber auch veränderbare Intensitäten der Einzeichnungstools [194] oder unterschiedliche Schraffuren [197]. Die Körper lassen sich nur bei ‚Chronic Stimulation‘ variieren und auch dort kann nur zwischen einem weiblichen und einem männlichen Körper gewählt werden (Abbildung 2.17).

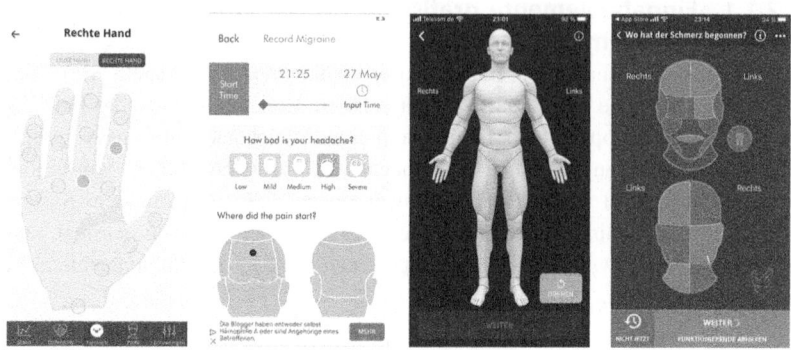

Abbildung 2.16 Beispiele zum Typ A der Schmerzlokalisierung [74, 268, 185, 125]

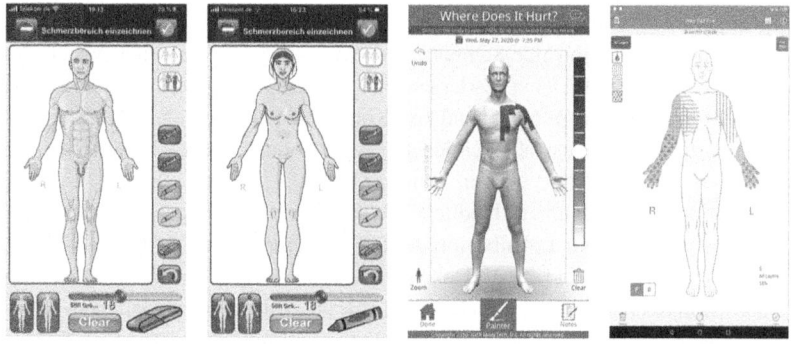

Abbildung 2.17 Beispiele zum Typ B der Schmerzlokalisierung [67, 194, 197]

Eingabeelemente zur Bestimmung von Schmerzintensität und Schmerzqualität

Mit den Schmerzerfassungsinstrumenten der aktuellen klinischen Praxis werden Schmerzen in der Regel in den Dimensionen Ort, Intensität (Quantität) und Art (Qualität) beschrieben (s. Abschnitt 2.1.6). In der folgenden Vorstellung der Eingabeelemente von aktuellen Gesundheitsanwendungen werden die Elemente statt der genannten Dimensionen aus der Perspektive der Interaktion nach einer Typisierung der Eingabeelemente sortiert und vorgestellt, unabhängig von ihrem Einsatz.

Typ A: Schieberegler. Slider stellen eine sehr häufige Form der Erfassung von Schmerzintensität dar. Es lassen sich verschiedene Arten finden, wobei die häufigste Form der stufenlose Schieberegler ist. Er kann sowohl in horizontaler [1, 39, 55, 67, 139, 176, 185, 194, 200, 267, 283, 292], als auch in vertikaler Form eingesetzt werden [62, 211]. Eine weitere Variante ist der unterteilte Schieberegler [243]. Dieser ist zwar stufenlos einzustellen, weist aber eine hinterlegte Segmentierung auf. Neben Linien lassen sich auch kreisförmige Schieberegler finden, deren lineare Einstellung über eine räumliche Ausbreitung und eine farbliche Veränderung (von Hellgrün zu Dunkelrot) abgebildet wird [100] (Abbildung 2.18).

Abbildung 2.18 Beispiele für Schieberegler zur Schmerzerfassung (Abou Deif 2010) [1, 100, 211, 185]

Typ B: Diskrete Skala. Bei diesem Typ geht es um eine Reihe von optisch zusammengefügten Auswahloptionen, von denen sich eine anwählen lässt. Sie sind in unterschiedlicher Ausgestaltung sowohl in horizontaler Ausrichtung [62, 281, 292], als auch in vertikaler [118] und diagonaler Ausrichtung [67] vorzufinden. Es gibt sie ebenfalls in der Ausführung als Schieberegler mit diskreten Schritten [197, 244, 245, 271] und in kreisförmiger Anordnung [263] (Abbildung 2.19).

Typ B: Symbole und Smileys. Die Bestimmung der Schmerzintensität durch die Auswahl von Smileys ist neben den genannten Schiebereglern und Skalen ein weiteres, häufig begegnendes Interface-Element, das sich in unterschiedlichen Ausführungen finden lässt [125, 74, 284, 85, 136]. Neben Smileys kommen auch diverse andere Symbole zum Einsatz, darunter unterschiedliche Schraffuren oder Symbole wie Blitze und Feuer [194, 125, 118, 284]. In einer Studie

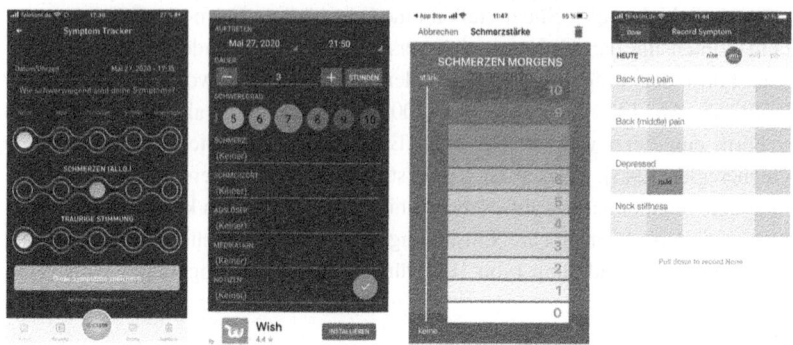

Abbildung 2.19 Beispiele für diskrete Skalen zur Schmerzerfassung [62, 281, 15, 118]

zur bildlich-assoziativen Erhebung von Schmerzen mit Hilfe von Bildern wie
Hammer, Amboss, Nadeln etc. konnte gezeigt werden, dass damit aus der Perspektive der Patient*innen Schmerzen präziser wiedergegeben werden konnten
als mit anderen Erhebungsformen [164]. Sie sind zum Teil differenzierter und
können gerade bei sprachlicher Limitation Hilfe beim Ausdruck individueller
Schmerzerfahrung bieten [151] (Abbildung 2.20).

Abbildung 2.20 Beispiele für die Eingabeelemente Smiley und Symbole [74, 125, 268,
284]

Typ C Listen. Ein weiteres typisches Eingabeelement stellen Listen mit mehreren Auswahlmöglichkeiten (Multiple Choice) dar. Sie finden sich als Checklisten
in unterschiedlichen Ausführungen [15, 67, 185, 200, 243]. Es gibt sie auch als

diskrete Auswahl einer Antwortmöglichkeit [37, 55, 73, 100, 109, 118, 176, 197, 211, 262] (Abbildung 2.21).

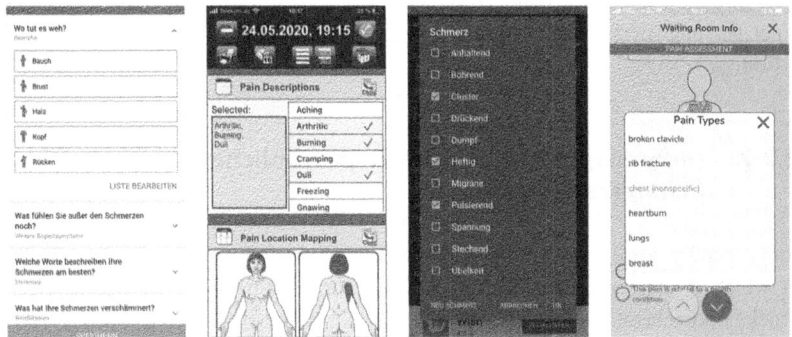

Abbildung 2.21   Beispiele für das Eingabeelement Liste zur Schmerzerfassung [262, 67, 15, 176]

2.2.1.2   Wie Schmerzerfassung in digitalen Gesundheitsanwendungen erfolgt

Betrachtet man die aktuell eingesetzten visuell/taktilen Eingabeformen von Schmerzerfahrungen in mobilen Anwendungen, so fällt auf, dass sie sich zum größten Teil auf analoge Verfahren wie Papier-und-Stift-Fragebögen und Skalen zurückführen lassen – sie unterscheiden sich somit nicht, oder nur geringfügig, in ihrem Detaillierungsgrad und lassen sich insofern in einer historischen Reihe mit ihrem Prototyp, dem XEROX Alto verstehen. Dieses erste grafische Interface wurde mit dem Ziel entwickelt, gängige (papierbasierte) Bürooperationen virtuell abzubilden [295]. Als einziges *direkt manipulatives System* [128] ist das ‚Einzeichnen' Element zu nennen, bei welchem verschiedene Dateneingaben und Verarbeitungselemente kombiniert werden und tatsächlich ‚andere' Formen der Notation (wie z. B. das Einzeichnen von Schraffuren) ermögli-chen. Die übrigen Handlungssysteme werden in der Regel durch das Prinzip „Ressourcen" [128] realisiert, bei dem eine von mehreren Auswahlmöglichkei-ten vorgelegt wird. Dynamische Elemente, die z. B. technisch durchaus möglich wären, lassen sich weder in der Eingabe noch in der Darstellung der gespei-cherten Datenpunkte finden. Die Darstellungsformen von Schmerzen – vor allem von Schmerzverläufen – sind zudem in hohem Maße auf quantifizierte Zustände reduziert. Sie nehmen damit die Optik von Sport- und Fitness-Applikationen auf [vgl. 50] und laufen der eigentlichen Intention entgegen. Zusammenfassend lässt sich festhalten, dass die Schmerzerfassung in aktuellen Gesundheitsanwendungen nach denselben mechanistischen und reduktionistischen Schemata erfolgt, wie in der klinischen Schmerzerfassung (s. Abschnitt 2.1.6). Der Anspruch einer personalisierten und patient*innenzentrierten Medizin wird von ihnen nicht erfüllt.

2.2.2   Referenzprojekte – kreativ-persönlicher Schmerzausdruck

Im Folgenden werden die für diese Arbeit relevanten Referenzprojekte vorgestellt, in welchen sich grundlegende Aspekte eines kreativ-persönlicher Schmerzausdrucks finden lassen. Die angeführten Projekte, welche als wissenschaftliche Aufsätze veröffentlicht wurden, benennen und adressieren explizit die Problematik der Subjektivität von Schmerzen, die fehlenden Individualisierungsmöglichkeiten bestehender Schmerznotationssysteme und die Herausforderung der Kommunikation zwischen Patient*innen, Therapeut*innen und Angehörigen[15]. Als Referenzprojekte wurden Ansätze gewählt, welche die medialen Potentiale einer digitalen Lösung zumindest konzeptionell einsetzen und dynamisch modellierbare Schmerzrepräsentationen zur Dokumentation und Darstellung nutzen.

Am Center for Behavioral Health and Smart Technology der University of Pittsburgh wurde ein Schmerzerfassungssystem entwickelt, welches das kreative Potential der Parameter-Modellierung zur Schmerzerfassung untersucht. In der Smartphoneanwendung „*Painimations*" lassen sich a) Schmerzqualität, b) Schmerzintensität und c) Schmerzdauer dokumentieren [147]. Die Animationen beruhen auf einer Qualifikationsarbeit an der School of Design der Carnegie Mellon University mit dem Titel „Redesigning the Pain Assessment Conversation" [227]. Einem Human-Centered-Design-Ansatz (s. Abschnitt 2.3.1.1.) folgend wurden unter Einbezug[16] von Stakeholdern acht Animationen zu verschiedenen Schmerzarten entwickelt [228]. Anhand einer zuvor ausgewählten Grafik lässt sich die Intensität der Schmerzrepräsentation einstellen: Durch das Verschieben eines virtuellen Schiebereglers wird die Geschwindigkeit der Animation erhöht oder verringert und die Farbsättigung, der Fokus und die Größe verändert [vgl.

---

[15] Forschungsarbeiten, die sich mit individuellem Schmerzausdruck beschäftigen, sowie Ansätze wie Kunsttherapie oder analoge Hilfsmittel zur Schmerzdokumentation wurden nicht berücksichtigt, da der Fokus dieser Arbeit auf der Dokumentation und der Erfassung von Schmerzen mittels haptisch-visueller Erfassung liegt – nicht auf deren Therapie.

[16] Methodisch wurden Interviews, Workshops und Prototypentestungen durchgeführt.

147]. Obwohl der Ansatz gegenüber typischen Formen der digitalen Schmerzerfassung ein deutlich höheres Maß an individueller Notation ermöglicht, ist
die Auswahl der Visualisierungen selbst doch wieder diskret und nur linear
hinsichtlich der einstellbaren Intensitätsmuster (Abbildung 2.22).

Abbildung 2.22 Acht verschiedene Schmerzanimationen aus ‚Painimations‘ [228]

Dem Ansatz der Embodied Interactions folgend entwickelten Mathew und
Kant [182] eine dynamische, haptisch-visuelle Form der Schmerzartikulation und
Schmerzvermittlung anhand eines Systems, bestehend aus Sender und Empfänger.
Am Sender-Objekt lässt sich durch Drücken die Schmerzintensität einstellen –
die sich verändernde Farbe sowie eine Vibration geben eine Rückmeldung. Das
Empfänger-Objekt gibt die eingestellte Intensität entsprechend durch Farbe und
Vibration wieder [182]. Das Ziel dieser Artikulationsform ist Interaktion die
Dokumentation von Schmerzen, sondern vielmehr die Vermittlung zwischen
einer an Schmerzen leidenden Person und ihren Angehörigen. Trotz seiner
a) eindeutigen patient*innenzentrierung und b) dem parametrischen Ansatz in
Bezug auf die Schmerzerfassung, bleibt das Projekt in Bezug auf die Auflösung
der Schmerzinformationen allerdings selbst hinter den meisten GUI-Lösungen
aktueller Gesundheitsanwendungen zurück.

Das „*TAME: Paediatric Pain Empathy Device*“ ist ein spekulatives Design-
objekt, das speziell bei Kindern über verschiedene Sensoren Informationen zu
dem im Objekt platzierten Körperteil erfasst und auf zwei Bildschirmen sowie
einer Farbveränderung durch farbverändernde Leuchten, welche von Blau zu
Rot wechseln [60], dargestellt wird (s. Abb. 2.23). Durch diese Aufbereitung
der Sensordaten soll es Behandler*innen leichter fallen, sich in die Lage des
Kindes hineinzuversetzen und die Befragung entsprechen zu steuern, um einen

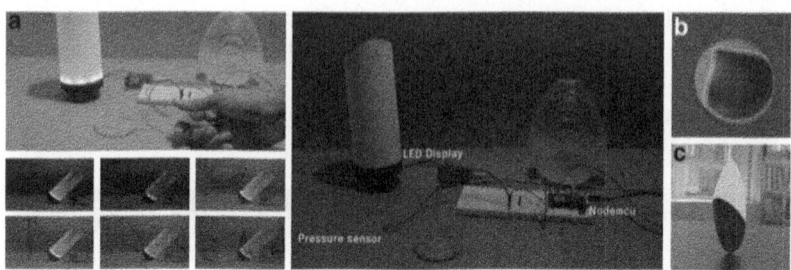

Abbildung 2.23   Varianten und Aufbau von Objekten zur Schmerzkommunikation [182]

möglichst genauen Eindruck von den Schmerzen des Kindes zu erhalten [60].
Das spekulative Gerät umfasst folgende Funktionalitäten: 1. eine Wärmebildka-
mera, mit welcher der Schmerz erfasst werden soll, indem die Parameter Farbe,
Temperatur, Farbveränderungen und Größe der Hand/des Unterarms einbezo-
gen werden, sowie 2. einen Pulssensor, welcher den Angstzustand anhand der
Herzfrequenz ermittelt. Die multiparametrische Erfassung und Darstellung der
Schmerzen (welche neben der qualitativen und quantitaiven auch die affektive
Dimension aufnimmt) erfolgt eindeutig patient*innenzentriert, doch ist (vom spe-
kulativen Status des Projektes einmal abgesehen) kritisch anzumerken, dass die
Erfassung in rein passiver Form, das heißt nicht als Selbstauskunft erfolgt und
dass es auch keine Möglichkeiten einer Korrektur der entstandenen Darstellung
seitens der Patient*innen gibt (Abbildung 2.24).

Insgesamt klingen in den vorgestellten Referenzprojekten verschiedene
Aspekte der patient*innenzentrierten Schmerzerfassung an. Sie beziehen sich
auf den Aspekt der aktiven Artikulation mittels Modulation von Grafikparame-
tern (‚Painimations‘), auf die Erfassung und Darstellung von Schmerzdynamiken
(‚Evocative Objects‘), sowie auf das Erfassen und die Darstellung multipler Parameter von Schmerzen (‚TAME‘). Zusammenfassend gelingt es allerdings keinem
dieser Projekte, a) alle genannten Aspekte zu integrieren, sie b) als standardisierten Datensatz auszugeben und c) die Leistungsfähigkeit dieser Verbindung durch
Patient*innentestungen zu evaluieren.

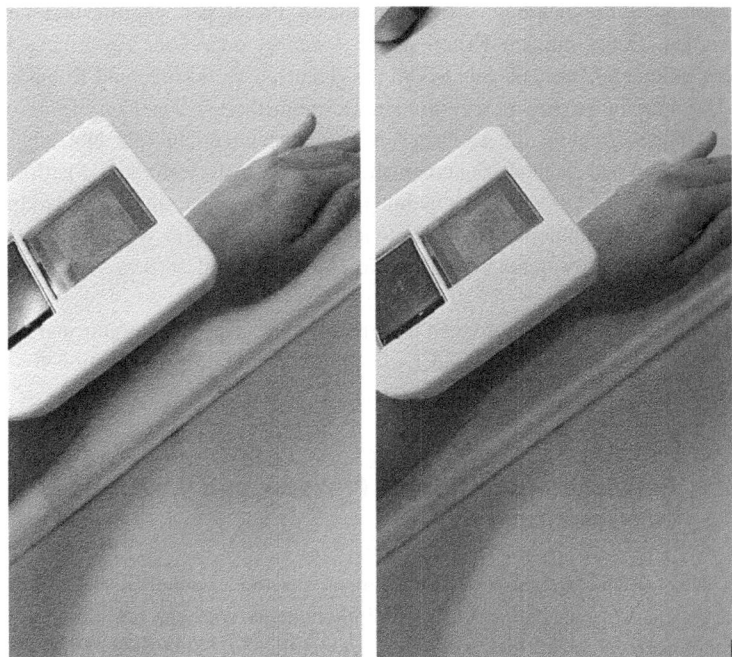

Abbildung 2.24   Einsatz des ‚TAME' (Paediatric Pain Empathy Device) [60]

2.3   Schmerzerfassung als gestalterische Praxis

Der Stand der Forschung zum Design von Anwendungen zur Schmerzdokumentation kann an keinen spezialisierten und einschlägigen Diskurs anknüpfen und
muss daher inter- und transdisziplinär angelegt sein. Das vorliegende Kapitel wird
sich aus unterschiedlichen Richtungen dem Thema annähern und gliedert sich
dabei in zwei grundlegende Aspekte, welche das Phänomen ‚Entwicklung und
Design von Anwendungen zur Schmerzdokumentation' charakterisieren. Darunter
fallen erstens Entwicklungsansätze, Paradigmen und Methoden, die im Designprozess von Anwendungen zur Schmerzdokumentation zum Einsatz kommen. Es
geht dabei vor allem um menschzentrierte Prozesse wie das *Human-Centered,
User Centered* und *Participatory Design*. Ebenfalls zum Komplex der Entwicklung zählen die Evaluierungsmethoden, auf deren Grundlage die Iterationen in

der laufenden Entwicklung sowie die finalen Prototypen geprüft und getestet werden. Dabei müssen Kriterien wie *Usability* oder *User Experience* zum Einsatz kommen. Zweitens geht es um die genutzten Werkzeuge und Komponenten. Darunter fallen neben spezifischen Designmethoden wie *Prototyping* oder Nutzer*innenbefragung die technischen Voraussetzungen für die Nutzung von Anwendungen zur Schmerzdokumentation. Das betrifft vor allem Plattformen wie *Google* und *Apple* mit ihren mobilen Betriebssystemen, digitalen Marktplätzen Stores und Komponenten für Entwickler*innen. Zudem werden in diesem Kontext Geräte, Anwendungstypen sowie *Hardware-* und *Softwarekomponenten* vorgestellt.

Grundlage dieser Ausführungen ist – neben einschlägiger Literatur und diversen Artikeln zur Entwicklung und Evaluation von mHealth-Applikationen – die Designpraxis[17].

2.3.1 Entwicklungsverfahren, Prozesse und Werkzeuge zur Gestaltung

Über den Entwicklungsprozess der weitaus meisten Gesundheitsanwendungen liegen keine wissenschaftlichen Veröffentlichungen vor und der Großteil der Anwendungen entsteht frei von (wissenschaftlichen) Standards [Vgl. 201]. Gleichzeitig ist über die letzten Jahre hinweg eine steigende Anzahl an Publikationen zu Gesundheitsanwendungen und einzelnen Aspekten ihres Entwicklungsprozesses zu verzeichnen. In einer systematischen Literaturrecherche aus dem Jahr 2021 haben Göttgens & Oertelt-Prigione ermittelt, dass in ca. 90 % der veröffentlichten Forschungsprojekte zu digitalen Gesundheitslösungen ein ‚User-Centered‘ oder ‚Human-Centered‘ Design-Ansatz verwendet wurde und somit primär schematisch und in Bezug auf eine vordefinierte Lösung hin gearbeitet wird [115]. Publikationen zur Vorgehensweise zur Entwicklung entsprechender Anwendungen erscheinen dabei schwerpunktmäßig in Zeitschriften aus dem Bereich der Medizininformatik. So taucht das Stichwort des Designs vor allem im Zusammenhang von Untersuchungen zur Softwareentwicklung,

---

[17] Dieses betrifft zum einen die GUI Entwicklung für die psychotherapeutische Gesundheitsanwendung ‚CBASP-Connect‘ im Forschungsprojekt AID am Telemedizinzentrum der Charité – Universitätsmedizin Berlin [42], zum anderen für die modulare Digital Health Plattform ‚dotbase‘, welche an der Klinik für Neurologie der Charité Berlin entsteht [101].

der Mensch-Computer-Interaktion (HCI) und dem *User-Centered* oder *Human-Centered*-Design auf[18] [144]. Neben der Vorgehensweise zur Entwicklung und Beschreibung einzelner Methoden innerhalb des Designprozesses beziehen sich die Veröffentlichungen in Bezug auf ihr Design häufig auf Methoden und Kriterien zu deren Evaluierung[19]. Dies lässt sich nicht zuletzt auf die Voraussetzungen der Durchführung von Gebrauchstauglichkeitsuntersuchungen zum Erlangen einer (je nach Anwendungsfall) erforderlichen Medizingerätezertifizierung zurückführen.

Im Folgenden werden Entwicklungsansätze, Paradigmen und Methoden erläutert, die bei der Entwicklung von digitalen, mobilen Gesundheitenwendungen zum Einsatz kommen und sich entsprechend auch in der Literatur nachweisen lassen. Komplementär zu den Entwicklungsstrategien ist die Evaluation der Anwendungen zu sehen – in Bezug auf Strategien des *Human-* und *User-Centered-Designs* ist hier vor allem die *Usability* und *User-Experience* zu nennen [vgl. 138]. Beide werden im Folgenden vorgestellt.

2.3.1.1 Der Ansatz des Human-Centered und User-Centered Designs

Zum Begriff ‚*Human-Centered Design*' lassen sich im Kontext der Softwareentwicklung zwei unterschiedliche Bedeutungen unterscheiden. Im Kontext der *Human-Computer-Interaction* (HCI) verweist der Begriff auf einen standardisierten Entwicklungsprozess nach DIN-Norm ISO 9241–210 (ISO 2019). Dieser beschreibt ein Vorgehen nach vier sich wiederholenden, iterativ durchgeführten Phasen, in welche die potentiellen Nutzer*innen einbezogen werden[20]. Der Prozess soll die Umsetzung der ebenfalls durch DIN-Normen definierten Maximen der Gebrauchstauglichkeit (s. Abschnitt 2.3.1.4) und der (positiven) Nutzungserfahrung (s. Abschnitt 2.3.1.5) sicherstellen [vgl. 189]. Neben der engeren Verwendung des Begriffs im Kontext der HCI erscheint in Veröffentlichungen der Ansatz des *Human-Centered Design* auch als ein alternatives Forschungsparadigma. Er bezeichnet dort die aktive Lösung von (menschlichen) Problemen, statt ihrer bloßen Dokumentation [172]. Somit ist der Ansatz besonders geeignet,

---

[18] Besonders prominent ist hier das *Journal of Internet Medical Research* mit dem Schwesterjournal *JMIR mHealth and uHealth,* welches sich auf Aspekte der Technik, sowie der Entwicklung von mobilen Gesundheitsanwendungen spezialisiert hat [144].

[19] Vgl. dazu auch die systematische Studie von Solís-Galván et al., welche sich auf mHealth-Apps zur Verhandlung von psychischen Erkrankungen bezieht [269] und die Arbeit von Rismawan, Marchira und Rahmat zu mHealth-Apps zur Behandlung von Depressionen [236].

[20] 1. Nutzungskontext festlegen und verstehen, 2. Nutzungsanforderungen festlegen, 3. Erstellen von Gestaltungslösungen, 4. Evaluation der Gestaltungslösungen [137].

wenn es um die Lösung komplexer Probleme wie etwa solche der Gesundheitsversorgung geht [vgl. 181]. In dieser Lesart kann das *Human-Centered Design*
auch in zwei Formen als dezidierte Abgrenzung gegenüber dem *User-Centered
Design* verstanden werden, insofern erstens, über den eigentlichen Nutzungskontext einer Anwendung hinaus, ‚menschliche Interessen' vertreten werden [vgl.
104] und insofern zweitens die Endnutzer*innen nicht nur am Ende das Produkt
testen, sondern aktiv in den Entwicklungsprozess eingebunden werden. Daraus folgt, dass Problematisierungen der eingebetteten Systeme von vorne herein
ausgeschlossen sind und dieser Ansatz somit letztlich als weniger innovations-
freundlich angesehen werden kann [vgl. 205]. In der Entwicklungsforschung zu
Gesundheitsanwendungen wird diese Dichotomie häufig nicht gespiegelt, da gleichermaßen von *Human-* als auch von *User-Centered-Design* gesprochen wird
[115]. In beiden Fällen führt der Verweis häufig auf die erwähnte ISO-Norm
EN ISO 9241–210, welche wiederum den Namen *Human-centred design (for
interactive systems)* trägt [vgl. 137]. Es lässt sich daher konstatieren, dass in
den meisten Fällen die Begriffe *User-Centered* und *Human-Centered* in der Entwicklung von Gesundheitsanwendungen nicht trennscharf gebraucht werden und
nahezu als Synonyme Verwendung finden[21].

2.3.1.2 Die Ansätze des partizipativen Designs und des Co-Designs

Partizipatives Design und Co-Design wird im Gesundheitsbereich zunehmend
in der Entwicklungsforschung eingesetzt [112] und dort vor allem bei der
Konzeption der Anwendung, seltener auch bei der Entwicklung sowie Implementation [90, 203]. Unter diesen Begriffen firmieren Entwicklungsprozesse, bei
denen die aktive Beteiligung der Endanwender*innen herausgestellt werden soll.
Ethisch stellt sich dieser Ansatz gegen eine „expertokratische Entscheidungs-
hoheit" [179], welche dadurch gekennzeichnet ist, dass die Stakeholder einer
Maßnahme oder eines Artefakts nicht nur passiv nach ihren Bedürfnissen befragt
und dieses *für* diese hergestellt wird. Vielmehr werden die Stakeholder*innen
selbst (in unterschiedlicher Form) an der Entwicklung der Lösungen beteiligt. In
der Theorie wird es somit möglich, die Bedarfe marginalisierter Personengruppen
zu erfüllen – was speziell für das Design von Anwendungen für Patient*innen von
hoher Relevanz ist [vgl. 140, 166, 203]. Das Co-Design (bzw. die Co-Kreation)

---

[21] In der Übersetzung entstehen noch weitere Schwierigkeiten durch den Umstand, dass
zwar die angesprochene ISO Norm 9241-210 analog dem englischen ‚human-centered' mit
„menschzentrierte Gestaltung" (Beuth 2019), die vorausgehende Norm ISO 13407 (im englischen ebenfalls „Human-centered design processes") dagegen mit „Benutzer-orientierte
Gestaltung" übersetzt wurde (Beuth 2000).

steht für eine gemeinsame Entwicklung mit den Stakeholdern [251] und kann insofern als Erweiterung zum partizipativen Design aufgefasst werden, man kann es allerdings auch in Abgrenzung von diesem verstehen [272]. Zwar konnte nachgewiesen werden, dass ein partizipatorischer Designansatz bei der Entwicklung von mHealth-Anwendungen grundsätzlich als effektiv aufgefasst werden kann [213], doch muss aus wissenschaftlicher Perspektive kritisch angemerkt werden, dass diese Prozesse bisher wenig transparent und kohärent durchgeführt wurden und der Ansatz insofern nicht als eine homogene Methode aufgefasst werden kann [203]. Zu kritisieren ist ebenfalls die Implikation einer ‚moralischen Überlegenheit‘ des Ansatzes, welche sich als Narrativ im Diskurs zum Einsatz von partizipativem- und Co-Design in der Entwicklung von mHealth Applikationen nachweisen lässt. Sie kann dazu führen, dass eine kritische Reflexion der Projekte verhindert wird [vgl. 81]. Die Implikationen der co-kreativen oder auch partizipativen Entwicklungsprozesse für die Schmerzerfassung wurden bisher nicht diskutiert.

2.3.1.3 Praxisbasierte Designforschung

Eine ‚wissenschaftliche Disziplinierung‘ des Designs lässt sich seit den Anfängen des 20. Jahrhunderts beobachten und in Bezug zu Bestrebungen der Autonomisierung und Zugehörigkeit von Design in seinem Verhältnis zur Wissenschaft setzen [179 p. 156]. Als besonders einflussreich ist hier das *Design-Methods-Movement* zu nennen, welches ab den 60er Jahren das Ziel verfolgte, rationale bzw. logische Entwurfsmethoden zu finden [179 p. 156]. Die „Gründungsväter“ mussten das Projekt in dieser Form aber bereits in den 70er Jahren als quasi gescheitert erklären [vgl. 72]. Fachvertreter wie Horst Rittel stellten sich gegen die Konzeption von Planung und Entwurf als wissenschaftlicher Expert*innendiskurs mit abgeschlossenen, wiederholbaren Modellen und charakterisierten beides stattdessen als ergebnisoffenen und unsicheren Prozess [vgl. 237]. Etwas früher noch hat Schön (2003) das Handlungswissen als eigenständige und gleichberechtigte Wissensform stark gemacht und Simon designbasiertes Handeln als universelles Prinzip praktischer Tätigkeit identifiziert [264]. Dieser Umschwung am Anfang / zur Mitte der 1970er Jahre mit seiner Abkehr von starren Methoden und einer expertokratischen Wissensproduktion kann auch als Anknüpfungspunkt des zur gleichen Zeit aufkommenden partizipativen Designs angesehen werden [vgl. 179]. Unter dem seit Mitte der 1990er Jahre aufkommenden Begriff der ‚Modus 2 Wissensproduktion‘ [vgl. 179] werden schließlich die Positionen Rittels, Simons und Schöns subsumiert, in denen Wissenschaft als autonomer Raum in Frage gestellt und in der Folge dynamische, transdisziplinäre Problemlösungsformen – wie die des Designs – eine akademische Aufwertung erfahren. In dieser Hinsicht kann Design als Forschungsmodus zur Moderation zwischen verschiedenen Perspektiven in Entwicklung und Forschung verstanden werden [127]. Rezente Positionen stellen keine Distinktion mehr zwischen künstlerischer (bzw. designbasierter) und anderer Forschung her, sondern verstehen wissenschaftliches Arbeiten unabhängig vom Gegenstand als Beantwortung einer Fragestellung mit adäquat erscheinenden Methoden [152]. Eine solche Forschungsmethode ermöglicht auch im Fall der vorliegenden Arbeit, sich von der Zielstellung leiten zu lassen und die im Prozess entstandenen Erkenntnisse *ad hoc* in das Forschungsdesign aufzunehmen. Auf diese Weise entsteht eine dynamische Methodologie, welche iterativ Hypothesen aufstellt, die mit diversen Forschungsmethoden abgeprüft werden können [vgl. 117].

2.3.1.4 Evaluation hinsichtlich der Gebrauchstauglichkeit (Usability)

Gebrauchstauglichkeit (Usability) ist eine Kategorie der HCI (HumanComputer-Interaction/Mensch-Maschine-Interaktion). Sie stellt ein allgemeines Bewertungskriterium von Benutzerschnittstellen dar [vgl. 189]. Usability wird in der Regel nach der DIN-Norm ISO 9241 definiert als das Ausmaß, in dem ein System in einem bestimmten Nutzungskontext genutzt werden kann, um bestimmte Ziele effektiv, effizient und zufriedenstellend zu erreichen [138]. Dabei ist festzuhalten, dass Gebrauchstauglichkeit immer in Bezug auf einen spezifischen Nutzungskontext gedacht werden muss [189]. Im Zusammenhang des Designs von mHealth-Applikationen tauchen Fragen der Usability häufig im Zusammenhang mit der Frage nach den Risiken von Gebrauchsfehlern von medizinischen Anwendungen auf. So könne „schlechtes Design der Bedienoberfläche und damit schlechte Gebrauchstauglichkeit" zum Fehlgebrauch führen [4]. Im HCI wird generell dafür plädiert, dass eine positive User Experience in Verbindung mit ausgeprägter Usability als Voraussetzungen für ein erfolgreiches System zu sehen sind und dass beides durch einen ‚HumanCentered-Design'-Ansatz (s. Abschnitt 2.3.1.1.) realisiert werden kann. Divergent sind jedoch die Empfehlungen, wie die unterschiedlichen Phasen methodisch umgesetzt werden sollten [vgl. 249]. Das bildet sich auch bei der Evaluierung des User-Interface-Designs von Gesundheitsanwendungen ab. So identifizierten Inal et al. in einer systematischen Studie allein fünfzehn verschiedene Kriterien, nach denen die Usability in mHealthApplikationen für psychische Erkrankungen evaluiert worden ist [135].

2.3.1.5 Evaluation der Nutzungserfahrung (User Experience und Patient Experience)

Die User-Experience bezeichnet die Erfahrung, welche sich bei den Anwender*innen in der Interaktion mit einem System einstellt. Der Begriff wird teilweise synonym mit Usability verwendet und oft gemeinsam angeführt. Als individuelle und subjektive Erfahrung ist die User-Experience methodisch allerdings schwer zu fassen. Vor allem im deutschsprachigen Raum ist in diesem Zusammenhang das Konzept des *„Mensch-Technik Interaktions-Erlebnisses"* vorgeschlagen worden [79] und der darauf aufbauende quantitative Fragebogen zur User-Experience-Evaluation „Attraktdiff " [123]. Allerdings wird die Anwendung quantitativer standardisierter und dekontextueller Methoden zur Erhebung der User Experience zum Teil kritisch diskutiert [vgl. 246].

Im Zusammenhang mit der Entwicklung von Gesundheitsanwendungen ist auch der konzeptuell analoge Begriff der *Patient-Experience* gebräuchlich [vgl. 52]. Die zugehörigen Evaluationsmethoden umfassen Fokusgruppen, semistrukturierte Interviews, Beobachtung und Customer (Patient) Journeys [vgl. 52]. Sie ähneln denjenigen der qualitativen User-Experience-Evaluation [246].

2.3.1.6 Evaluation der Akzeptanz (Acceptability)

Die Akzeptanz oder *Acceptability* gibt den Grad an, in dem die (potentiellen) Nutzer*innen bereit sind, das entwickelte System zu verwenden. Acceptability ist als vielschichtiges Konstrukt zu verstehen. Es soll im medizinischen Kontext widerspiegeln, wie stark Menschen, die eine Intervention erfahren, diese auch als angemessen empfinden [vgl. 261]. Die Akzeptanz basiert entsprechend auf erwarteten oder erlebten kognitiven und emotionalen Reaktionen [vgl. 261]. In dieser Lesart kann sie als wichtiges Meta-Kriterium zur Evaluation von mobilen Gesundheitsanwendungen verstanden werden, in welchem die übrigen Kriterien wie Gebrauchstauglichkeit und Nutzererfahrung aufgehen [vgl. 208]. In Bezug auf medizinische Interventionen allgemein lässt sich die Akzeptanz in drei Phasen unterteilen: 1. voraussichtliche Akzeptanz (vor der Intervention), 2. rezente Akzeptanz (während der Intervention) und 3. retrospektive Akzeptanz (nach der Intervention) [vgl. 261]. Vor allem die rezente Akzeptanz ist entscheidend, da sie als Voraussetzung zur kontinuierlichen Nutzung der Intervention gesehen werden kann, welche wiederum den therapeutischen Erfolg beeinflusst [vgl. 236]. Es ist davon auszugehen, dass die Akzeptanz durch diverse, vor allem subjektive und kontextuelle Faktoren bestimmt wird [80]. Weitere Studien legen außerdem nahe, dass gewisse Faktoren – wie etwa eine individualisierte Ansprache der Nutzer*innen – zu einer erhöhten Akzeptanz führt [180].

2.3.1.7 Evaluation durch kombinierte Ansätze

Als kombinierte Ansätze werden diejenigen Evaluierungsverfahren bezeichnet, welche eine spezifische Kombinatorik mehrerer etablierter Ansätze, bzw. Kriterien bieten.[22] Eine verbreitete Form dieses Evaluationstyps ist die gemeinsame Evaluierung von Usability und User-Experience durch die *„Mobile App Rating Scale"* kurz *MARS* [276]. Sie wird auch zur Evaluierung von mobilen Gesundheitsanwendungen zur Schmerztherapie eingesetzt [vgl. 296]. Ein Vorschlag von Rismawan, Marchira und Rahmat [236] erweitert dieses Konzept und schlägt vor, Gesundheitsanwendungen hinsichtlich ihrer *Gebrauchstauglichkeit, Akzeptanz* und *Adhärenz* zu begutachten [236]. Bruce et al. verwenden dagegen eigene Kriterien wie die *Patient*innenerfahrung* („Patient Experience"), das *Patient*innen-Engagement* („Patient Engagement"), die *Patient*innenaktivierung* („Patient Activation") und die *Patient*innen-Zufriedenheit* („Patient Satisfaction") [52]. Neben den bisher genannten Ansätzen, welche die subjektiven Erfahrungen der Nutzer*innen als Maßstab nehmen, existieren auch Ansätze, die sie mit objektiven Kriterien ergänzen. Bei der Evaluation für eine *mROMA* Zertifizierung sollen etwa neben der (subjektiven) Benutzerfreundlichkeit auch Sicherheit und Datenschutzaspekte durch eine Expert*innengruppe untersucht werden [167]. Ebenfalls für die Evaluation abgeschlossener Projekte ist das 11-Punkte System zur Messung des Grades der *‚Human* und *User-Centerness'* [293] einer Anwendung konzipiert. Bemerkenswert am Ansatz von Wittemann et al. ist vor allem, dass er das Human-Centered Design nicht als Mittel zur Herstellung wünschenswerter Eigenschaften auffasst (Herstellung von Usability und positiver User Experience), sondern es als bewertbares Kriterium (im Sinne eines bestimmten Grades *von Human-Centerness*) an sich versteht, das es als solches zu bewerten gilt.

2.3.1.8 Zur Dominanz schematischer und mechanistischer Entwicklungsverfahren

Die Entwicklungsansätze, Paradigmen und Methoden für mHealth-Applikationen zur Verhandlung erfahrungsbedingter Symptome entsprechen weitestgehend dem *State of the Art* in der allgemeinen Entwicklung von digitalen Produkten. Dabei

---

[22] An dieser Stelle soll jedoch ausdrücklich darauf hingewiesen werden, dass mobile Gesundheitsanwendungen in der Regel hinsichtlich einer Vielzahl von Faktoren bzw. Kriterien und durch unterschiedliche Methoden evaluiert werden. Genannt werden an dieser Stelle nur diejenigen Ansätze, welche versuchen, die Kombinatorik unter einem Begriff zu standardisieren.

zeichnen sich zwei grundsätzliche Operationen ab: Zum einen der Einbezug der Nutzer*innen in den Entwicklungsprozess – im Gegensatz zur Entwicklung von Systemen im Ausgang von der Technologie [vgl. 77]; zum anderem eine iterative und inkrementelle Vorgehensweise, durch welche die Nutzer*innen durch Zwischentests in den Entwicklungsprozess einbezogen werden[23] [115, 145]. Hinsichtlich der Evaluation von Gesundheitsapplikationen ist anzumerken, dass nur vereinzelt Ansätze entwickelt werden, die holistisch[24] spezifische Bedürfnisse der Nutzer*innengruppe (Patient*innen) ermitteln. In der Regel beschränken sie sich auf die Adaption von bestehenden Kriterien und Methoden der Mensch-Maschinen-Interaktion. Die Evaluation der Anwendung steht in der Regel am Ende des Projektes und markiert die Machbarkeit. Neben einer abschließenden Bewertung werden die Evaluierungsmethoden auch in der Prototyping-Phase zur Zwischenevaluation eingesetzt und zu einer Optimierung der Anwendung im Entwicklungsprozess genutzt.

Als strukturierter Ansatz nimmt in der Literatur das *Human-Centered Design* nach *ISO Norm 9241–210* eine bevorzugte Stelle ein [269]. Es lässt sich zudem feststellen, dass der Designbegriff primär im Sinne der Optimierung eines Ansatzes, weniger als ein Infragestellen der bestehenden Praxis gedacht wird. Der Einbezug von Nutzer*innen beschränkt sich somit eher auf eine Bestätigung der durch die Zielsetzung definierten Funktionen und führt tendenziell zu einer Reproduktion etablierter Formen der Schmerzerfassung (s. Abschnitt 2.2.1.2). Dazu zählt die Mehrheit der vorliegenden Projekte.

2.3.2 Formfaktoren und Entwurfswerkzeuge der digitalen Schmerzerfassung

Das vorliegende Unterkapitel beschreibt Formfaktoren und Werkzeuge, die beim Design von mobilen Anwendungen allgemein und speziell für Gesundheitsanwendungen, in welchen sich Schmerzen artikulieren lassen, zum Einsatz kommen. Dabei geht es um Plattformen, Geräte, Betriebssysteme, Anwendungstypen,

---

[23] Diese Vorgehensweise grenzt sich von der so genannten *Wasserfallmethode* ab, bei welcher in separaten Schritten Bedarfe der Nutzer*innen exploriert und anschließend eine Lösung der Anforderungen entwickelt wird.

[24] ‚Holistisch‘ meint in diesem Zusammenhang, über eine reine Befragung hinaus auch weitere mögliche Implikationen zu identifizieren und die Agentialität des zu entwickelnden Systems zu berücksichtigen.

sowie Hardware- und Softwarekomponenten. Hinsichtlich der Werkzeuge werden vor allem Prototyping-Verfahren, spezielle Programmierumgebungen und Designbibliotheken vorgestellt.

2.3.2.1 Die Dominanz der Plattform-Anbieter: Google (Alphabet) und Apple

Das Ökosystem der mobilen Anwendungen wird maßgeblich durch die Duopolisten Google und Apple geprägt. Sie teilen sich den Markt für mobile Geräte auf[25]. Neben den Betriebssystemen für mobile Endgeräte (Google Android, Apple iOS) stellen sie auch exklusiv die Distributionsplattformen der Anwendungen (Google App Store, Apple App Store), einen Katalog zur grafischen Ausgestaltung (Apple Design, Material Design), und im Falle von Apple auch die zugehörige Hardware (iPhone, iPad, Apple Watch). Entwickler*innen von Gesundheitsanwendungen sind auf Grund dieser Marktdominanz darauf angewiesen, dass ihre Anwendungen auf den virtuellen Marktplätzen von Google und Apple zur Verfügung gestellt werden, nachdem sie in einem internen Review-Prozess geprüft und dabei nicht abgelehnt worden sind [28]. Zwar existieren auch andere Anbieter mobiler Betriebssysteme [Windows Phone, Firefox OS, Blackberry, Kai, Linux, Symbian, Tizen; vgl. 274], jedoch mit äußerst marginalem Marktanteil. Sowohl Google als auch Apple verfügen über spezielle Entwicklungsumgebungen für Gesundheitsanwendungen ["Apple Health Kit" 14, "Google Fit" 114]. Die Komponenten ermöglichen die Kommunikation verschiedener Gesundheitsapplikationen auf Betriebssystemebene, also das Lesen und Speichern von körperbezogenen Daten [14, 114]. Sie werden sowohl im iOS, als auch im Android-System in einer zentralen Anwendung gespeichert und können dort von den Nutzer*innen verwaltet werden. Signifikant ist dabei die stark auf quantitative Vergleichbarkeit ausgelegte Aufbereitung der Daten in den Systemanwendungen (s. Abb. 2.25).

---

[25] Dabei hat Google im ersten Quartal 2021 in Deutschland einen Marktanteil von 70 % gegenüber 29 % für Apple und nur 1 % für andere mobile Betriebssysteme [149].

Abbildung 2.25 Startbildschirm *Apple Health* [12] und Startbildschirm *Google Fit* [114]

2.3.2.2 Die Formfaktoren Smartphone und Tablet

Mobile Gesundheitsanwendungen nutzen vorhandene Hardware, speziell persona-lisierte Endgeräte wie Smartphones und Tablets [5]. In den Anwendungen selbst werden die durch die Geräte bereitgestellten Hardwarekomponenten eingesetzt oder durch die Anknüpfung an Wearables (wie den Pulsmesser einer Smartwatch) erweitert.

Smartphone
Das Smartphone lässt sich als primäres Gerät zur Nutzung von Gesundheits-anwendungen betrachten. Daher werden Smartphoneanwendungen zum Teil synonym mit dem Begriff *mHealth* (mobile Health) verwendet [vgl. 48]. Das Smartphone stellt auch in Deutschland für die meisten Anwender*innen den pri-mären Zugang zum Internet dar und ermöglicht somit die Teilhabe an digitalen

Dienstleistungen [222]. Mobiltelefone verfügen über eine Reihe integrierter Sensoren, die Bewegung, Mobilität und Umwelt erfassen, sowie über eine Reihe von Netzwerkantennen und Kommunikationsfunktionen, mit denen das Sozial- und Kommunikationsverhalten in Gesundheitsanwendungen ausgewertet werden kann [vgl. 159]. Die Sensoren können in fünf Kategorien unterteilt werden (vgl. 159, 12):

1. Bewegungssensoren (Gyroskop, Beschleunigungssensor, GPS, Näherungssensor)
2. Umgebungssensoren (Kamera, Barometer, Gravitationssensor, Lichtsensor, Magnetometer, Mikrofon, Temperatur)
3. Kommunikationssonden (Bluetooth, SMS, Telefon, Anwendungen)
4. Netzwerksonden (Telefonnetz, Wi-Fi)
5. Gerätesonden (Batteriezustand, Bildschirmnutzung, Drehung)

Zusätzlich zur Nutzung einzelner Datenreihen lassen sich vor allem durch die Kombination verschiedener Sensoren Korrelationen herstellen und in der Auswertung hinsichtlich bestimmter Muster potentielle Aussagen zu einem Gesundheitszustand treffen [63]. Als Ausgabe und primäres Interface dient das berührungsempfindliche Display. Neben diesem sind als weitere Ausgabemodule der Lautsprecher, der Vibrationsmotor, das Kameralicht sowie Linear-Aktoren (bei Apple mit dem Markennamen „Taptic Enginge") zu nennen. In Bezug auf das Design von Gesundheitsanwendungen lässt sich konstatieren, dass dieses in der Regel für vorhandene Hardwarekomponenten bzw. Formfaktoren erfolgt. So geht es weniger darum, z. B. neue Eingabe- oder Ausgabemodule zu entwickeln, als vielmehr neue Einsatzzwecke für die vorhandene Hardware zu finden[26]. Diese Vorgabe schränkt zwar die Freiheiten im Design von Gesundheitsanwendungen ein, birgt aber das Potential, durch die hohe Standardisierung der Smartphonehardware einer großen Anzahl an Nutzer*innen zur Verfügung zu stehen.

Tablet
Auch für Tablets, also Geräte mit kapazitivem Display größer als 7 Zoll Bildschirmdiagonale, werden dezidierte Gesundheitsanwendungen entwickelt – sie spielen aber eine weniger relevante Rolle. Oftmals stellen die Anwendungen

---

[26] Wie etwa die Nutzung des Beschleunigungssensors zur Messung der Herzfrequenz [143], oder zur Übertragung von abdominellen Schmerzen [196].

Erweiterungen einer Smartphoneanwendung dar[27] oder werden als *Web-App* über den *Internet-Browser* aufgerufen. Wie bei den Smartphone-Betriebssystemen ist der Markt praktisch zwischen Alphabets Android und Apples iOS aufgeteilt[28]. Während Smartphones in der Regel über Mobilfunk auf internetbasierte Dienste zugreifen, gibt es auch Tablets, die ausschließlich über lokale Drahtlosnetze (WLAN) verbunden sind [5]. Für die Gestaltung von Gesundheitsanwendungen zur Schmerzdokumentation sind Tablets insofern interessant, als dass sie durch ihre größere Bildschirmdiagonale eine Vielzahl von Inhalten und Optionen anzeigen können – also tendenziell eine umfangreichere Auswahlmöglichkeit bieten als kleinere Geräte. Zu bedenken ist aber die geringere Verbreitung im Vergleich zum Smartphone[29] und die vergleichsweise geringe Mobilität. Es ist nicht davon auszugehen, dass ein Tablet – im Gegensatz zum Smartphone – von den Nutzer*innen permanent mitgeführt wird.

Zusammenfassend lässt sich konstatieren, dass der Forschungsstand hinsichtlich der Entwicklung mobiler Gesundheitsanwendungen zur Verhandlung von Schmerzen vor allem für bestehende Plattformen und damit verknüpfte Formfaktoren erfolgt. Beide können auf Grund ihrer weiten Verbreitung potentiell eine Vielzahl von Nutzer*innen erreichen und stellen mit ihren etablierten Interaktionsmustern eine Bedienungserfahrung dar, an die es anzuknüpfen gilt.

2.3.2.3 Typen von Gesundheitsanwendungen

Als Anwendung werden kleine Programme bezeichnet, die auf verschiedenen Endgeräten genutzt werden können [vgl. 191]. Im mobilen Bereich, speziell im Kontext von Gesundheitsanwendungen, werden solche Anwendung häufig auch als „App" bezeichnet (eine Kurzform des englischen Begriffs „Application") [vgl. 5]. Im Folgenden werden die verschiedenen technischen Varianten von Gesundheitsanwendungen genannt. Bei ihrer Entwicklung gilt es, zwischen Alternativen der technischen Realisierung abzuwägen. Diese wirken sich sowohl funktional als auch formal-ästhetisch auf die Gestaltung, sowie auf ihre Zugänglichkeit und die Distributionsmodelle aus. Somit ist die Entscheidung in diesem Bereich als

---

[27] Diese Einschätzung beruht auf einer Analyse der 100 Top-Apps der Kategorie ‚Medizin' sowie ‚Gesundheit und Fitness' im deutschen Apple App-Store und im Google Play-Store im Frühjahr 2020.

[28] Im dritten Quartal 2019 hatte Android einen Marktanteil von 60 %, gefolgt von iOS mit 28 % und Microsoft mit 12 % [277].

[29] Im Jahr 2017 besaßen nur ca. 4 % der männlichen und 2,5 % der weiblichen Deutschen ausschließlich ein Tablet. Die Vergleichszahlen bei Smartphone Besitzer*innen betrugen 42 % und 43 % Prozent. 49 % der männlichen und 48 % der weiblichen Deutschen besaßen sowohl ein Tablet als auch ein Smartphone [273].

weitere maßgebliche Determinante der Erfahrung potentieller Nutzer*innen der Anwendung aufzufassen.

Native Anwendungen

Native Anwendungen bezeichnen kompilierte Programme, die direkt auf dem Gerät installiert sind und über das Betriebssystem des jeweiligen Gerätes ausgeführt werden [vgl. 5]. In Bezug auf die Betriebssysteme der Marktführer Alphabet (ehem. Google) und Apple können diese Programme ausschließlich durch das Herunterladen von den jeweiligen digitalen Marktplätzen (Apple App Store, Google Play Store) installiert werden. Eine Prüfung durch die Betreiber*innen, einschließlich einer möglichen Ablehnung, ist obligatorisch [vgl. 28]. Das führt zu einer *de facto* Entscheidungsmacht über das Angebot der zur Verfügung stehenden nativen Gesundheitsanwendungen durch *Apple* und *Alphabet*. Native Gesundheitsanwendungen können in spezialisierten Entwicklungsumgebungen und mit verschiedenen Programmiersprachen erstellt werden. Zu ihnen gehören beispielsweise Java und Android-Studio für Android-Applikationen und X-Code und Objective-C für iOS [vgl. 5].

Progressive Web-Anwendungen

Progressive Webanwendungen basieren auf Web-Technologien wie HTML5/ CSS3 oder JavaScript. Sie dienen dazu, ein User-Interface darzustellen und Funktionalitäten der Anwendung im Web Browser von (Mobil)-Geräten wie Smartphones zu realisieren. Insofern gleichen sie in den Grundzügen einer Website [5]. Da progressive Webanwendungen über ein Netzwerk auf externen Geräten ausgeführt werden, können sie unabhängig von der Plattform, dem Gerät oder dem Betriebssystem mit den meisten modernen Web-Browsern aufgerufen werden. Insofern zudem alle Funktionalitäten über die Technologien des Browsers laufen, bieten progressive Webanwendungen meist nur einen eingeschränkten Zugriff auf die Sensorik des Gerätes oder auf das Dateisystem [5]. Aus Sicht der Entwicklung bieten sie aber klare Vorteile: So reicht es, eine einzige Anwendung zu entwickeln – es ist nicht nötig, sie auch auf den digitalen Marktplätzen zu platzieren und die Anwendung lässt sich auch ohne die Installation von Updates aktuell halten [219]. Nachteilig am Anspruch auf eine konsistente Nutzer*innenerfahrung ist allerdings, dass sich im Gegensatz zu nativen Anwendungen nicht bestimmen lässt, auf welchen Geräten die Anwendung laufen wird. Es muss daher ein responsives Design entwickelt werden, welches eine ansprechende Gestaltung auf einer Vielzahl an Screengrößen und Seitenverhältnissen ausgeben kann.

Hybride Anwendungen
Hybride Anwendungen basieren – wie Webanwendungen – auf Sprachen der
Webprogrammierung wie JavaScript, CSS und HTML oder HTML5 [226].
Hybride Applikationen werden wie native Anwendungen über einen digitalen
Marktplatz installiert. Im Gegensatz zu einer nativen Anwendung wird allerdings
nur ein ,Rahmen' heruntergeladen. Die eigentlichen Inhalte werden erst beim
Starten der Anwendung aus dem Web heruntergeladen und mit sogenannten Web-
Views wiedergegeben [226]. Hybride Anwendungen sind somit eine Kombination
aus nativer und Webanwendung. Ihr Vorteil besteht darin, dass sie wie Webanwendungen einfach entwickelt und aktuell gehalten werden können, gegenüber
diesen aber Funktionalitäten nativer Anwendungen aufweisen können, wie etwa
den Zugriff auf vorhandene Sensorik und sonstige Funktionen [5].

2.3.2.4 Entwurfswerkzeuge für Designer*innen von Gesundheitsanwendungen

Digitale Entwurfswerkzeuge wie Screen-Design-Anwendungen nehmen im
Gestaltungsprozess eine essenzielle Funktion ein, insofern sie Prinzipien der
Programmierung unmittelbar in die Logik des Entwurfs aufnehmen. Überdies
ermöglichen sie die schnelle Erstellung von Prototypen, was den Design-
prozess durch die Logik der Programmierung – und somit die technischen
Realisierungsmöglichkeiten – ebenfalls direkt beeinflusst.

Spezifische Grafikprogramme zur Anwendungsentwicklung Erhältlich sind
aktuell verschiedene Programme unterschiedlicher Hersteller zum Design von
User-Interfaces und der Erstellung von Prototypen [38]. Im Entwicklungsprozess dienen sie zum einen dazu, durch Entwürfe, Reviews und Testungen eine
Gestaltung zu erarbeiten und zum anderen, Vorlagen für die Programmierung zu
erstellen. Dabei sind vor allem *Figma* [92], *Adobe XD* (Adobe 2022) [2] und
Sketch [265] zu nennen. Ihnen ist gemeinsam, dass sie Prinzipien der grafischen
Gestaltung – zum Beispiel die Möglichkeit, Komponenten zu erstellen, sowie
diese schnell und flexibel zu verändern – nutzen. Eine weitere, wichtige Funktionalität dezidierter Softwaredesign-Programme ist die Möglichkeit, die Navigation
und weitere rudimentäre Funktionen der Anwendung sowie Webseiten zu simu-
lieren, indem Schaltflächen und andere interaktive Elemente eingestellt werden
und somit sehr niedrigschwellig Prototypen erstellt werden können. Über eine
Smartphoneanwendung lassen sich die Prototypen auf iOS und Android-Geräten
wie Smartphones oder Tablets ausspielen und Testen [2].

Spezifische Programme zur Erstellung von interaktiven Prototypen Neben
Softwareprodukten wie *Axure RP* stellen leicht erlernbare Programmiersprachen

wie *VVVV* und *Processing* eine Möglichkeit dar, auch komplexe interaktive
Visualisierungen zu gestalten. Während *Axure RP* dezidiert für die Erstellung
von Software-Prototypen konzipiert worden und daher an UX-Designer*innen
adressiert ist [20], sind *Processing* und *VVVV* vom Einsatzzweck unabhängige
Programmierumgebungen [224, 289]. Während *Processing* als textbasierter Code
gestaltet ist [44], stellt *VVVV* eine visuelle Programmierungssprache dar, in der
sich Bedingungen durch die Verbindung unterschiedlicher Funktionen erstellen lassen [27]. *Axure RP* wiederum weist als Softwareprodukt ein eigenes
User-Interface auf, in das die Programmierungsfunktion in Form von grafisch
editierbaren Logikbäume integriert ist [20].

2.3.3 Der Einfluss von Plattformen, Formfaktoren und Entwurfswerkzeugen

Designentscheidungen sind bei der Entwicklung von Anwendungen stark mit der
Entscheidung für spezifische Plattformen oder Hardwarelösungen verwoben[30].
Die vorhandenen Geräte sind in Bezug auf das Design insofern wichtig, als sie
in der Regel durch die Nutzer*innen selbst gestellt werden[31] und sich somit einer
progressiven Gestaltung entziehen. Gleichzeitig beeinflussen sie aber auch durch
ihre Agentialität in massiver Weise das Nutzungserleben. Gestaltungssoftware
und PrototypingProgramme orientieren sich am technologischen Status quo –
sie integrieren und fördern die Entwicklung für bestehende Hardware, indem
Bildschirmgrößen – aber auch Bibliotheken mit etablierten Eingabeelementen,
werden.

2.4 Zusammenfassung des Forschungsstands

Betrachtet man die aktuelle Praxis der Schmerzmedizin und die zugehörigen
Theoriemodelle, so lässt sich konstatieren, dass sich Schmerzen nicht objektiv
erfassen lassen. Individuelle Schmerzen sind vielmehr kontextabhängig und
variabel. Sie können situativ verstärkt, reduziert oder sogar ganz ausgeblendet

---

[30] Die Bedingung der Anpassung der Anwendung an bestehende Komponenten schon in der
Phase der Konzeption lässt sich beispielhaft anschaulich machen an der Entwicklung des
Systems „FOCUS" (ein System zum Selbstmanagement für an Schizophrenie erkrankten
Patient*innen), wo die Entwicklung der Anwendung anhand der begründeten Entscheidung
für bestimmte Hardware- und SoftwareLösungen geschildert wird [32].
[31] gilt das Prinzip ‚Bring your own Device' (BYOD) [vgl. 225].

werden – und sie ereignen sich darüber hinaus immer sowohl im peripheren als auch im zentralen Nervensystem. Insofern muss eine mechanistische Trennung von Körper und Geist (wonach Schmerz etwa nach dem Glockenstrangprinzip konzipiert wird) überwunden und das Konzept von Schmerz als objektive Größe verworfen werden. Die Breite an unterschiedlichen klinischen Instrumenten zur Schmerzerfassung reagiert auf diese Problematik, indem – je nach Einsatzzweck – unterschiedliche Aspekte und Dimensionen abgefragt werden. Dabei ist allerdings kein Instrument zu identifizieren, welches eine Schmerzerfassung durch die Bereitstellung einer persönlichen Artikulationsform ermöglichen würde.

Aktuelle Gesundheitsanwendungen, in denen sich Schmerzen dokumentieren lassen, stellen bisher keine Erweiterung der Artikulationsform von Schmerzen dar. Vielmehr sind sie als Adaptionen bestehender klinischer Schmerzerfassungsverfahren aufzufassen.

Einzelne Projekte zur digitalen Schmerzerfassung adressieren die Problematik der Subjektivität sowie fehlender Personalisierungsmöglichkeiten der Ausdrucksform traditioneller Schmerznotationssysteme. Bisher vorliegende Projekte stellen aber lediglich Erweiterungen der Artikulationsressourcen dar. Versuche, ein Schmerzerfassungssystem als Werkzeug zur Produktion individueller bzw. persönlicher Ausdrucksformen zu entwickeln, wurden bisher nicht unternommen.

Über den Entwicklungsprozess der meisten Anwendungen zur Schmerzdokumentation herrscht Unklarheit. Es fällt jedoch auf, dass diejenigen Projekte, für die Veröffentlichungen vorliegen, zum größten Teil einem stark schematischen Verständnis von menschzentriertem Design folgen und eher eine Validierung der genannten Adaptionen etablierter Verfahren durch den Einbezug von Nutzer*innen versuchen, als die Artikulation von Schmerzen prinzipiell und als solche zum prozessualen Gegenstand des Entwurfs zu machen.

Aus technischer Sicht geht die Entwicklung digitaler Infrastrukturen mit einer Reihe von Restriktionen einher, welche sich aus den Formfaktoren, aber auch aus organisationalen Instanzen wie z. B. den Plattformbetreibern ergeben.

Die Entwicklung linearer Bedienlogiken gestaltet sich in aktuellen digitalen Entwurfswerkzeugen einfacher als das Design manipulativer Systeme. Verschiedene Programmierungsumgebungen mit einem Schwerpunkt auf visuellen Entwicklungen füllen diese Lücke, errichten aber auch höhere Einstiegsbarrieren. Verschiedene Grafikkomponenten und Bibliotheken wie Material-Design stehen sowohl für UX/UI Designer*innen als auch für Entwickler*innen kostenfrei zur Verfügung. Somit wird aus einer systemischen Perspektive die Entwicklung von Anwendungen, welche die bereitgestellten Angebote einsetzen und dadurch zwangsläufig eine lineare Eingabelogik präferieren müssen, gefördert.

Diese Einschätzung wird durch die Sichtung aktuell vorliegender Anwendungen zur Schmerzdokumentation bestätigt.

Zusammenfassend zeigt sich, dass sowohl in der klinischen Praxis, als auch in einzelnen Designprojekten die Defizite einer aktuellen Schmerzerfassung in Form von vorgegeben Auswahlmöglichkeiten erkannt worden sind. Es gibt aber bisher kein dezidiertes Projekt zur Entwicklung eines Systems der Gestaltung persönlicher Artikulationsformen für das Schmerzerleben. Insofern bieten die aktuell verfügbaren digitalen Anwendungen zur Schmerzerfassung lediglich eine Auflösung in gröbster Form an. Sie werden dem subjektiven Empfinden der Patient*innen und damit auch dem diagnostischen Aufschlusswert der Schmerzerfahrung nicht gerecht.

Die hier identifizierte Forschungslücke ist sowohl in Bezug auf die bestehenden Systeme als auch auf die bisher vorliegenden Entwicklungsansätze zu formulieren. Demnach gibt es bisher kein System, in dem sich persönliche Ausdrucksformen für subjektive Schmerzerfahrungen gestalten lassen, die standardisiert in digitaler Form gespeichert und verarbeitet werden können. Es fehlt auch an den dafür nötigen Entwicklungsverfahren, welche die Agentialität des Erfassungssystems auf die zu erfassenden Schmerzen reflektieren müssten, und an den Entwurfswerkzeugen, mit denen sich direkt manipulative Interfaces prototypen lassen.

Die festgestellten Desiderate werden in der vorliegenden Arbeit beseitigt und die dreifache Forschungslücke wird dadurch geschlossen.

Methodologie und Methoden

3

Das vorliegende Kapitel beschreibt das Vorgehen bei der Erforschung und Entwicklung eines Schmerzerfassungssystems, die dazu eingesetzten Methoden und die methodologische Rahmung. Die Frage nach der Methodologie im Design ist nicht neu. Obwohl seit den 1960er Jahren einige elaborierte Positionen vorliegen, kann von einem einheitlichen Umgang mit dem neuralgischen Verhältnis zwischen der Designpraxis und einer Methodologie des Designs keine Rede sein [vgl. 72]. Vereinfacht ausgedrückt liegt die Differenz des Designs gegenüber ‚traditionellen Wissenschaften‘ darin, dass nicht nur die Beobachtung, Beschreibung oder Messung von Phänomenen aus einer objektiven Perspektive kein für den gestalterischen Diskurs relevantes Wissen produziert. Vielmehr fungiert im Designforschungsprozess der Forschungsgegenstand als Hypothese, Methode und Ergebnis gleichermaßen. Er ist insofern nicht ausschließlich in einem determinierten Vorgehen zu erfassen (in Abgrenzung vom Design-Methods-Movement, s. Abschnitt 2.3.1.3), sondern als ein iterativer, thesengeleiteter Forschungsprozess, in dem Hypothesen aufgestellt und dann getestet, ausgewertet und überarbeitet werden müssen [vgl. 6].

Zwischen einem als Prozess und Verfahren gefassten Designverständnis und der Erfassung von Schmerzen besteht eine aufschlussreiche Parallele. Denn auch die (durch Patient*innen artikulierten) Schmerzen lassen sich schwerlich in einem positivistischen Sinne als Messung auffassen. Ähnlich wie Designprodukte sind sie eher als kreative (poetische) Akte der Formung zu verstehen. Diese Parallele mag zunächst befremdlich erscheinen, allerdings stehen Disziplinen, welche auf eine präzise Schmerzerfassung angewiesen sind, vor einem grundlegenden methodologischen Problem [vgl. 99]. Denn Schmerzen sind idiosynkratisch, radikal subjektiv und lassen sich nicht oder nur sehr eingeschränkt objektiv beobachten, beschreiben oder messen. Ohne eine – und sei es noch so minimale – ästhetische

Anreicherung können sie nicht vom Subjekt artikuliert und mitgeteilt werden
[vgl. 66]. Der einmal artikulierte Schmerz lässt sich als eine ‚Aktualisierung'
im Designprozess beobachten, beschreiben oder testen, aber die Herstellung der
Mitteilung ist ein kreativer poetischer Akt. Er ist aus der Perspektive der artikulierenden Person niemals eine ‚Messung' im positivistischen Sinne, sondern folgt
einer allenfalls ästhetisch-empiristisch beschreibbaren Methodologie.

In diesem Sinne geht die vorliegende Arbeit von einer methodologischen Ver-
schachtelung aus. Sie besteht a) aus der genannten methodologischen Verortung
der Schmerzerfassung (Artikulation statt Messung) und b) aus der praktischen
Umsetzung dieses Ansatzes (in Form eines Schmerzerfassungssystems) und ihrer
methodologischen Verortung. Die folgende methodologische Einordnung und
Beschreibung des gewählten Vorgehens beschränkt sich ausschließlich auf die
designwissenschaftliche Beschreibung der praktischen Umsetzung.

3.1   Methodologische Verortungen

Wie bei Krippendorf in Bezug auf Semantiken formuliert und in rezenten
Designtheorien weiter elaboriert, kann die soziale Rolle, welche Designartefakte einnehmen, bei ihrer Herstellung nicht ausgeblendet werden [157]. Das
Potential des Designs liegt folglich nicht darin, mit Hilfe bestehender Kriterien Optimierungen zu schaffen, bzw. in vorgefundenen Kulturpraktiken zu
denken, sondern durch Designartefakte alternative Zugänge zu Welt, Gesellschaft und Natur zu eröffnen, ein „Andersmöglichsein" [105] zu generieren bzw.
die Optionen eines kontrafaktischen Agierens zu erproben [vgl. 212]. Zu diesem Zweck können auch medientheoretische und epistemologische Überlegungen
zur Relationalität produktiv gemacht werden, welche temporäre soziotechnische
Zusammenschlüsse beleuchten und beispielsweise Objekte als Aktanten verstehen
[165], als „Verschränkungen" beschreiben [25] oder Anthropologie untrennbar
von Medien als „medienanthropologische Szenen" [288] neu denken. In Bezug
auf die Entwicklung von Schmerzerfassungssystemen bedeutet dies: In den Systemen und der Nutzung als solcher werden erst die Kategorien formiert, welche
im ‚schematischen' menschzentrierten Designprozess (s. Abschnitt 2.3.1.1) als
vorab gegeben angenommen und abgeprüft werden. Dazu gehören in letzter
Konsequenz (und fast schon ironischerweise) auch der Mensch bzw. die Nutzer*in, welche dieser Auffassung folgend erst durch die Verschränkung mit
den von ihnen genutzten Systemen als temporäre Konfigurationen hervorgebracht werden [vgl. 248]. Die Annahme einer möglichen Verschränkung von
System und Nutzer*in soll in dieser Arbeit mit dem Begriff der ‚Agentialität'

bezeichnet werden. Das in der Arbeit angewendete Vorgehen kombiniert die Annahme der Agentialität[9] mit einer grundlegend phänomenologischen Zugangsweise in Bezug auf das zentrale Forschungsobjekt ‚Schmerz‘. In Bezug auf die visuell-haptische Erfassung individueller Schmerzerfahrung ist wiederum die relationale Perspektive der Agentialität für die Hypothesenbildung entscheidend. Die genannten Vertreter*innen lassen sich grob dem heterogenen Theoriebündel *neue Materialismen* [133] zuordnen bzw. dem *Material Turn*[1] in des Geistes- und Kulturwissenschaften. Für die Designpraxis folgt aus dieser Position, dass ontologische und epistemische Eigenschaften der virtuellen und materiellen Prototypen als ‚Agentialität‘ in den Entwurfsprozess einbezogen werden müssen. Es wird davon ausgegangen, dass Gestalter*innen durch ihre Entwürfe Einfluss auf das Gesundheitsverhalten nehmen [vgl. 230]. Daher muss es auch um die Übernahme von Verantwortung für die möglichen Hervorbringungen im Designprozess gehen. Diese Sichtweise erweitert den Forschungsprozess in Bezug auf die Zielsetzung um eine ethische bzw. politische Dimension der Agentialität [45, 157]. In Bezug auf die Schmerzdokumentation ist dies hypothetisch insofern bedeutsam, als in der Konsequenz nicht eine neue Form des Schmerzausdrucks entwickelt wird, indem etwa ein passendes System für präexistente Schmerzformen entstehen würde. Vielmehr müssen neue Erfassungssysteme und Beschreibungskategorien für Schmerzen entwickelt werden. Diese Kategorien können potentiell eine Linderung, aber auch eine Verschlimmerung der Erfahrung für die Patient*innen bedeuten [235]. In jedem Fall wird eine Körpererfahrung hervorgebracht, die durch die Agentialität der visuell-haptischen Erfassung individueller Schmerzerfahrung bestimmt wird und eine eigene Handlungsmacht besitzt.

Folgt man dem Gedanken der Agentialität, lassen sich Technologien als Affordanzen für den Möglichkeitsrahmen von Handlungen auffassen. Sie können als Ermöglicher bestimmter Existenzweisen gelten [vgl. 88] bzw. deren Restriktion bewirken. Daraus ergibt sich die Frage, wie weit die Wirkungsmacht und mit ihr auch die Verantwortung der Gestaltenden räumlich und zeitlich reicht [vgl. 146] bzw. planbar ist. Einschränkend gilt es zu beachten, dass die zu entwickelnde visuell-haptische Erfassung individueller Schmerzerfahrung nicht kontextlos dasteht, sondern als prozessuales System in einem Netzwerk der wechselseitigen Beziehung firmiert. Der Entwurf ist somit als *Wicked Problem*[2] [237]

---

[1] Aufbauend auf dem Niedergang der zeitgenössischen materialistischen Ansätze der 70er und 80er Jahre und dem Aufstieg poststrukturalistischer Theorien bildete sich der Material Turn heraus, der das Materielle als aktiv und wirkmächtig auffasst [133].

[2] Horst Rittel und Melvin Webber haben in ihrem Aufsatz *Dilemmas In A General Theory Of Planning* die Idee des ‚Wicked Problem‘ entwickelt. Bei diesem sind die Problemursachen

aufzufassen und seine Wirkungsmacht ist nicht abschließend absehbar. Darum ist in einer zeitgemäßen Gestaltungspraxis die empirische Testung unter Beteiligung von Stakeholder*innen während des Entstehungsprozesses essentiell, um die jeweiligen Hervorbringungen fortlaufend erfassen und untersuchen zu können [195]. Die Gestaltung ist in diesem Sinne eher ein *Kuratieren* und weniger ein *Handwerk*. Sie muss als interaktive und partizipative Wissenspraxis verstanden werden [vgl. 291]. In einer solchen Praxis kommt der Zielstellung[3] des Entwurfs eine elementare Bedeutung zu, da sie der Orientierung des partiell autonomen Entstehungsprozesses dient. Allerdings kann sie nur als Leitplanke fungieren und nicht als determinierendes und (im positivistischen Sinne) messbares Resultat. Insofern stellt die empirische Beobachtung der Interaktion zwischen Nutzer*innen mit Hife des Schmerzerfassungssystems den leitenden Zugang der Forschung dar. Auf ihn bezieht sich daher auch die Prüfung der Zielstellung und die Beantwortung der Forschungsfragen.

Zusammenfassend lässt sich in Bezug auf die methodologische Verortung festhalten, dass auf verschiedenen Ebenen unterschiedliche Methodologien Verwendung finden (s. Abb. 3.1). Das Phänomen der Schmerzerfahrung wird phänomenologisch aufgefasst, da die individuelle phänomenologische Beschreibung den einzigen Zugang zur persönlichen Schmerzerfahrung darstellt. Im Vorgang ihrer Artikulation determinieren die materiellen Eigenschaften (das Design) der zur Verfügung gestellten Artikulationsmedien (bzw. des Schmerzerfassungssystems) den Möglichkeitsrahmen der Artikulation und somit der zu artikulierenden Aspekte der persönlichen Schmerzerfahrung generell. Dieser (abduktive) Mechanismus steht im Zentrum der Formulierung der Entwurfshypothesen bzw. der Zielstellung. Er folgt der methodologischen Position des (neuen) Materialismus. Im Zentrum des Forschungsvorhabens stehen empirische Untersuchungen der Interaktion zwischen Nutzer*innen und den verschiedenen Prototypen des Schmerzerfassungssystems. Aus den durch Beobachtung gewonnenen Ergebnissen und ihrer Auswertung werden die zentralen Argumente in Bezug auf das

---

aufgrund komplexer Wechselwirkungen so ‚verhext‘, dass sie nicht mehr durch ‚Planung‘ gelöst werden können. Der Vorschlag, mit diesem Problemtyp umzugehen, besteht in praktischen Maßnahmen und der Annäherung an die Beeinflussung des Systems in die gewünschte Richtung über ‚Trial and Error‘-Verfahren.

[3] Im Fall des vorliegenden Projekts besteht das Ziel in der digitalen Schmerzerfassung, um neue Optionen und Kategorien jenseits pathologischer Schmerzsystematiken zu generieren. Dieses Ziel lässt sich nicht positivistisch abprüfen, da die Kategorien dialogisch mit den Stakeholdern und im Projekt selbst erst geschaffen werden müssen.

Erreichen der Zielstellung und die Beantwortung von Forschungsfragen gewonnen, so dass der primäre Prüfstein der Arbeit der Methodologie des materiellen und phänomenologischen Empirismus folgt.

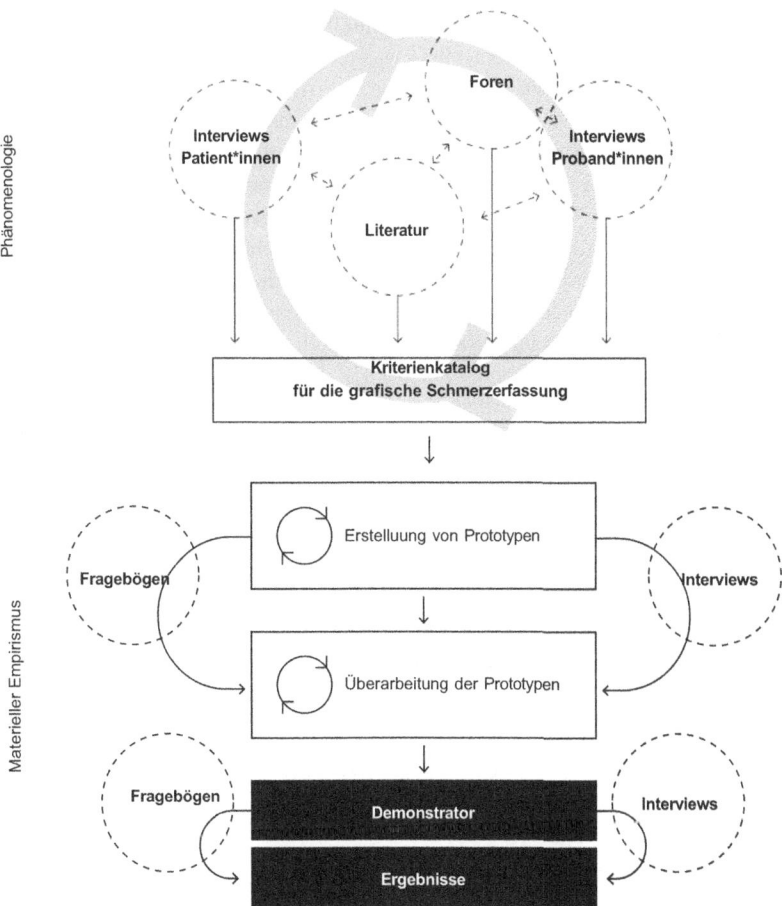

Abbildung 3.1 Auf verschiedenen Ebenen finden unterschiedliche Methodologien Verwendung: Das Phänomen der Schmerzerfahrung wird phänomenologisch aufgefasst, während die Studien und deren Auswertung einem materiellen Empirismus folgt.

3.2   Vorgehen und Methoden

3.2.1   Entwurfsansätze und Vorgehen

Im hier durchgeführten Forschungsprozess sind zwei designtheoretische Rahmungen zentral: a) die Berücksichtigung agentieller Eigenschaften des Designartefakts (Einflussnahme auf soziotechnische Hervorbringungen) und entsprechend ein Verständnis von Design als Gestaltung von Affordanzen, sowie b) die damit einhergehende Verantwortung für die eröffneten bzw. geschlossenen Möglichkeitsräume für die mit dem System in Interaktion tretenden Personen.

Daraus folgt zum einen, dass sich Schmerzen nicht vorgängig ontologisch oder deduktiv ermitteln lassen und dann in einem Dokumentationssystem umgesetzt werden können, sondern dass die erhobenen Schmerzen durch das System selbst beeinflusst werden. Konkret wird daher in dieser Arbeit ein Repertoire möglicher Artikulationen anhand empirischer iterativer Testungen und daran angeschlossener Überarbeitungsszkylen entwickelt. In den Testungen können die Schmerzerfassungsformen aus der Perspektive der Nutzer*innen und anderer Stakeholder*innen abgeprüft werden. Zum anderen ergibt sich aus der genannten Rahmung der Bedarf eines disziplinär vertieften Verständnisses der Thematik (in diesem Fall der Entstehung und Therapie von Schmerzen), um der Verantwortung einer Antizipation wünschenswerter und weniger wünschenswerter Formen gerecht werden zu können. Prozessual lässt sich das Verfahren in einer groben Zweiteilung abbilden:

1. Der Exploration und Recherche; in dieser werden Entwurfsziele als Rahmung des Projekts formuliert.
2. Der interaktiven Entwicklung der Entwurfsstudien, in welchen in iterativem Zyklus durch Prototypenerstellung und Testung ein Schmerzdokumentationssystem entwickelt wird.

Die primäre Zielstellung, wonach es um die Entwicklung einer Form der Schmerzartikulation geht, wird als generelle Rahmung verstanden, aus der sich eine agile Hypothesenbildung und die Aufstellung von Feinzielen ergeben. Die Feinziele werden als Schlussfolgerungen im Sinne einer hermeneutischen Ableitung (argumentativ aufbauend auf den Ergebnissen der Recherche und der Exploration) erarbeitet und fungieren als Leitplanken des Projekts.

Als Methode zur Prüfung der ‚Leitplanken' wird entsprechend die Ausarbeitung der Konzeptstudie und die Evaluierung durch Expert*innen wie Designer*innen, Ärzt*innen und Patient*innen eingesetzt. Die Erarbeitung der

Entwurfsziele erfolgt a) durch eine theoretische Erfassung der in der Schmerz-medizin aktuell sich im Einsatz befindlichen Erfassungsinstrumente sowie der technischen Infrastrukturen digitaler Gesundheitsanwendungen (in dieser Arbeit als ‚Stand der Forschung' angeführt) und b) durch empirische Forschung in Form von Gesprächen mit Expert*innen zum Thema Schmerzerfassung und The-rapie (Ärzt*innen und Betroffene), sowie durch die Analyse von Einträgen in Schmerz-Selbsthilfegruppen. Ferner werden auch historische, medientheoretische und kulturwissenschaftliche Perspektiven in Bezug auf das Thema Schmerzer-fassung in den Entwurfszielen berücksichtigt s. Kapitel 1). Aus den Ergebnissen der thematischen Explorationen und Recherchen wird der Kriterienkatalog als strukturiertes Bündel von Entwurfszielen abgeleitet.

Insofern sich die Arbeit der praxisbasierten Designforschung zuordnet, ist der eigentliche Forschungsgegenstand die realweltliche Interaktion mit dem zu gene-rierenden System. Die Erarbeitung stützt sich daher primär auf die Erstellung und Testung aufeinanderfolgender Iterationen von Prototypen zur visuell-haptischen Erfassung individueller Schmerzerfahrung. In ihnen werden jeweils Prototypen in Aktions-Reflexionsschleifen durch Experimente und Variantenbildung entworfen und auf Grundlage der Vorerfahrung [im Sinne eine impliziten Wissens; vgl. 220] evaluiert und angepasst. Dadurch materialisieren sich die aufgestellten Hypothe-sen in prüfbaren Varianten, welche als ‚Iterationen' in formalisierten Testungen durch qualitative und quantitative Forschungsmethoden exploriert, evaluiert und schließlich validiert werden.

Konkret wird dazu in der *Grundlagenstudie* der grundlegende Ansatz der visuell-haptischen Erfassung individueller Schmerzerfahrung entwickelt und es werden diverse Parameter der Schmerzdokumentation durch interaktive Grafiken in Form eines Sets in programmierte Grafiken umgesetzt.

Sie werden durch Patient*innen der Schmerz-Tagesklinik des Universitätskli-nikums Jena sowie durch Proband*innen, welche standardisierte Schmerzstimuli erhalten, in einer qualitativen explorativen Studie getestet und hinsichtlich der entstandenen Hervorbringungen evaluiert. Die Ergebnisse stellen die Grundlage für die Ausarbeitung des Schmerzerfassungssystems in der *Entwicklungsstudie* dar, in welcher Varianten zur Darstellung und Steuerung der Notation entwickelt werden. Diese werden wiederum durch Expert*innen evaluiert. Die *Demonstra-tionsstudie* bildet den Abschluss der Arbeit. In ihr wird das Notationssystem in Form eines Demonstrators umgesetzt. Dieser wird abschließend durch quan-titative Verfahren hinsichtlich der Usability, sowie qualitativ hinsichtlich der entstandenen Hervorbringungen (Nutzungserfahrung in Bezug auf die Eignung zur Schmerzartikulation) evaluiert.

3.2.1.1 Limitationen der Methode

Das oben beschriebene Vorgehen unterliegt einer Reihe von Limitationen, welche im Folgenden erläutert werden. Als erste Limitation kann das heuristische Vorgehen in der ‚Recherchephase' gelten. Es wurde zum einen (jedenfalls teilweise) ohne den Einsatz standardisierter Methoden durchgeführt und seine Ergebnisse (Entwurfshypothesen) wurden zum anderen keiner objektiven bzw. externen Evaluierung unterzogen. Als zweite Limitation ist die begrenzte Prüfbarkeit der aufgestellten Hypothesen außerhalb eines quasi-experimentellen Rahmens zu nennen. Da in dieser Arbeit ausschließlich der Ansatz der haptisch-visuellen Schmerzerfassung (mittels parametrischer Grafikmodulationen) ausgeführt und untersucht wurde, lassen sich in der Prototypentestung keine objektiven Aussagen zur spezifischen Leistungsfähigkeit und Reproduzierbarkeit des Ansatzes (über den Vergleich mit existierenden Erfassungsmethoden hinaus) treffen[4]. Weiterhin lassen sich keine linear-kausalen Rückschlüsse zwischen einzelnen Gestaltungsentscheidungen und der Erfahrung der Nutzer*innen ziehen. Somit lässt das gewählte Forschungsdesign lediglich trajektionale Aussagen in Abgrenzung zu existierenden Erfassungsmethoden zu und kann nur im eingeschränkten Maße Auskunft darüber geben, auf welche spezifischen Faktoren und Abhängigkeiten dies zurückzuführen ist.

3.2.2 Verwendete Methoden

Im Folgenden werden die Methoden erläutert, die zur Entwicklung des Schmerzerfassungssystems eingesetzt wurden. Sie werden entsprechend ihrer Verwendung gegliedert und es wird die spezifische Verwendungsform einzelner Methoden in der vorliegenden Arbeit erläutert.

3.2.2.1 Recherchemethoden

Eine Recherche an den Anfang eines Designprozesses zu stellen ist eine gängige Form, um ein ‚Problem' zu verstehen. In diesem Fall ging es darum, ein umfängliches Verständnis für das Thema zu gewinnen [vgl. 111]. Ziel der Recherche ist die Identifikation der Kontexte, für welche ‚gestaltet' werden soll [217]. Dazu werden verschiedene Recherchemethoden angewendet und die Ergebnisse werden dokumentiert. Aus den Ergebnissen lassen sich hermeneutisch Rückschlüsse auf den Entwurf ziehen [vgl. 260].

---

[4] So wäre bspw. eine Erhebung mittels Tonmodulation möglich, oder auch eine Erfassung mittels Texteingaben oder Sprachinterfaces.

Litertaturrecherche: Die Suche nach relevanter Literatur erfolgt als Recherche von wissenschaftlichen Überblickswerken und des Nachverfolgens der darin angeführten Verweise. Relevante Passagen werden markiert, herauskopiert oder exzerpiert.

Semistrukturierte Interviews: Interviews werden mit dem Anspruch einer möglichst geringen Beeinflussung der Befragten geführt, allerdings wird versucht, die Proband*innen nach Möglichkeit im Sinne der Entwurfsbildung zu lenken und das im Vorfeld definierte Themenfeld zu besprechen. Dazu wird ein Katalog mit Fragen vorbereitet, die zu den definierten Themen hinleiten und nach Bedarf angewendet werden.

Analyse: Die Analyse von Blogbeiträgen erfolgt ähnlich der Literaturrecherche, indem einschlägige Passagen herauskopiert und gesammelt werden. Sie werden anschließend qualitativ durch ein Codesystem ausgewertet.

3.2.2.2 Entwurfsmethoden

Als Methode lässt sich dieses Vorgehen nur schwer in einer standardisierten Form beschreiben. Es ist am ehesten auf Vorerfahrungen zurückzuführen, auf deren Grundlage neue Formen für Ideen gefunden werden. In diesem Sinne ist die Entwurfsarbeit eher mit dem Konzept des „impliziten Wissens" [220] zu beschreiben. Man kann sie als eine reflektierte intelligente Praxis verstehen, welche über die Anwendung von zuvor erlerntem theoretischem Wissen hinausgeht [vgl. 179].

Analoge Entwurfswerkzeuge: Für eine rasche Dokumentation von Ideen oder auch die Erstellung größerer zusammenhängender Skizzen werden händisch Skizzen auf Papier oder in Skizzenbüchern angefertigt. Sie werden im Anschluss zur besseren Dokumentation und zur digitalen Weiterverarbeitung fotografiert.

Digitale Entwurfswerkzeuge: Eine Vielzahl von Computerprogrammen steht für die digitale Entwurfserstellung zur Verfügung. Prominent ist hier vor allem die Adobe Creative Suite mit einem breiten Produktportfolio zu nennen. In der vorliegenden Arbeit wurde vor allem mit Adobe Illustrator und Adobe XD gearbeitet [3].

Darstellungsexperimente: Damit soll in dieser Arbeit das Arbeiten mit nur indirekt manipulierbaren visuellen Systemen bezeichnet werden. Es wird beispielsweise das Verhalten von Farbe in Wasser oder das Fallen von Sand beobachtet und dokumentiert.

Prototypenerstellung: Die Erstellung von Prototypen ist eine elementare Methode der praxisbasierten Designforschung. Durch sie werden aufgestellte Entwurfshypothesen in eine prüfbare Form gebracht. Zudem bieten solche *Boundary Objects* die Möglichkeit, die Perspektiven verschiedener Stakeholder*innen zu synchronisieren [vgl. 57]. Prototypen können sowohl in einfacher Papierform als auch in Form von sog. ,Klick-Dummies' mit eingeschränkter Funktionalität erstellt werden. Für die hier vorliegende Arbeit ist es außerdem von essenzieller Bedeutung, die Modulation von Grafiken in interaktiven Abläufen und Prototypen zu testen. Dazu wird für erste Studien ein spezielles Entwicklungs-Set-Up entwickelt und eingesetzt, für spätere Studien werden aufwändigere Funktionsprototypen von einem Entwickler programmiert.

Design Reviews: Sie dienen dem raschen Einholen der Rückmeldung von Stakeholder*innen. Diese erfolgt durch eine kurze Rücksprache mit Expert*innen aus den spezifischen Themenbereich des Projektes (in diesem Fall Mediziner*innen, Entwickler*innen, Patient*innen und Designer*innen). Parnas und Weiss stellen dazu fünf Grundsätze[5] auf, mit deren Hilfe die Sitzungen gestaltet werden sollen [214].

3.2.2.3 Testmethoden

Die formalisierten Testungen tragen primär explorativen Charakter und sollen die Rückmeldung von Tester*innen zu den entwickelten interaktiven Grafiken zur Erhebung von Schmerzen einholen. Sie werden anhand von prototypischen Testgrafiken durchgeführt, welche über einen Demonstrator den Patient*innen und Proband*innen vorgelegt werden. In zwanzig- und dreißigminütigen Befragungen sollen sie die Grafiken mit den für mobile Endgeräte gängigen analogen Eingabemethoden (Wischen, Drücken, Lageänderung, physische Beschleunigung)

---

[5] 1. Die Reviewer*innen sollten sich auf diejenigen Aspekte des Entwurfs konzentrieren, die seiner/ihrer Erfahrung und seinem/ihrem Fachwissen entsprechen.

2. Die Expertise der Reviewer*innen sollte vor der Auswahl der Gutachter festgelegt werden.

3. Die Reviewer*innen sollten auch positive Aspekte des Entwurfs benennen und nicht nur auf Mängel hinweisen.

4. Die Designer*innen stellen Fragen an die Reviewer*innen und nicht umgekehrt. Dazu sollten Leitfragen bzw. ein Fragebogen herangezogen werden, die bzw. der sich auf bestimmte Aspekte des Entwurfs beziehen sollte/n.

5. Die Sitzungen sollten mit zwei bis maximal vier Personen durchgeführt werden – nicht in größeren Gruppen.

modellieren und ihren Eindruck dazu mitteilen. Dabei kommt eine Reihe von Befragungsinstrumenten zum Einsatz:

System-Usability-Scale: Fragebogen mit zehn Items nach der Likert-Skala zur quantitativen Analyse der Gebrauchstauglichkeit [51].

Semi-strukturiertes Interview: Offene Fragen zur Akzeptanz und Nutzungserfahrung während und nach der Testung [232].

Think-Aloud Protokoll: Anleitung zur Mitteilung der kognitiven und affektiven Assoziationen durch die Patient*innen und Proband*innen [155].

Quantitative sensorische Testung: Gesunde Proband*innen werden hinsichtlich dreier vordefinierter experimenteller Schmerzreize befragt. Hierbei wird auf Methoden der quantitativen sensorischen Testung [242] nach dem Protokoll des Deutschen Forschungsverbunds Neuropathischer Schmerz (DFNS) zurückgegriffen. Alle Reize werden auf dem rechten Handrücken (Hitze und PinPrick), bzw. auf dem rechten Handballen (Algometer), appliziert:

Hitzeschmerzschwelle: Mithilfe einer Thermode (Thermal Sensory Analyzer II, Medoc, Israel) werden Wärme- bzw. Hitzereize auf dem rechten Handrücken appliziert. Beginnend bei einer Grundtemperatur von 32 °C wird die Temperatur standardisiert pro Sekunde um 1 °C erhöht. Die Proband*innen werden aufgefordert, eine Taste zu drücken, sobald der Thermoreiz eine schmerzhafte Qualität annimmt. Die Maximaltemperatur von 50 °C kann technisch nicht überschritten werden.

Mechanischer Schmerzreiz: (PinPrick, „Stechen"): Die Pinprick-Stimulatoren verabreichen sogenannte ‚Nadelreize'. Die abgestumpften Nadeln können durch variable Gewichte verschiedene Empfindungen auf dem rechten Handrücken bis hin zu einer spitzen, piekenden Schmerzempfindung erzeugen. Die Haut wird dabei nicht verletzt. Die maximale Krafteinwirkung beläuft sich auf 512mN.

Mechanischer Schmerzreiz (Algometer, „Druckschmerz"): Mithilfe eines Algometers (Somedic SenseLab, Schweden) wird ein Druckreiz auf den rechten Handballen appliziert. Der Druck wird dabei standardisiert gesteigert, bis die Empfindung für die Proband*in eine schmerzhafte Qualität annimmt. Auch bei diesem Verfahren besteht unter sachgemäßer Verwendung des Geräts keinerlei Verletzungsgefahr.

3.2.2.4 Auswertungsmethoden

Die Tonaufnahmen der Testsitzungen werden in einem ersten Schritt transkribiert und anschließend anhand der Kodierung von Aussagen der Patient*innen und Proband*innen aus dem semistrukturierten Interview und dem ‚Think Aloud Protokoll' nach vordefinierten, sowie nach dem Ansatz der Grounded Theory [108] aus dem Material sich ergebenen Themen codiert.

Die quantitative Auswertung hinsichtlich der Gebrauchstauglichkeit erfolgt durch die Ermittlung des Mittelwerts aller Messungen mit dem System-Usability-Scale Fragebogen. Der Gesamtwert (SUS-Score) wird als Prozentwert angegeben und nach dem Acceptability Range bewertet [vgl. 24].

3.2.3 Gewählte Strategien und Taktiken des Forschungsprozesses

In der ersten Studie wird ein Mixed-Methods-Ansatz[6] [vgl. 117] und, dem Konzept der Grounded Theory[7] folgend, eine Heuristik für die Themen Schmerzen, Therapie von Schmerzen und Körperlichkeit erarbeitet. Konkret geht es um folgende Schritte: 1. Es wird Literatur zum Thema chronische Schmerzerkrankungen, medizinische Schmerzmodelle, physiologische Hintergründe und Therapieansätze, sowie zu kultur- und medienwissenschaftlichen Positionen herangezogen; 2. Es wird eine systematische Studie zu mobilen Gesundheitsanwendungen mit der Funktion der Schmerzerfassung durchgeführt: 3. Es wird eine Reihe von Expert*innen-Interviews geführt (Patient*innen und Behandler*innen); 4. Es werden Beiträge über Schmerzartikulationen aus einem OnlineSelbsthilfeforum für an Schmerzen leidende Personen analysiert. Die Ergebnisse werden in Form einer a) schriftlichen Zusammenfassungen zum Stand der Praxis digitaler und analoger Schmerzerfassungsinstrumente sowie digitaler Gesundheitsanwendungen fixiert; b) sie werden in Form einer Informationsgrafik über technische und gesellschaftliche Entwicklungen[8] festgehalten und c) sie werden schließlich in hypothetische Anforderungen und Kriterien für das zu entwickelnde Schmerzerfassungssystem übersetzt. Auf dieser Grundlage wird im Anschluss ein Dokumentationssystem

---

[6] In einem Mixed-Methods-Ansatz werden unterschiedliche quantitative und qualitative Forschungsmethoden kombiniert, um ein umfassenderes Verständnis eines Phänomens zu erlangen [vgl. 117].

[7] ‚Grounded-Theory-Ansatz' bedeutet, Theorien und Konzepte direkt aus den Daten abzuleiten, anstatt *a priori* Hypothesen zu untersuchen [108].

[8] Auf diesen Ergebnissen bauen inhaltlich die Kapitel 1. Einführung, 2. Stand der Forschung und 3.1.2. Theoretische Verortung der Praxis der vorliegenden Arbeit auf.

als Konzeptstudie entwickelt und im Zuge der Umsetzung werden dessen technischen Bestandteile, die Logik des Systems, sowie ein neues Set (geschärfter) Entwurfshypothesen aufgestellt. In der zweiten Studie werden die Entwurfshypothesen in Form einer Nutzer*innentestung als Grundlagenstudie geprüft. Dazu wird:

1. Ein digitaler interaktiver Hardware-Versuchsaufbau in zwei aufeinander aufbauenden Iterationen entworfen und umgesetzt.
2. Prototypen zur Prüfung von Hypothesen zur haptisch-visuellen Erfassung werden aufgestellt und in Testgrafiken zur a) Visualisierung, b) Parametern und d) der Interaktion programmiert.
3. Eine Testung wird mit Schmerzpatient*innen und Proband*innen durchgeführt, in welcher a) die aufgestellten Hypothesen anhand der Testgrafiken mit einem Mixed-Methods-Ansatz geprüft werden, b) eine grundsätzliche Exploration der interaktiven Schmerzdokumentation (induktiv) erfolgt, c) eine erste Prüfung der Konstruktvalidität der mit den Schmerzerfassungssystem erfassten Schmerzdaten untersucht wird, sowie d) der Ansatzes im Allgemeinen evaluiert wird.

Neben den Testungen mit Patient*innen, die ihre (chronischen) Schmerzen mit dem System artikulieren sollen, werden parallele Testungen mit Proband*innen durchgeführt, die durch das *Qualitative Sensory Testing (QST)*-Verfahren drei unterschiedliche standardisierte Schmerzreize erfahren. Um die formulierten Ziele zu erreichen und die Fragestellung zu beantworten, wird sowohl mit *Fragebögen* und *Interviewleitfragen* als auch mit einem *Think-Aloud-Protokoll* gearbeitet. Die Sitzungen werden durch Audioaufnahmen dokumentiert. Die Auswertung erfolgt im Falle der Fragebögen in qualitativer Form, die Aussagen der Tester*innen über eine Transkription mit anschließender deduktiver und induktiver Codierung mit der Software MAXQDA. In der dritten Studie (Entwicklungsstudie) werden die Ergebnisse der vorangegangen Grundlagenstudie in die Gestaltung einer konzeptuellen Patient-Reporting-App übersetzt. Dazu werden die in der Recherche erarbeiteten Kriterien mit der Bedienlogik aus der Konzeptstudie und die erworbenen Erkenntnisse zur Darstellung, zu den Einstellungsparametern und zur Bedienung aus der Grundlagenstudie zusammengeführt. Konkret wird dies durch eine Annäherung über *Entwürfe* und Variantenbildungen in Aktions-Reflexionsschleifen realisiert. Neben dem Einsatz von digitalen Entwurfswerkzeugen werden zusätzlich analoge *Experimente zur Visualisierung* durchgeführt, um weitere Impulse für die Darstellung von Schmerzen in die

Entwicklung aufnehmen zu können und eine Breite an Varianten zu generieren. Die Demonstrationsstudie stellt den Abschluss der Forschungsarbeit und den Anschluss an die medizinisch-therapeutische Praxis dar. Das Ziel dieser Studie ist insofern primär die Evaluation und Validierung des Ansatzes mit Patient*innen, sowie Therapeut*innen, um die Voraussetzungen für einen potentiellen klinischen Einsatz des Systems zu evaluieren. Zielstellung der Demonstrationsstudie ist a) die vergleichende Evaluation der Usability, Acceptability und User Experience mit Vergleichsinstrumenten (Deutscher Schmerzfragebogen), b) eine erweiterte induktive (grounded) Exploration des Ansatzes, und c) eine erweiterte Prüfung der Validität. Dazu werden zur vergleichenden Evaluierung Fragebögen eingesetzt und zur ergebnisoffenen Exploration wird mit *Interviewleitfragen* und einem *Think-Aloud-Protokoll* gearbeitet. Die Fragebögen werden quantitativ ausgewertet, die Aussagen der Tester*innen zuerst transkribiert und anschließend mit der Software MAXQDA codiert.

3.3   Zusammenfassung

Die Frage nach der Methodologie im Design ist eine intensiv geführte Debatte, in welcher es letztlich um das Verständnis von Erkenntnissen und Mitteln geht. Der hier vorgestellte Forschungsansatz stellt die Empirie ins Zentrum der Wissensproduktion. Von diesem (methodologischen) Zentrum aus lassen sich einzelne Methoden und entsprechende Strategien ableiten. Dies stellt einen produktiven Zugang dar, durch den sich auch aus (neu-) materialistischer und phänomenologischer Position formulierte Hypothesen prüfen lassen. Durch die praxisbasierte Erarbeitung des Projekts wird die Situierung von Wissen und Formen der Wissensproduktion berücksichtigt und es wird ihr methodologisch wie methodisch begegnet. Das erfordert aus ethischer Sicht auch die Reflexion über die agentiellen Eigenschaften der entwickelten Prozesse und Artefakte und die damit eröffneten und geschlossenen Möglichkeitsräume potentieller Hervorbringungen in Bezug auf die Artikulation von Schmerzen.

Den eröffneten und geschlossenen Möglichkeitsräumen, sowie den potentiellen Hervorbringungen wird durch eine intensive Einarbeitung in die Thematik und Rahmung des Projektes durch Entwurfsziele und die interaktive Entwicklung unter Einbezug von Stakeholder*innen, sowie mit systematisierten Testzyklen begegnet. Im ersten Teil des Entwurfsprozesses wird durch eine breit angelegte Recherche sowohl mit theoretischen als auch mit empirischen Methoden ein Kriterienkatalog für den Entwurf als ‚Leitplanke' erarbeitet und zusätzlich in Form einer Konzeptstudie materialisiert. Die folgenden Studien stellen eine schrittweise

Eingrenzung und Verfeinerung des Systems dar. Zum Abschluss des hier vorgestellten Entwurfsprozesses wird das Schmerzerfassungssystem in Form eines Demonstrators realisiert und abschließend getestet (s. Abschnitt 4.4).

Für den Zweck der Entwicklung kommt eine Vielzahl diverser Methoden zum Einsatz, welche nicht nur aus der Designpraxis, sondern ursprünglich aus den Bereichen der Geisteswissenschaften, der empirischen Sozialwissenschaften, der *Human-Computer Interaction*, aber auch aus der medizinischen Forschung stammen.

Praxisbasierte Entwicklung eines Schmerzerfassungssystems

4.1 Studie I: Konzeptstudie

Nach Ludwig Wittgenstein stellt die Logik der Sprache die Bedingungen dafür bereit, was über eine Erfahrung – und letztlich über die Welt – ausgesagt werden kann. „Die Grenzen meiner Sprache sind die Grenzen meiner Welt" heißt es im „Tractatus logico-philosophicus" [294]. Die vorliegende Arbeit nimmt den zentralen Gedanken Wittgensteins auf und reflektiert die durch die Logik der Ausdrucksmittel bewirkten Begrenzungen bei der Konzeption eines neuen Schmerzerfassungssystems. Durch eine haptisch-visuelle Erfassung können – so die Hypothese dieser Arbeit – mehrere bzw. andere Aspekte der Schmerzerfahrung erfasst werden als mit herkömmlichen Instrumenten[1] (s. Abschnitt 2.1.6). Das vorliegende Kapitel beschreibt die Durchführung einer Konzeptstudie, die diese Hypothese überprüfen soll. In ihr sollen Kriterien ermittelt werden, *welche*

---

[1] Gleichzeitig ist die Begrenzung durch eine spezifische Logik des Systems auch eine gewünschte Eigenschaft, da nur durch eine Standardisierung der Erfassung eine Validisierung möglich ist und damit auch die Nutzung in medizinischen Kontexten. Mit Wittgenstein gesprochen ist eine Begrenzung ein nötiger Nebeneffekt, um überhaupt – logisch betrachtet – ‚wahre' Aussagen über Schmerzen zu tätigen. Somit geht es weniger um eine maximale Öffnung der Begrenzung, sondern vielmehr um die Entwicklung eines passgenauen Raumes, einer eigenen, zum Zweck der Schmerzartikulation optimierten ‚Grenzziehung' potentieller Ausdrucksmöglichkeiten (bzw. „Materialisierungen" [vgl. 25]). Speziell untersucht diese Arbeit das Potential eines visuell-parametrischen Erfassungssystems.

Ergänzende Information Die elektronische Version dieses Kapitels enthält Zusatzmaterial, auf das über folgenden Link zugegriffen werden kann https://doi.org/10.1007/978-3-658-45977-2_4.

J. M. Breuer, *SCHMERZEN FORMEN*, https://doi.org/10.1007/978-3-658-45977-2_4

Aspekte der Schmerzen potentiell ausgedrückt werden bzw. welche Eigenschaften die geplante ‚Schmerzsprache' aufweisen soll. Weiterhin beziehen sie sich auf die Frage, *wie* die Schmerzen erfasst werden sollen – also welche Parameter für die Modulation der Artikulation zur Verfügung gestellt werden. Diese Kriterien werden vor dem Hintergrund einer hypothetischen Auswirkung der ‚Sprache' – in diesem Fall: der Auswirkung der Eingabeform, sowie der Darstellung auf die Einstellung der Nutzer*innen in Bezug auf ihre Schmerzen – eruiert. Mit anderen Worten: Es sollen Zielstellungen zur Agentialität des Systems ermittelt werden, mit welchen sich eine therapeutisch-produktive Einstellung der Patient*innen zu ihren Schmerzen herstellen lässt.

Die Kriterien werden anhand den (bereits in den Stand der Forschung und in die Einleitung der Arbeit eingeflossenen) Recherchen zur Schmerzmedizin, zur technologischen und kulturwissenschaftlichen Verortung und Historie, sowie zweier empirischen Untersuchungen ermittelt. Konkret werden dazu semistrukturierte Interviews mit Behandelnden und Betroffenen geführt und es werden die Schmerzbeschreibungen für an Schmerzen leidende Personen in einem Online-Selbsthilfeforum analysiert. Der Anspruch der Recherche ist nicht generalisierbar hinsichtlich der Ermittlung von Erkenntnissen zur Schmerzerfahrung und Schmerzerfassung, sondern bietet eine Heuristik, auf deren Grundlage sich ein erstes Konzept der visuell-haptischen Erfassung aufbauen lässt[2]. Die Entwicklung der Konzeptstudie wird im zweiten Teil des vorliegenden Kapitels dargelegt. Dazu werden verschiedene Entwurfsmethoden eingesetzt, um über Varianten und Iterationen zu einem modellhaften Prototypen eines haptisch-visuellen Erfassungssystems mittels perimetrischer grafischer Artikulation zu gelangen. Die Ergebnisse der vorliegenden Studie bestehen (1.) in einem Kriterienkatalog zur Zielsetzung der Entwicklung des Systems, sowie (2.) in der Übersetzung dieser Kriterien in die Konzeptstudie eines haptisch-visuellen Erfassungssystems mittels parametrischer grafischer Artikulation.

4.1.1 Durchführung semistrukturierter Interviews und Analyse eines online Selbsthilfeforums

Für die Ermittlung von Kriterien zur Erfassung von Schmerzaspekten, zu der Form ihrer Modellierung und zu ihrer Eingabe durch das System werden

---

[2] Die Prüfung dieser Heuristik erfolgt in den späteren Studien durch die Nutzer*innentestungen, wobei keine Rückschlüsse auf die Wirkmechanismen erfolgen können (s. Abschnitt 3.2.1.1).

semistrukturierte Interviews sowohl mit „betroffenen Personen" (also Personen, die akuten oder chronischen Schmerzen ausgesetzt sind), als auch mit „Behandler*innen" (also mit Ärzt*innen, welche sich aus einer therapeutischen Perspektive mit den Schmerzen anderer Personen auseinandersetzen) durchgeführt. Die Interviews ergänzen die Literaturrecherche[3], indem sie eine persönliche Auseinandersetzung des PhDForschenden mit den potentiellen Nutzer*innen des Schmerzerfassungssystems ermöglichen und Einblicke geben, wie diese Personengruppen „denken" [111].

Da in dieser Phase des Forschungsprozesses, abgesehen von dem generellen Ansatz der haptisch-visuellen Erfassung, noch kein ausgearbeitetes Konzept für die Ausgestaltung vorliegt, sollen relevante Aspekte und mögliche Kriterien in den Gesprächen selbst generiert werden, statt eigene Ansätze zu prüfen. In diesem Sinne wird induktiv gearbeitet und einem Grounded-Theory-Ansatz folgend ausgewertet. Um in den Interviews eine vertrauensvolle Gesprächssituation zu ermöglichen, werden nach Möglichkeit Personen aus dem näheren sozialen Umfeld des PhDForschenden rekrutiert. Insofern trägt das Vorgehen auch Züge einer teilnehmenden Beobachtung [vgl. 124], in welcher der PhD-Forschende eine aktive Rolle innerhalb des zu untersuchenden Feldes einnimmt.

4.1.1.1 Interviews mit Betroffenen: Herausforderungen der Schmerzbeschreibung

Die Interviews[4] werden zu Beginn des Forschungsprozesses (und zeitlich parallel zur Literaturrecherche sowie zu den Interviews mit Behandler*innen) durchgeführt. Das Ziel besteht darin, Einblicke in die Lebenswelt von Betroffenen zu erhalten und speziell mögliche Kriterien für die haptisch-visuelle Form der Schmerzerfassung zu ermitteln. Dazu wird ein Fragenkatalog vorbereitet, welcher zu diesen Themen sowohl offene als auch geschlossene Fragen bereithält

---

[3] Sie liegt in dieser Arbeit in Form der Einleitung (siehe Kapitel 1) und des Stands der Forschung (siehe Kapitel 2) vor.

[4] Es werden Personen aus dem näheren sozialen Umfeld des PhD-Forschenden rekrutiert. Die Einschlusskriterien hierfür sind folgendermaßen definiert: a) das Vorhandensein regelmäßiger oder akuter Schmerzen, b) die Verfügbarkeit für das Interview im Zeitraum von drei Monaten und c) die mündlich formulierte Bereitschaft zur Teilnahme an der Studie. Insgesamt konnten fünf Personen einbezogen werden. Zwei der Befragten hatten regelmäßig Kopfschmerzattacken, wovon eine Person unter einer diagnostizierten Migräne litt. Eine Person wurde zu ihren starken Menstruationsschmerzen befragt. Weiterhin wurde ein Gespräch mit einer Person mit einem chronischen Rückenleiden und entsprechend regelmäßigen starken Verspannungen und Rückenschmerzen geführt, und schließlich ein Gespräch mit einer Person, die unter einer akuten Sehnenscheidenentzündung litt.

(s. Anhang A1 im elektronischen Zusatzmaterial). Der eingesetzte Fragenkatalog umfasst folgende Dimensionen:

a) Umgang mit Schmerzen
b) Mögliche Formen der Linderung
c) Kommunikation der Schmerzen

Dokumentiert werden die Gespräche anhand von Notizen und einem anschließenden Gedächtnisprotokoll. Ihre Auswertung erfolgt gesammelt für alle Befragungen.

Aus den Gesprächen ergibt sich, dass die Schmerzwahrnehmungen für die Beteiligten zunächst diffus und schwer zu beschreiben sind. So zieht sich der Aspekt des „Alleingelassenseins" mit den Schmerzen als roter Faden durch die Beschreibungen: Dieses Gefühl stößt die Befragten auf die Schwierigkeit der grundsätzlichen Artikulation ihrer Schmerzen zurück. Aus ihrer Sicht spielen eben darum die Empathie und die Einfühlungsfähigkeit der Behandelnden eine entscheidende Rolle. Diese Wahrnehmung deckt sich mit der Relevanz des Assessments als Teil der chronischen Schmerztherapie (s. Abschnitt 2.1.5.).

Weiterhin sind vor allem bei starken Schmerzen die affektiven Dimensionen relevant, welche von Angst über Wut bis hin zur Niedergeschlagenheit reichen – so die Aussagen der Patient*innen. Hinsichtlich der Schmerzbeschreibung nutzen die Patient*innen unterschiedliche sprachliche Metaphern, die sowohl äußerliche, mechanische Einwirkungen verbildlichen („stechend, wie ein Messer im Bauch"; „starker Druck auf dem Kopf ") als auch subkutane Vorgänge („pulsieren und wabern"). Das Aufkommen und Verschwinden der Schmerzen sei „oft unterhalb der Wahrnehmungsschwelle" und „ganz klar eher als ein lineares ‚Auf und Ab', als ein diskretes ‚An und Aus' zu beschreiben" und würde die Zuordnung der Schmerzstärke zu bestimmten Aktivitäten erschweren. Speziell bei wiederkehrenden und chronischen Schmerzen (Rückenleiden, Migräne, Menstruationsschmerzen) wird eine Verstärkung der Schmerzen durch Stress angegeben. Gegen die Schmerzen werden von den befragten Personen (je nach Ursache) frei verkäufliche Schmerzmittel und/oder Formen der Wärmebehandlung (z. B. Wärmflaschen) eingesetzt. Es werden aber auch Dehnübungen durchgeführt oder die schmerzenden Körperzonen werden einfach geschont.

4.1.1.2 Interviews mit Behandler*innen: Die therapeutische Dimension der Schmerzerfassung

Parallel zu den oben angesprochenen Interviews mit Betroffenen werden zwei Behandler*innen befragt[5]. Ziel ist es zu ermitteln:

a) Wie führen individuelle Behandler*innen eine Schmerzerfassung im Dialog durch?
b) Welchen Stellenwert haben standardisierte Erfassungsinstrumente aus ihrer Perspektive?
c) Welche Funktion und welche Wirkung hat die Erfassung aus ihrer Perspektive auf die Einstellung der Patient*innen zu ihren Schmerzen?

Alle Gespräche werden anhand eines Fragekataloges geführt (s. Anhang A1 im elektronischen Zusatzmaterial). Die Dokumentation erfolgt sowohl anhand von Gesprächsnotizen als auch mithilfe eines Gedächtnisprotokolls. Für beide Befragungen wird die Auswertung der Gesprächsnotizen und der Gedächtnisprotokolle in gesammelter Form erarbeitet.

Aus den Interviews ergibt sich, dass die mündliche Beschreibung und die körperliche Untersuchung eine entscheidende Rolle in der Behandelnden-Patient*innenkommunikation und entsprechend im Verhältnis zwischen beiden spielt. Das ärztliche Gespräch lässt sich auch als zentrale Interaktionsform der Medizin auffassen, deren Stellenwert innerhalb der letzten Jahrzehnte noch weiter an Bedeutung gewonnen hat [207]. Die Ausgestaltung des Gesprächs verläuft strukturiert[6], fällt aber je nach den Bedürfnissen der Patient*innen sehr unterschiedlich aus: Entscheidend ist hier der Aufbau einer vertrauensvollen Beziehung und eines Verständnisses für die jeweilige Lebensrealität der Patient*innen. Eine Erhebung der Schmerzintensität innerhalb der Sprechstunde anhand der numerischen Ratingscale (s. Abschnitt 2.1.6.1) ist als Standard zu erachten [186]. Fragebögen zur Schmerzerfassung kommen in den Sprechstunden

---

[5] Es werden Personen aus dem näheren sozialen Umfeld des PhD-Forschenden rekrutiert. Als Einschlusskriterien sind definiert: a) regelmäßige Interaktion mit an Schmerzen leidenden Patient*innen b) die Verfügbarkeit für das Interview im Zeitraum von drei Monaten und c) die mündlich formulierte Bereitschaft zur Teilnahme an der Studie. Insgesamt konnten zwei Personen einbezogen werden. Die befragten Behandler*innen waren: Ein Internist, welcher in einer Hausarztpraxis arbeitet, sowie ein Anästhesist mit Arbeitsschwerpunkt Schmerzmedizin, tätig in einem Krankenhaus.

[6] Es lässt sich folgendes Schema bzw. folgender Durchlauf der fünf Komponenten als Standardprocedere bezeichnen: 1. Gesprächseröffnung, 2. Beschwerdeexploration, 3. Diagnosestellung, 4. Therapieplanung, 5. Beendigung und Verabschiedung [207].

selbst selten zum Einsatz. Wenn, dann werden sie als Teil einer Erstanamnese eingesetzt, beziehungsweise vor oder nach der Sprechstunde den Patient*innen vorgelegt. Insgesamt steht die Einordnung des persönlichen Empfindens der Patient*innen zu medizinischen Kriterien im Vordergrund, wobei die befragten Behandelnden durch „Präzisierungsfragen" [207] bestimmte Aspekte hervorheben (beispielsweise die zeitliche Dauer und der Kontext, in denen die Schmerzen auftreten, etc.). Die befragten Behandler*innen betonen jeweils, dass innerhalb ihrer jeweiligen Tätigkeitsfelder (private Hausarztpraxis, Schmerztherapie) die Kapazitäten fehlen, um genauer auf die persönlichen Erfahrungen und Lebenswelten der Patient*innen einzugehen. In der Regel sei die Zeit für Sprechstunden knapp bemessen: Daher liege die Konzentration auf einem spezifischen Vorstellungsgrund und sei somit stark ‚ergebnisorientiert' im Sinne einer eineindeutigen Diagnostik und Therapieverordnung [47]. Dies sei durchaus bedauerlich: Der Aufbau einer vertrauensvollen Beziehung wird erschwert und unter Umständen könnten sogar wichtige Informationsdetails für die Ausgestaltung der Therapie unberücksichtigt bleiben. Denn auch das Gespräch zeigt potentiell therapeutische Wirksamkeit[7]. Speziell bei chronischen Schmerzen besteht häufig ein Teufelskreis aus sozialem Rückzug auf Grund der Schmerzen mit der Folge einer noch stärkeren Konzentration auf die Schmerzen, was dann wiederum zu einem weiteren Rückzug führt [vgl. 17]. Somit hat die Organisation um die Therapie herum' und die generelle Aufmerksamkeit, welche die Patient*innen erfahren, häufig bereits schmerzlindernde Wirkung, so dass im Prinzip der gesamte Klinikapparat eine psychotherapeutische Funktion übernimmt. Dieser Zusammenhang zeigt sich darin, dass Patient*innen im Kontext des Klinikbesuchs die Erfahrung machen, ihre Schmerzen nicht erdulden zu müssen. Es wird ihnen klar, dass es durchaus Möglichkeiten der Therapie gibt. So werden die Patient*innen darin unterstützt, aus einer passiven, reaktiven Rolle in Bezug auf ihre Schmerzen in eine „mündige" Position zu gelangen [71].

---

[7] Schon in der Antike betonte Antiphon von Athen die Bedeutung des ärztlichen Gesprächs auf Grund der ‚Heilkraft von Worten'. Sigmund Freud bezeichnete das ärztliche Gespräch auch als „talking cure". In den 60er Jahren wurden an der Psychotherapeutischen Schule von Palo Alto umfangreiche Forschungen zur medizinischen Bedeutung ärztlicher Gespräche durchgeführt [207].

4.1.1.3 Schmerzbeschreibungen in einem Onlineforum für Schmerzpatient*innen

Eine weitere Studie als Grundlage zur Ermittlung von Entwurfskriterien wird in Form einer explorativen Untersuchung eines einschlägigen Online-Selbsthilfeforums[8] für an Schmerzen leidende Personen durchgeführt. Dazu werden die Beiträge von Forennutzer*innen der Plattform *Omneda*[9] [209] primär innerhalb des Krankheitsgebietes *Chronische Schmerzen* berücksichtigt, welches das am zweithäufigsten frequentierte Krankheitsgebiet darstellt[10]. Innerhalb der Krankheitsgebiete *Chronische Schmerzen, Migräne & Kopfschmerzen*, sowie *Orthopädie & Rückenschmerzen* werden jeweils die letzten zwanzig Beiträge gelesen. Dabei wird die Schilderung der Schmerzerfahrung schriftlich dokumentiert, indem festgehalten wird, wie die Nutzer*innen die Schmerzen im Forum beschreiben: mit welchen Worten, sprachlichen Bildern usw.

4.1.1.4 Ergebnisse der Untersuchung: Schmerzbeschreibungen anhand Metaphern

Schmerzen werden in Onlineforen häufig unter Zuhilfenahme von sprachlichen Metaphern beschrieben (s. Anhang A2 im elektronischen Zusatzmaterial). Nach

---

[8] Es exsistieren mehrere deutschsprachige Foren, unter denen die größten das Deutsche Medizin Forum, das Forum med1, das Forum von DocInsider und das Forum der Website von Onmeda sind [33]. Onlineforen bieten den Nutzer*innen die Möglichkeit, sich anonym und unkompliziert über ihre Krankheitserfahrungen sowie über Empfehlungen für Behandlungen oder Therapeut*innen auszutauschen. So haben die Foren für die Nutzer*innen eine doppelte Funktion: Zum einen fungieren sie als Möglichkeit des Zusammenkommens und Verstandenwerdens, zum anderen auch als Möglichkeit, praktische Tipps im Umgang mit der Erkrankung zu erhalten – beides von Personen, die gleiche oder ähnliche Erfahrungen gemacht haben.

[9] Die Webseite ist werbefinanziert und gehört zur Funke Digital GmbH Berlin, einer Tochterfirma der Funke Mediengruppe [210]. Das Forum organisiert sich in elf Oberthemen, die sich in Subbereiche und schließlich in einzelne Themen gliedern, innerhalb derer sich die Themen mit den einzelnen Beiträgen befinden. Ein Account ist kostenlos, die meisten Nutzer*innen treten dort unter Pseudonymen auf. Um die Beiträge lesen zu können ist kein Account nötig, so dass der Zugang ohne größeren Aufwand möglich ist. Untersucht wurden Beiträge, in denen Nutzer*innen von ihren Schmerzerfahrungen berichten und den Krankheits- bzw. Behandlungsweg darlegen. Dazu werden innerhalb des Oberthemas *Krankheitsgebiete* die Unterthemen *Chronische Schmerzen, Migräne & Kopfschmerzen*, sowie *Orthopädie & Rückenschmerzen* berücksichtigt. Innerhalb dieser Themen werden wiederum Themen ausgewählt, welche vom Titel her auf eine mögliche Schilderung der Schmerzen in den Beiträgen hinweisen. Die Untersuchung wird online durchgeführt im Zeitraum zwischen Oktober und November 2020.

[10] 16.252 Beiträge. Das am häufigsten frequentierte Forum ist dasjenige zum Thema Augenheilkunde mit 36.618 Beiträgen. Stand 5. Mai 2022.

Kütemeyer lassen sich anhand der Wahl der Metaphern Rückschlüsse darauf ziehen, ob der Schmerz primär psychogenen oder somatischen Ursprungs ist[11]. Psychogener Schmerz wird häufig aus einer Außenperspektive, als eine materielle Einwirkung auf den Körper bzw. als dessen Bearbeitung beschrieben – somatische Schmerzen werden häufig nüchterner ausgedrückt und beispielsweise als ,brennend' bezeichnet. [160]. In den vorgefundenen Beispielen lässt sich beides wiederfinden. So werden Körper vereinzelt aus einer Außenperspektive betrachtet und Schmerzen als etwas, was ihnen ,zugefügt' wird. Beispielsweise tritt in der Beschreibung eines Fußschmerzes szenisch ein Akteur (,jemand') auf, welcher den Körper des Betroffenen ,bearbeitet'[12]. In den Beschreibungen wird auch eine affektive Dimension der Schmerzerfahrung deutlich, welche von verschiedenen Nutzer*innen beispielsweise als ein ,die Schmerzen begleitendes Panikgefühl' benannt wird. In der Regel sind die Schmerzbeschreibungen zeitlich, räumlich und durch weitere Faktoren kontextualisiert. So wird beispielsweise der Einfluss der Körperhaltung und der Bewegung auf das Schmerzerleben erläutert. Die Schmerzbeschreibungen der Betroffenen sind meist in Beiträge zur Suche nach den Gründen und einer möglichen Therapie eingebettet. Dabei werden in vielen Beiträgen auch Schwierigkeiten der adäquaten Mitteilung des Schmerzerlebnisses gegenüber den Behandler*innen beschrieben. Nach Ehlich [84] ist dieses Phänomen nicht nur auf fehlende individuelle sprachliche Fähigkeiten zurückzuführen, sondern es ergibt sich auch aus der Struktur der zur Mitteilung genutzten Sprache.

4.1.2   Entwicklung von Entwurfskriterien

Berücksichtigt man die verschiedenen Dimensionen einer individuellen Schmerzerfahrung, so unterliegt das, was als Schmerzerfahrung erlebt wird, einer Vielzahl von Faktoren. Eine Schmerzerfahrung wird von spezifischen physiologischen Voraussetzungen, kulturellen Kontexten und persönlichen Vorerfahrungen bestimmt [11]. Obwohl die Komplexität physiologischer und psychologischer Faktoren in der Schmerzerfahrung bekannt ist, dominieren in der Medizin außerhalb spezialisierter Felder, zu denen die chronische Schmerztherapie gehört, mechanistisch-empiristische Perspektiven auf Schmerzen und entsprechende Formen der Erfassung (s. Abschnitt 2.1.7). Aus den oben beschriebenen Studien

---

[11] Psychogener Schmerz bedeutet, dass dieser affektiv/seelisch bedingt ist – beispielsweise als Folge eines Traumas. Sensorischer Schmerz hingegen ist akut, episodisch und klingt nach einer gewissen Zeit ab (s. Abschnitt 2.1.1).

[12] „Es fühlt sich an, als würde jemand mit Gewalt die Haut auseinanderreißen" (Omneda Nutzer*in ,LaMeiss').

wird die immense Herausforderung, die in der Artikulation von Schmerzen liegt, sowohl aus der Perspektive der Betroffenen, als auch der Behandler*innen, ersichtlich. Bei der Artikulation von Schmerzen spielt eine Vielzahl von Faktoren zusammen: Angenommene und tatsächliche Ursachen (somatisch, psychogen), erlernte sprachliche Metaphern, Kreativität des Ausdrucks, Gestaltung und Einflussnahme in der Gesprächssituation (Zeit, Struktur, Präzisierungsfragen) und vor allem Begrenzungen durch die Eigenschaften und die Struktur der Sprache selbst, bzw. durch das gewählte Erfassungsinstrument.

Klar ist: Eine universelle Schmerzsprache ohne Begrenzungen ist nicht möglich. Kommunikation ist auf die Vereinheitlichung von Information angewiesen. Es muss eine Einigung auf einen bestimmten Signifikanten erfolgen, um die individuellen Welterschließungen zwischen der schmerzartikulierenden Person und den adressierten Empfänger*innen zu synchronisieren [vgl. 171]. Der Bedarf nach Codierung unterbindet einen ‚ungefilterten' Ausdruck der Erfahrung. Um die gesammelten Ergebnisse für einen medizinischen Einsatz nutzbar zu machen, braucht es folglich eine gewisse Standardisierung (Begrenzung), bzw. Parametrisierung des Ausdrucks, um zur Vermittlung zwischen Betroffenen und Behandelnden nutzbringend einsetzbar zu sein.

Welche Rückschlüsse lassen sich aus der Literaturrecherche, den Befragungen und der Analyse der Onlineforen ziehen hinsichtlich möglicher ‚Eigenschaften' einer ‚Sprache der Schmerzen'? Um das Potential des Designs zu nutzen, die Wahrnehmung des Patienten „zum Guten zu verändern" [195], braucht es Kriterien dafür, welche Aspekte eine effektive Verbesserung für die Patient*innen bedeuten. An erster Stelle wäre das Phänomen der Schmerzchronifizierung und die Einstellung der Patient*innen gegenüber ihren Schmerzen heranzuziehen. Wie in Abschnitt 2.1 beschrieben und in den Gesprächen sowohl mit Behandler*innen als auch mit Betroffenen bestätigt, spielt die Einstellung der Patient*innen gegenüber ihren Schmerzen eine erhebliche Rolle in Bezug auf die erlebte Einschränkung der Lebensqualität – die Lebensqualität zu modellieren stellt sogar das zentrale Therapieziel der chronischen Schmerztherapie dar. Die naheliegende visuelle und interaktive Umsetzung wäre daher:

a) die Schmerzen zum einen in einer beweglichen Form zu visualisieren (Kriterium 1) und b) die Visualisierung selbst modellierbar zu machen (Kriterium 2). Aus der Möglichkeit, auf die Schmerzvisualisierung Einfluss zu nehmen, resultiert, dass Schmerzen in ihrer Erfassung als veränderlich erlebt werden können. Auch bedeutet die Erfassung mittels Modellierung, dass eine tendenzielle Rollenverschiebung zwischen der abfragenden Autorität (Behandler*in oder Erfassungsinstrument) und den Nutzer*innen geschieht. Die Erfahrung wird dann nicht mehr ‚abgefragt', sondern selbstständig artikuliert. Um diesen Effekt weiter zu unterstreichen wird a) die Artikulation nicht weiter übersetzt (beispielsweise in eine Verlaufsgrafik[13]), sondern die eigenständig modellierte Darstellung stellt selbst das Ergebnis der Erfassung dar (Kriterium 3); b) die Erfassung selbst, bzw. ihre Visualisierung, ist frei von einer quantifizierenden Wertung durch das System – die Bedeutung (in Bezug auf „besser"/„schlechter") wird durch die Nutzer*innen selbst festgelegt (Kriterium 4).

Verschiedene Schmerzmodelle der Medizin bilden unterschiedliche Auffassungen des Verhältnisses von Körper, Geist und Schmerzerfahrung ab (s. Abschnitt 2.1.2). Die moderne Schmerzmedizin verfolgt auf der Grundlage physiologischer Untersuchungen und der Beobachtung von Therapieerfolgen eine integrative Perspektive. Sie fasst Schmerzerfahrung immer gleichermaßen als physisch und psychisch, als ein sowohl im peripheren wie auch im zentralen Nervensystem verortetes Phänomen auf. Eine körperlich-geistige Integration der Schmerzerfahrung wird auch in den Gesprächen mit Betroffenen, sowie vor allem in den Schmerzdarstellungen des analysierten Onlineforums deutlich. Die Schmerzerfahrung wird weder isoliert vom Körper noch sauber getrennt in Bezug auf Intensität und Qualität geschildert[14]. Für die interaktiv-visuelle Übersetzung ergeben sich folglich die Notwendigkeiten: a) die Erfassung mehrdimensional, vielschichtig und in Bezug auf den Körper umzusetzen (Kriterium 5), sowie b) eine integrierte Erfassung von Aspekten wie Intensität und Qualität anzustreben (Kriterium 6).

Bildliche und sprachliche Metaphern erleichtern den Ausdruck einer Schmerzerfahrung (Kriterium 7). Das kann in den Schmerzbeschreibungen von Betroffenen in Gesprächen und in Onlineforen beobachtet werden (s. Abschnitt 4.1.1.3) und ist auch in der Literatur beschrieben worden [58, 82]. Um weiterhin den Ansatz der Modellierung zu berücksichtigen, braucht es modellierbare ‚Schmerzbild-Metaphern', welche entsprechend der eigenen Schmerzerfahrung angepasst werden (Kriterium 8).

---

[13] Dies ist in aktuellen Schmerzerfassungsanwendungen die Regel – Schmerzen werden anhand von Zahlen und Grafiken visualisiert [50].

[14] Aktuell ist dies sowohl bei klinischen Erfassungsinstrumenten, als auch in digitalen Gesundheitsanwendungen mit Funktionen der Schmerzerfassung der Fall (s. Abschnitt 2.4).

4.1.2.1 Entwicklungsvorgang des ikonographischen Umsetzungsmodus der Kriterien für eine visuell-haptische Schmerzerfassung

Um von der theoretisch-textuellen Form der Kriterien zu einem visuellen Modus zu gelangen, werden die Kriterien ikonographisch übersetzt. Dazu wird frei assoziativ für die unterschiedlichen Kriterien jeweils eine grafische Repräsentation erstellt: In einem ersten Schritt werden händische Skizzen angefertigt und Iterationen gezeichnet, wobei unterschiedliche Umsetzungen (abstrakt, konkret, detailreich, schlicht) getestet werden. Die Auswahl wird anhand der Umsetzbarkeit und der empfundenen Passung der Grafik zum Kriterium getroffen und durch das Grafikprogramm ‚Adobe Illustrator‘ umgesetzt. Die Grafiken und Kriterien werden abschließend in einer Tabelle zusammengefasst (s. Tabelle 4.1). Sie dienen als ‚Leitplanken‘ für die weitere Konkretisierung des haptisch-visuellen Schmerzerfassungssystems.

Tabelle 4.1 Gesammelte Kriterien als ‚Leitplanken‘ für die Konkretisierung des haptisch-visuellen Schmerzerfassungssystems

Graphisch	Beschreibung
	Kriterium 1: Abbildung von Körperinformationen nur in Bewegung. Vermittlung von Wandel und Veränderbarkeit.
	Kriterium 2: Ermächtigung der Nutzer*innen durch Aktions-Reflexions-Mechanik. Fluide und modellierbare Parameter statt statische Auswahl.
	Kriterium 3: Beziehung zwischen erfasster Artikulation und Form der Darstellung nachvollziehbar halten.
	Kriterium 4: Vermeidung von wertungsimplizierter Ikonografie und Notationslogik. Subjektive Bewertung durch individuelle Bedeutungserzeugung.

(Fortsetzung)

Tabelle 4.1 (Fortsetzung)

Graphisch	Beschreibung
	Kriterium 5: Erfahrung in ihrer Vielschichtigkeit und in Bezug auf den Körper erfassen.
	Kriterium 6: Zusammenlegung von Intensität und Qualität – beides ist in der Wahrnehmung der Betroffenen nicht trennbar.
	Kriterium 7: Organische[15] und bildhafte Erhebung und Darstellung von Körperdaten. ‚Wahrnehmungsnähe' herstellen – Bild statt Zeichen.
	Kriterium 8: Radikale Subjektivität des Schmerzes: Approximation anhand von Bildmetaphern.

4.1.3   Umsetzung von Entwurfskriterien in eine Konzeptstudie

Wird die Erstellung einer Schmerzartikulation mittels einer haptisch-visuellen digitalen Schnittstelle als kreativer Akt verstanden (s. Abschnitt 3.1), dann weist sie im Sinne Max Benses folgende Besonderheit auf: Es ist ein „Vermittlungsschema zwischen Schöpfer und Werk, bestehend aus Programm und Programmiersprache" [31] im Einsatz, welches zu einer „Arbeitsteilung im ästhetischen Prozess" führt [31]. Um die Gestaltung dieses Vermittlungsschemas geht es im vorliegenden Kapitel. Nach der Erarbeitung der Zielstellung und der Kriterien einer haptisch-visuellen Schmerzerfassung (s. Abschnitt 4.2.1.1) wird im Folgenden die Umsetzung des Ansatzes in eine Konzeptstudie beschrieben. Konkret wird untersucht, wie eine parametrische Schmerzartikulation ‚funktionieren' kann – d. h. wie sich a) unterschiedliche Dimensionen von Schmerzen grafisch-visuell abbilden lassen, b) welche Aspekte der Visualisierung modellierbar sind

---

[15] Der Begriff ‚organisch' leitet sich aus dem lateinischen organicus (dt. ‚wirksam' bzw. ‚als Werkzeug dienend') ab. In dieser Arbeit soll ‚organisch' als visuell-metaphorischer Gegenpol zu ‚geometrisch' verstanden werden. Der Begriff knüpft damit grob an die Bedeutungsauffassung der ‚organischen Architektur' an [vgl. 158].

und c) wie die Steuerung der Modellierung umgesetzt wird. Ziel der Konzeptstudie ist demzufolge die Konzeption eines Schmerzerfassungssystems, welches
es ermöglicht, unterschiedliche Intensitäten und Qualitäten von Schmerzen durch
Parameter-Modulationen zu artikulieren und diese in einer fluiden und wandelba-
ren Form abzubilden. In der Interaktion sollen alle Parameter kombinierbar sein,
d. h. kontinuierlich ineinander übergehen. Dazu wird eine Reihe von assoziativen
Designstudien unter dem Aspekt ihrer semiotischen und semantischen Eigenschaften zur Schmerzabbildung durchgeführt. Untersucht werden dabei sowohl
das Figur-Grund-Verhältnis, als auch verschiedene Darstellungsformen. Auf deren
Grundlage wird ein exemplarischer Formenkatalog zu verschiedenen Schmerzformen erarbeitet, anschließend in Parameter übersetzt und als Notationssystem[16]
konzeptuell ausgearbeitet.

4.1.3.1 Untersuchungen zur grafisch-visuellen Schmerznotation[17]

Die Entwicklung von Notations- und Symbolsystemen ist eine typische Fragestellung innerhalb des Kommunikationsdesigns. Die Isotype von Otto Neurath
[199] oder das Symbolsystem von Otl Aicher für die Olympiade 1972 [229]
sind als Klassiker der Medienmoderne aufzufassen. Wie beim Alphabet mit
geschriebenen Texten oder bei Notenblättern sollen dabei Signifikate möglichst
eineindeutig einem Signifikanten zugeordnet werden können [253]. Wie in der
ersten Studie zur Kriterienentwicklung erarbeitet wurde, besteht das Ziel einer
persönlichen Schmerzkommunikation nicht in der Repräsentation eines vor-
kommenden Schmerzes, sondern in dessen Ausdruck. In der Folge sollte das
Schmerzerfassungssystem nicht eine eindeutige Zuordenbarkeit leisten, sondern
durch eine gewisse Ambiguität sollte die Bedeutungserzeugung des Symbols in
der Interaktion durch die Nutzer*innen geschehen [vgl. 50]. Dazu braucht es
Symbolsysteme, die zumindest ein Stück weit offen sind, ähnlich wie sie in der

---

[16] Als Notationssystem wird ein System bezeichnet, in welchem durch Symbole Dinge oder
Verläufe visuell festgehalten werden. Notationssysteme für Musik beinhalten beispielsweise
die Tonhöhe, die Dauer des Tons und weitere Charakteristika, wie Stärke etc. [299].

[17] Die folgenden Untersuchungen orientieren sich hinsichtlich ihrer Darstellbarkeit und
Erfassbarkeit an den technischen Bedingungen herkömmlicher graphischer
Nutzer*innenoberflächen. Die Antizipation der medialen Vermittlung (und Vermittelbarkeit)
spielt entsprechend eine wesentliche, aber nicht weiter ausgeführte Rolle.

Musik oder der Performance genutzt werden[18]. Diesem Ansatz folgend werden zu Beginn Skizzen von imaginären Schmerzverläufen[19] erstellt, wobei im Sinne von Donald Schön eine „Reflexion in Aktion" [256] stattfindet. Es wird also ‚frei' gezeichnet und gleichzeitig zur die Bedeutung der Zeichnung im Zusammenhang von Schmerzabbildungen assoziiert. Durch die gleichzeitige Berücksichtigung der zeitlichen Komponente und der Semantik einzelner Figurenteile in Bezug auf die Schmerzerfahrung werden durch dieses Vorgehen als Beiwerk in der Reflexion mögliche Notationslogiken und Parameter[20] der Schmerzerfassung ‚generiert' (vgl. Abb. 4.1 und 4.2).

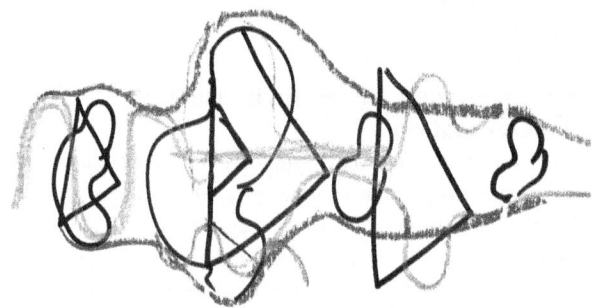

Abbildung 4.1 Durch assoziative Skizzen zu Schmerzverläufen werden mögliche Schmerzparameter generiert

---

[18] Als interessantes Beispiel lässt sich hier das Kompendium von John Cages „Notations" nennen [54]. Es wurde von Sauer in „Notation 21" aufgenommen und mit rezenten Künstler*innen weitergeführt [252]. Vgl. auch die neuere Zusammenstellung von Amelunxen et al. „Notations" [7].

[19] Diese Schmerzverläufe orientieren sich sowohl an den Befragungen der Betroffenen, als auch an den Schmerzbeschreibungen in einem Onlineforum (s. Abschnitt 4.1.1.2 und 4.1.1.4).

[20] Es wurden folgende Parameter abgeleitet bzw. typologisiert: **Objektparameter:** Größe, Farbe, Kontur. **Formparameter:** rund, zackig, geschlossen, zergliedert, flach, hoch, tief. **Verhältnisparameter:** Menge, Dichte, Anzahl, Distanz, Rhythmus, Reihenfolge.

Insgesamt werden ca. dreißig Skizzen erstellt, wobei verschiedene Papiergrößen (von DIN A4 bis hin zur 80 cm breiten Rolle) und Stifte (Filzstifte, Wachsmalkreiden, Buntstifte) verwendet werden, um durch ästhetische Varianz die Assoziationsaffordanz zu erhöhen und eine Vielzahl an möglichen Notationslogiken und Parametervarianten zu generieren. Die gesammelten Entwürfe (Schmerzverläufe und abgeleitete Parameter) werden hinsichtlich ihres Umsetzungspotentiales[21] selektiert, typisiert und im Anschluss in Bezug auf ihr a) Figur-Grund-Verhältnis und b) auf die Form des Schmerzes weiter ausgearbeitet (s. Abschnitt 4.1.3.2 und 4.1.3.3).

4.1.3.2 Semantisch-assoziative Studien zum Figur-Grund-Verhältnis

Die anschließende Ausarbeitung der ‚freien' händischen Skizzen zum Schmerzverlauf folgt dem Konzept des *genuinen Ikons* nach Pierce [216], indem die im Kriterienkatalog formulierten gewünschten Eigenschaften der Schmerzdarstellung als Eigenschaften der grafisch-visuellen Umsetzung adaptiert werden. Dabei wird die Schmerznotation als das Erzeugen von Spuren „denotiert" [110].

Wie eine Zeichnung im Sand stellen in den Entwürfen Schmerzen in Körperbereichen Spuren her, welche sich aber nach und nach auflösen: Die Notation ist also nicht unumkehrbar wie beispielsweise bei der Auswahl einer Zahl zur Schmerzstärke. Diese Assoziation berücksichtigt demnach vor allem das Kriterium 1 (s. Abschnitt 4.2.1.1), indem eine prozessuale Komponente in die Schmerznotation integriert wird. Für eine visuelle Übersetzung werden verschiedene Rastertypen generiert und diskutiert (s. Tabelle 4.2).

---

[21] Das Umsetzungspotenzial bezieht sich zum einen auf die technische Umsetzbarkeit (mediale Vermittelbarkeit), zum anderen auf die antizipierte agentielle Wirkung (formulierte Entwurfskriterien) (s. Abschnitt 4.2.1.1).

Tabelle 4.2   Varianten zum Figur-Grund-Verhältnis der Schmerznotation

1. Punkteraster

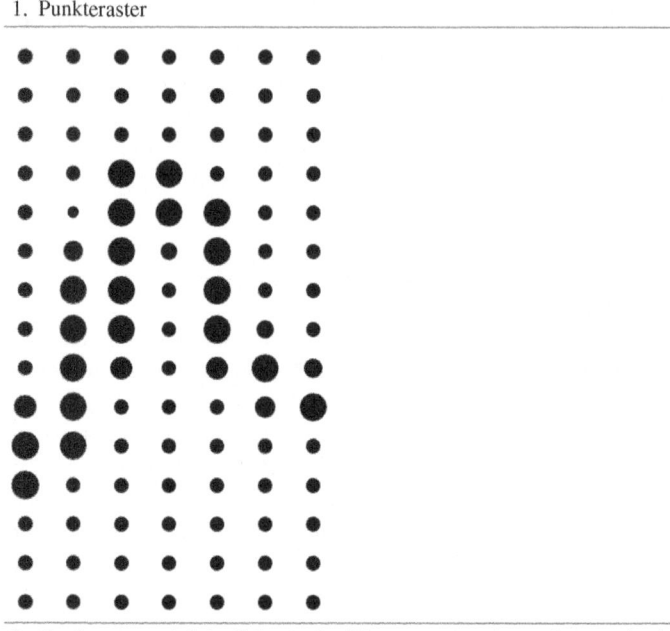

Im Punkteraster wird der Schmerz im Körper repräsentiert und es werden beispielhaft bestimmte Bereiche durch Vergrößerung markiert. Diese Amplifizierung stellt ein Bild dar, in welchem Schmerzen nicht als absolutes, vom Körper getrenntes Phänomen verhandelt werden. Vielmehr heben Schmerzen einen Teil des Körpers hervor und ziehen eine verstärkte, eben schmerzhafte Wahrnehmung dieses Körperteils nach sich. Anhand verschiedener Formen der Vergrößerung, die sich durch unterschiedliche Formen der Verzerrung darstellen, wird die Intensität des empfundenen Schmerzes mit indiziert.

(Fortsetzung)

Tabelle 4.2 (Fortsetzung)

2. Schmerzstärke als Linien

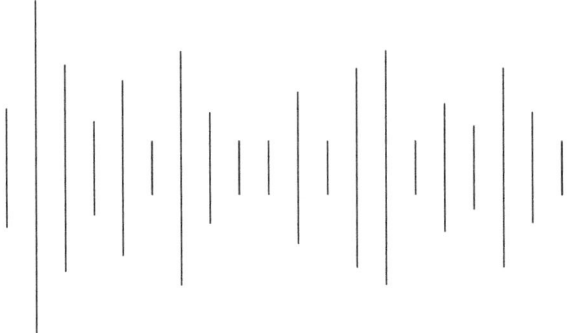

Hier werden Aspekte wie die Ausstrahlung des Schmerzes und die Beeinflussung der benachbarten Körperareale visuell versinnbildlicht. Der Schmerz entsteht in einer vorhandenen Ordnung und treibt diese auseinander. Die Intensität des Schmerzes ist dabei relativ auf die Gesamtfigur bezogen – wie intensiv er ist, wird in der Stärke der Verzerrung und somit als Störung angezeigt. Die Ausgangslage, also die Parallelität der Linien, ist jedoch nachvollziehbar – die Schmerzen können in dieser Logik auch immer wieder zurückgehen oder vielleicht sogar ganz verschwinden. So wird die Idee einer Fluidität und Wandelbarkeit deutlich.

3. Linien und Punkte

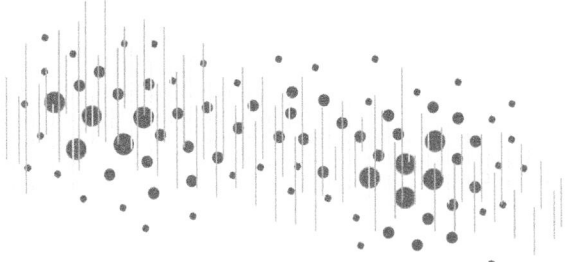

Die Kombination aus Linienraster und einzelnen Punkten stellt einen abstrahierten Körper oder ein Körperteil als Grund dar, auf dem die Schmerzpunkte eingezeichnet werden. Durch die chaotische Anordnung der Linien wird ein organischer und wandelbarer Körper gezeichnet. Die Schmerzpunkte repräsentieren Schmerzzentren und deren Ausstrahlung, wobei sowohl durch die Größe als auch die Konzentration eine Schmerzintensität abgebildet werden kann. Die durch die Einzelpunkte gebildeten Formen können unterschiedliche Schmerzcharakteristika vermitteln.

4.1.3.3 Assoziative Studien zur Schmerzform

Aufbauend auf den freien und assoziativen Skizzen zu Schmerzverläufen (s. Abschnitt 4.1.3.2) werden Entwurfsstudien zur Schmerzform bzw. Schmerzdarstellung durchgeführt. Ziel ist es, eine möglichst hohe Varianz zu erzeugen, um aus der so generierten ,Schmerzdarstellungsheuristik' Ansätze zu explorieren, welche a) die ermittelten Kriterien des Schmerzerfassungssystems erfüllen und die sich b) technisch-medial umsetzen lassen. Dazu werden frei assoziative ,Schmerzskulpuren' in unterschiedlichen Techniken entworfen (Tabelle 4.3)[22].

Tabelle 4.3 ,Schmerzskulpturen': Assoziative Studien zu Schmerzformen

---

1. Fläche

In der simpelsten Umsetzung kann der Formansatz durch eine Fläche realisiert werden. Eine solche Form kann durch ihren Umriss eine Vielzahl an Charakteristika vermitteln. Andererseits ist sie allerdings auch in gewisser Hinsicht, vor allem auf Grund der Homogenität als starr zu sehen.

(Fortsetzung)

---

[22] Die ,Schmerzskulpturen' orientieren sich an den Befragungen der Betroffenen, sowie an den Schmerzbeschreibungen in einem Onlineforum (s. Abschnitt 4.1.1.2 und 4.1.1.4). Die flächige Darstellung wird mit der Software *Adobe Illustrator* erstellt, die ,Körper' in der Software *Blender* und die ,plastischen Flächen' händisch mit Knetmasse.

Tabelle 4.3 (Fortsetzung)

2. Körper

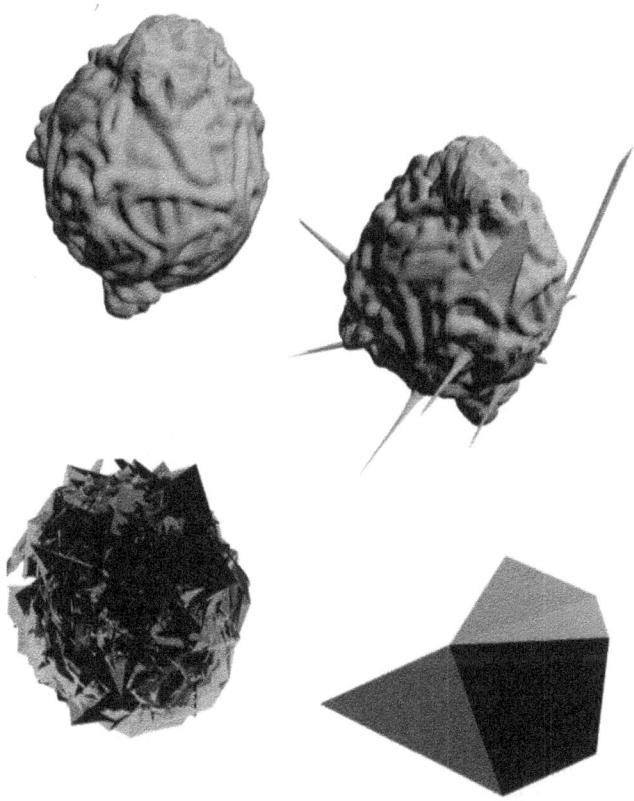

Mit der Software *Blender* werden testweise 3D-Formen modelliert, die unterschiedliche Schmerzcharakteristika aufweisen. Hier lassen sich eine Vielzahl unterschiedlicher Formen und Texturen sowie deren Transformationen nutzen.

(Fortsetzung)

Tabelle 4.3 (Fortsetzung)

3. Plastische Flächen

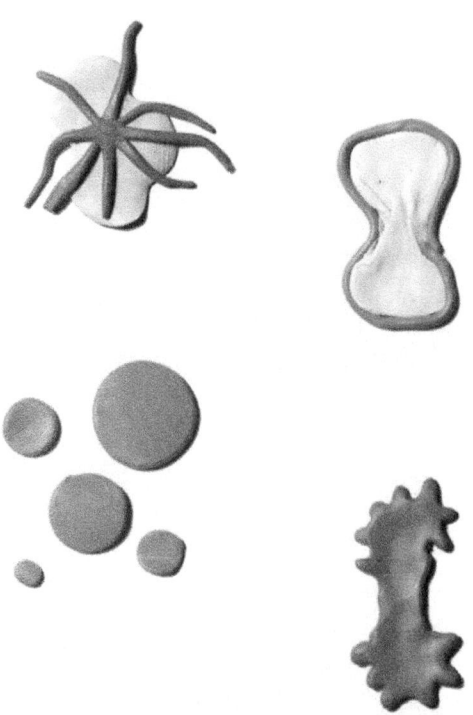

Als dritte Variante wird die Kombination aus Fläche und Körper untersucht. Dazu werden
unterschiedliche Schmerzformen wie Drücken, Stechen usw. assoziativ modelliert. Durch
die händische Erstellung sind die Formen sehr organisch und weisen eine erhöhte
Plastizität auf.

Unter den entwickelten Ansätzen wird derjenige der flächigen Formen weiter
verfolgt. Er ermöglicht es, mit vergleichsweise wenigen Parametern bereits eine
Vielzahl von möglichen Bedeutungen zu transportieren. Runde Formen können
etwa für drückende Schmerzen, eckige und kantige Formen eher für stechende
oder schneidende Schmerzen stehen. Auch hinsichtlich der Parametrisierbarkeit,
bzw. der Anwendung der generierten Parameter (s. Abschnitt 4.1.3.1), stellen sich
die Formen als adäquat dar, ermöglichen sie doch auf Grund einer einheitlichen

Konturlinie eine geometriebasierte Transformation und somit die programmatische Umsetzung der Modulation innerhalb des Schmerzerfassungssystems.

4.1.3.4 Ausarbeitung einer Konzeptstudie zur parametrischen Schmerzerfassung

Die Zielstellung des Projekts besteht in der Entwicklung eines haptischvisuellen Systems zur Schmerzerfassung in digitaler Form – entsprechend besteht auch Bedarf an einer mathematischen, im engeren Sinn geometrischen Beschreibbarkeit der Schmerzdarstellungen. Weiterhin werden auf der Grundlage einer Literaturreche, basierend auf semistrukturierten Interviews und anhand einer Analyse von Schmerzbeschreibungen, Kriterien für die Darstellung und Generierung der Schmerznotation aufgestellt (s. Abschnitt 4.2.1.1). Diese stellen die Anforderungen für die im Folgenden beschriebene Entwicklung einer Konzeptstudie zur haptischvisuellen Schmerzerfassung dar.

Die Herausforderung liegt nun darin, dem verfolgten Ansatz einer *Schmerzmodulation* entsprechend die unterschiedlichen Stadien der Form stufenlos einstellen zu können, statt vordefinierte Repräsentationen zu wählen. Dazu werden im ersten Schritt systematisch ,Schmerzformen' generiert, welche in grundlegende ,Schmerzdimensionen' übersetzt und schließlich zu einem Notationssystem ausgearbeitet werden.

4.1.3.5 Erarbeitung eines Formenkatalogs

Zur Ausarbeitung der Konzeptstudie werden zunächst die zum grafischen Schmerzausdruck einzusetzenden Formen ermittelt. Dazu werden frei assoziative händische Zeichnungen zur Schmerzbeschreibung erstellt. Als erste Vorlage werden die Schmerzbeschreibungen des McGill -Schmerzfragebogens (s. Abschnitt 2.1.6.3) verwendet. Insgesamt werden ca. vierzig händische Skizzen (drei bis vier Skizzen pro Schmerzadjektiv) erstellt, von denen je eine ausgewählt und in einem digitalen Zeichenprogramm (*Adobe Illustrator*[23], s. Abb. 4.2) nachgezeichnet wird.

---

[23] *Adobe Illustrator* ermöglicht ein vektorbasiertes Zeichnen mit verschiedenen Werkzeugen wie Formen, Pinseln oder Zeichenstiften. Aufgrund der Vektorbasiertheit lassen sich Zeichnungen ohne Qualitätsverlust leicht skalieren oder transformieren.

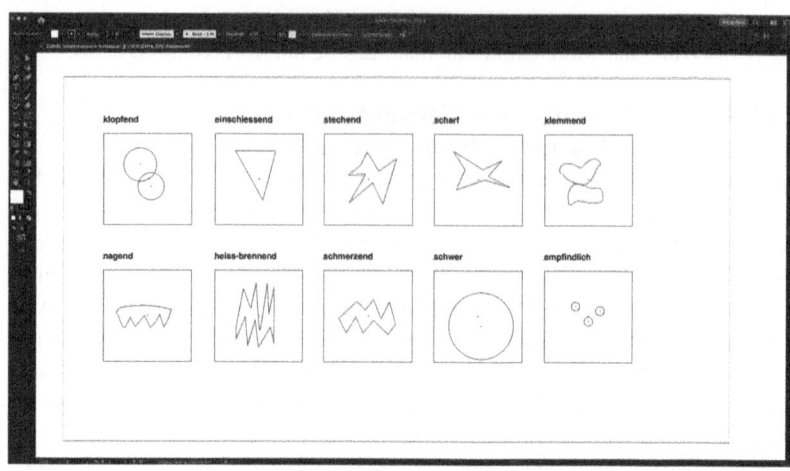

Abbildung 4.2 Übertragung von assoziativen Skizzen zu Schmerzvisualisierungen in ein digitales Zeichenprogramm

Als zweite Vorlage werden die Beschreibungen von Betroffenen genutzt (s. Abschnitt 4.1.1.1), sowie die Schmerzbeschreibungen aus den Onlineforen (s. Abschnitt 4.1.1.3). Die Beschreibungen werden zu einem Satz zusammengeführt, der die sprachliche Vorlage für die assoziative grafische Formentwicklung bildet. Auch für die Beschreibungen werden zunächst händische Skizzen (ca. vier Skizzen pro Beschreibung) erstellt, und anschließend in *Adobe Illustrator* nachgezeichnet (Tabelle 4.4). Dabei fallen die Zeichnungen der persönlichen Schmerzbeschreibungen vergleichsweise komplexer aus, da in ihnen mehrere Schmerzaspekte simultan geschildert werden und entsprechend abgebildet werden müssen.

Durch die ‚Übersetzung‘ der Handskizzen in einen Formenkatalog durch das digitale Zeichenprogramm wird gleichzeitig eine visuelle Vereinheitlichung der Darstellung vorgenommen, indem mit den gleichen Voreinstellungen (Konturlinie, Farbe, Zeichenwerkzeug) gezeichnet wird. Der ‚simple‘ Darstellungsstil der geschlossenen Konturlinie ermöglicht es, Ähnlichkeiten und Systematiken zu identifizieren, auf deren Grundlage sich ein logisch-geschlossenes notationelles System entwickeln lässt, mit dem sich die unterschiedlichen Beschreibungen visuell abbilden und parametrisch modulieren lassen.

Tabelle 4.4 Assoziative Formentwicklung als Grundlage des Formenkatalogs

Graphisch	Beschreibung
	„Pochender, wabernder Schmerz im Handgelenk." (Gespräch mit Betroffenen)
	„Hämmernde, quetschende Kopfschmerzen." (Gespräch mit Betroffenen)
	„Stechende, reißende Unterleibsschmerzen, wie ein Messer im Bauch." (Gespräch mit Betroffenen)
	„Starke, brennende Schmerzen hinter dem Brustbein, die bis an die Wirbelsäule ziehen. Oft habe ich das Gefühl, keine Luft mehr zu bekommen." (Nutzer*in aus Schmerz-Onlineforum)
	„Ich habe fast täglich diesen Druck im Gesicht (frontal vor dem Gesicht). Manchmal auch Druck hinten auf den Oberkiefer." (Nutzer*in aus Schmerz-Onlineforum)
	„immer wieder reißende Schmerzen an den Außenseiten meiner Füße. Es fühlt sich an, als würde jemand mit Gewalt die Haut auseinanderreißen." (Nutzer*in aus Schmerz-Onlineforum)

4.1.3.6 Systematisierung und Transformation von Schmerzformen

In einem nächsten Schritt werden Elemente aus dem vereinheitlichten Formenkatalog (bestehend aus Visualisierungen von a) Schmerzbeschreibungen
von Betroffenen in semistrukturierten Interviews und b) Schmerzbeschreibungen von Nutzer*innen eines Online-Selbsthilfeforums (s. Abschnitt 4.1.1.1 und
4.1.1.3) hinsichtlich grafisch-visueller Ähnlichkeiten untersucht, um grafisch-
visuelle ‚Schmerzdimensionen' abzuleiten. Dazu werden die Visualisierungen
nach bildhaften Ähnlichkeiten in Gruppen typologisiert. Anschließend werden

die Gruppen nach verbindenden Eigenschaften analysiert[24] und die Kategorien als ‚geschlossen' ‚zergliedert', ‚rundlich' ‚spitz' und ‚organisch' identifiziert. Sie werden weiter typologisiert, indem sowohl runde als auch scharfe Spitzen in die Kategorie ‚zergliedert' zusammengefasst werden, die sich nach runden und eckigen Spitzen abstufen. Daraus ergibt sich als weitere Achse und als Gegenpart die Kategorie ‚geschlossen', der sowohl kantige als auch rundliche, kompakte Formen zugeordnet werden. Schließlich werden auch diese abgestuft und die Kategorien als aus zwei Achsen bestehend definiert (s. Tabelle 4.5).

Tabelle 4.5 Schmerzvisualisierungen anhand ermittelter Achsen angeordnet

Assoziative Schmerzformen geordnet

←eckig / rund→

← geschlossen zergliedert→

(Fortsetzung)

---

[24] Die Analyse erfolgt mit Hilfe der in Abschnitt 4.3.2.1 erarbeiteten Parameter anhand der assoziativen Passung der schriftlich formulierten Kriterien zu den erstellten Zeichnungen.

Tabelle 4.5 (Fortsetzung)

Assoziative Schmerzformen geordnet

←eckig / rund→

		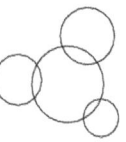

Im weiteren Schritt werden die Zeichnungen einander angeglichen, so dass sie möglichst mit den identischen geometrischen Formen aufgebaut werden können[25]. Als Ausgangspunkt wird der Kreis gewählt, welcher als geschlossene Form Assoziationen der Ruhe und Stabilität weckt, allerdings ohne statisch und unbeweglich zu sein – Eigenschaften, die für eine dynamische Visualisierung des abzubildenden Körperzustands als wichtig erarbeitet wurden (s. Abschnitt 4.2.1.1). Die Zergliederung wird auf der horizontalen Abstufung durch eine Auflösung des geschlossenen Kreises in einer zunehmend kleineren und höheren Anzahl realisiert, die Eckigkeit durch das Herauslösen zunächst von Wellen, dann von Zacken, die den Kreis auf der Vertikalen zu einem feingliedrigen, mehrzackigen Stern transformiert, der sich wiederum in der höchsten Einstellung von ‚eckig' auf der Horizontalen erst zu einem Stern mit wenigen Zacken und schließlich zu einem Stern mit sich verlierenden Zacken auflöst (s. Tabelle 4.6). Die Angleichung erfolgt anhand eines digitalen Zeichenprogramms, welches eine Auswahl geometrischer Grundformen bereithält, die modelliert, kopiert und skaliert werden können. In diesem Sinne stellt die Entwurfsarbeit in der vorliegenden Umgebung bereits eine Annäherung an die Parametrierung dar[26].

---

[25] Dies ist für die zu antizipierende Programmicrung wichtig, um klare Regeln der Zusammenstellung und Wechselwirkung der Paramater definieren zu können.

[26] Was für das in dieser Arbeit entwickelte Schmerzerfassungssystem gilt, gilt auch für die Entwurfssoftware: So hat auch das genutzte Programm *Adobe Illustrator* eine eigene Agentialität, welche auf den Umstand zurückzuführen ist, dass sie programmiert ist, also auf mathematisch beschreibbaren Funktionen beruht. Für die Überführung der händischen und assoziativen Skizzen in ein parametrisches System ist dies als produktiver Vorteil zu erachten – ‚erzwingt' es doch die Schmerzabbildung in eine per se mathematisch beschreibbare Funktion zu überführen.

Tabelle 4.6   Schmerzvisualisierungen vereinheitlicht

Assoziative Schmerzformen vereinheitlicht		
←eckig / rund→		
geschlossen / zergliedert		

In Bezug auf die grafische Darstellung werden als erste Schmerzdimension zwei Parameter verschränkt: ‚zergliedert – geschlossen' und ‚rund – zackig'. Für die Schmerzintensität wird eine weitere Achse – die Größe – ergänzt, sodass analog der Animation ein dreiachsiges Koordinatensystem, bzw. ein dreidimensionaler ‚Schmerzdimensionsraum' entsteht, in welchem sich jeder Punkt von jedem anderen Punkt aus stufenlos erreichen lässt (s. Abb. 4.3). Gemeinsam mit den Animationen, bei denen sich eine Intensität durch Amplitude und Frequenz abbilden lässt, ergeben sich somit insgesamt sechs Achsen, mit denen sich die Schmerzartikulation modellieren lässt.

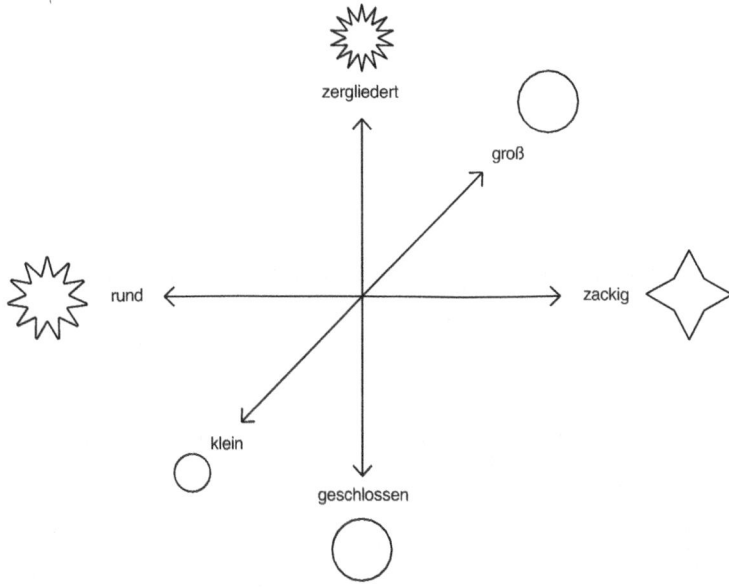

Abbildung 4.3 Systematisierte Schmerzdimensionen in 3-Achsen

Zwar zeigen die Darstellungen eine deutliche Vereinfachung vor allem im Vergleich mit den Visualisierungen der Betroffenen, aber auch mit Verbalisierungen von Personen aus den Onlineforen – allerdings lässt sich in dem System eine große Vielfalt an unterschiedlichen Formen einstellen, die schließlich eine deutlich differenziertere Artikulation ermöglicht als aktuelle Formen der Erhebung der Schmerzqualität anhand einer definierten Anzahl an Schmerzeigenschaftswörtern (s. Abschnitt 2.1.7).

4.1.3.7   Entwicklung von Animationsparametern der Schmerzformen

Um den Aspekt der körpernahen und fluiden Artikulation der Schmerzerfahrung zu unterstreichen, wird weiterhin ein Konzept zur Animation der Schmerzvisualisierungen in den Entwurf integriert. Dazu wird – analog zur Entwicklung des Grafik-Systems – frei assoziativ für die unterschiedlichen Beschreibungen aus dem McGill-Pain-Questionnaire, sowie zu den Beschreibungen von Betroffenen und den Beiträger*innen in Onlineforen, jeweils eine Animation erstellt. Sie wird mit dem Animationsprogramm *Adobe After-Effects*[27] entwickelt, indem ein roter Kreis anhand der unterschiedlichen Beschreibungen animiert wird. Dabei wird die Standardtransformation ‚Skalierung' gewählt und diese in der Key-Frame Ansicht modelliert (s. Abb. 4.4). Es werden unterschiedliche – weiche und harte – Verläufe getestet, sowie verschiedene Amplituden, Abfolgen und Pausenlängen.

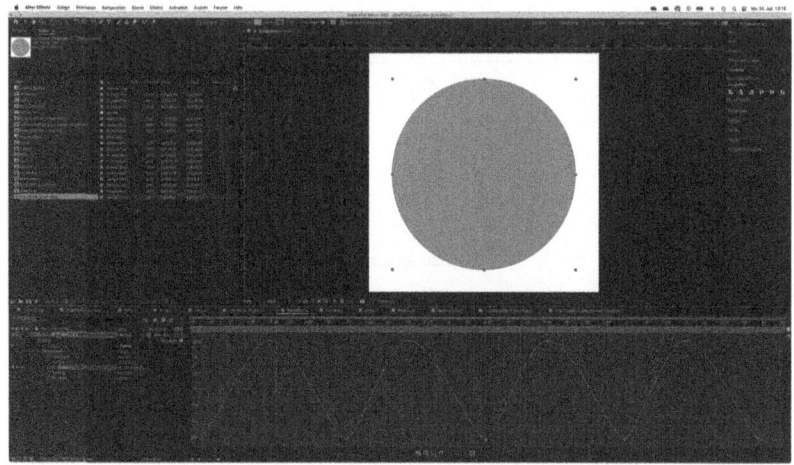

Abbildung 4.4 Entwurf von Schmerzanimationen in *Adobe After Effects*

Für den McGill-Pain-Questionnaire (s. Abschnitt 2.1.6.3) werden die unterschiedlichen Animationen erneut für die qualitativen Schmerzadjektive erstellt und es werden die affektiven Komponenten des Fragebogens ausgelassen. Die Animation der Schmerzbeschreibungen von Betroffenen, mit denen Gespräche zu ihrem Schmerzerleben geführt wurden, wird ebenfalls assoziativ vorgenommen. In diesem Fall können vor allem die beiden dringlichsten Schmerzen, welche auch durchgehend beschrieben werden, adäquat dargestellt werden. Bei den ‚einschießenden Regelschmerzen' wird versucht, durch den Einbau einer Pause zwischen den Krämpfen das plötzliche Aufkommen zu berücksichtigen. Das dritte Set an Animationen wird auf Grundlage der Schmerzbeschreibungen

---

[27] *Adobe After Effects* ermöglicht es, grafische Animationen zu erstellen. Durch die Integration in die *Adobe Creative Suite* lassen sich in von *Adobe Illustrator* erstellte Zeichnungen in *After Effects* überführen und die Animationen in verschiedenen Dateiformaten ausgeben.

von Teilnehmer*innen eines Selbsthilfe-Onlineforums für unter Schmerzen leidende Personen erstellt (Tabelle 4.7). Die gewählten Beispiele weisen ebenfalls sowohl durchgängige Schmerzen (Druck im Gesicht und brennende Schmerzen hinter dem Brustbein), als auch einschießende, plötzlich auftretende Schmerzen (reißende Schmerzen an den Außenseiten der Füße) auf. Dies wird durch einen schnellen Aufbau, gefolgt von einem Pulsieren mit hoher Frequenz aber niedriger Amplitude, und schließlich einem langsamen Abbau, animiert.

Tabelle 4.7 Verschiedene Schmerzarten und Beschreibungen animiert

Assoziative Animationen zu Schmerzarten			
Klopfend	Einschießend	Stechend	Scharf
Klemmend	Nagend	heiss-brennend	Schmerzend
Schwer	Empfindlich		
Hämmernde, quetschende Kopfschmerzen	Pochender, wabernder Schmerz im Handgelenk	Stechende, reißende Unterleibsschmerzen, wie ein Messer im Bauch	
Starke, brennende Schmerzen	Druck im Gesicht. Manchmal auch Druck hinten auf den Ober-kiefer	Es fühlt sich an, als würde jemand mit Gewalt die Haut auseinan-derreißen	

Zur Übernahme in das Notationssystem wird im nächsten Schritt die Systematisierung der Parameter der Animation vorgenommen. Dies erfolgt durch eine Typologisierung der Animationen hinsichtlich ihrer Eigenschaften: Typ A: Durchgehende Animationen; Typ B: Aufbauende Animationen[28] Für die Ermittlung der Schmerzdimensionen hatte diese Entscheidung die Übernahme des Auf-

---

[28] Auch die Typ B-Animationen weisen nach ihrem Aufbau zum Teil ebenfalls eine kurze Sequenz der Pulsation auf.

und Abbaus in das einzustellende Animationsset sowie der Einstellungsmöglichkeit der Pulsation als Parameter zur Folge. Die Pulsation selbst weist drei Unterparameter auf: 1. Höhe der Amplitude 2. Frequenz der Amplitude und 3. Charakter der Amplitude (aufbauend oder abbauend). Für das Notationssystem wird die Pulsation nach dem Aufbau wegrationalisiert, so dass sich ein aufbauender Schmerz nur noch ohne anschließende Pulsation einstellen lässt. Auf diese Weise ergibt sich ein übersichtliches System mit drei Achsen, in welchem sich in der Horizontalen die Einstellung von Frequenz und Pausen zwischen den Pulsationen vornehmen lässt, während sich auf der vertikalen Achse die Höhe der Amplitude und auf der Diagonalen der aufbauende oder abbauende Charakter der Amplitude einstellen lässt (s. Abb. 4.5).

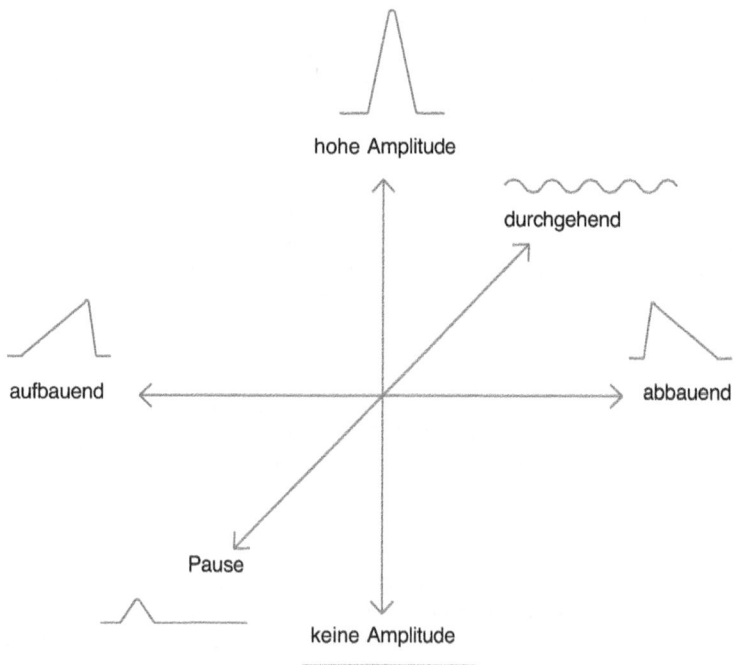

Abbildung 4.5 Systematisierte Animationsparameter in 2-Achsen

4.1.3.8 Ergebnisse der Konzeptstudie

Zur Ausarbeitung und gleichzeitigen Exploration des Zusammenwirkens der erarbeiteten Schmerzdimensionen[29] wird eine Reihe von Schmerzeigenschaftswörtern (aus dem McGill-Pain-Questionnaire) assoziativ umgesetzt. Dazu werden die Beschreibungen und Begriffe (stechend, drückend, klopfend etc.) exemplarisch als kurze Animationen in *Adobe After Effects* aufgebaut. Durch dieses Vorgehen wird a) die Umsetzbarkeit in eine grafische Nutzer*innenoberfläche (UI) geprüft, es werden b) Rückschlüsse auf eine Bedienlogik (UX) abgeleitet und es wird c) die Evaluation der entwickelten Systematik zur Schmerzdarstellung anhand der Entwurfskriterien (s. Abschnitt 4.1.2.1) vorgenommen. Da es sich dabei zunächst um eine grundlegende Machbarkeitsstudie handelt, stellt die Umsetzbarkeit der Animation in den verwendeten Entwurfsprogrammen die Erfüllung der Realisierbarkeit dar. Eine Testung der Interaktion sowie eine Untersuchung der einzelnen Parameter unter Einbezug von Nutzer*innen wird in einer Folgestudie (s. Abschnitt 4.2) vorgenommen.

Zur Umsetzung der Schmerzeigenschaftswörter durch die entwickelte Systematik werden die Formdimensionen und Animationsdimensionen zusammengeführt. Die Animationsparameter beziehen sich dabei global auf die Skalierung der Form insgesamt. Somit ergibt sich eine Systematik zur Schmerzdarstellung mit insgesamt sechs Parametern (drei Animationsparameter und drei Formparameter) auf zwei Ebenen (Formebene und Animationsebene) (s. Abb. 4.6).

Zur Abbildung der Schmerzeigenschaftswörter in der entwickelten Systematik wird zunächst die Form mit *After-Effects* erstellt[30], indem die passende Zackenzahl[31], die Größe[32] und der innere Radius[33] (Zackigkeit) der Form eingestellt wird. Im nächsten Schritt wird die Form animiert, indem über die ‚Skalierungsfunktion‘ der Software eine passende Pulsation modelliert wird. Bei dem Vorgehen werden innerhalb der Ebenen (Form und Animation), aber auch über die Ebenen hinweg iterativ so lange Anpassungen vorgenommen, bis die Darstellung als ‚passend‘ empfunden wird. Dabei erfolgt die Modulation anhand

---

[29] A) Form (s. Abschnitt 4.1.3.5) und b) Animationen (s. Abschnitt 4.1.3.6).

[30] Auf Basis der individuellen Assoziation des PhD-Forschenden.

[31] Die Zahl der Zacken reicht von null Zacken (rund) über drei Zacken (Dreieck) bis hin zu dreizehn Zacken.

[32] Die Größe reicht von einem Punkt bis hin zur ausgefüllten Zeichenfläche.

[33] ‚Zackigkeit‘ wird durch den Abstand des inneren und äußeren Radius definiert. Die Einstellung reicht von Abstand gleich (keine Zacken) bis inneren Radius auf Mittelpunkt (größte Zackigkeit).

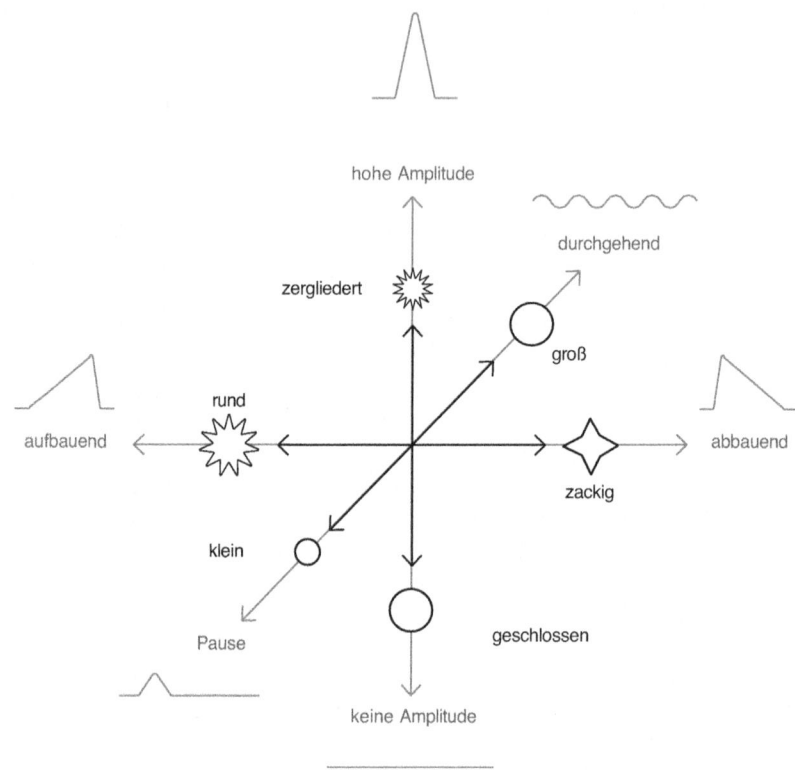

Abbildung 4.6 Notationssystem (Konzeptstudie) mit 6 Achsen auf 2 Ebenen

der definierten Schmerzdimensionen bzw. Parameter. Die gesammelten Darstellungen[34] (Tabelle 4.8) werden anschließend in Bezug auf die entwickelten Entwurfskriterien diskutiert (s. Abschnitt 4.1.4).

---

[34] Da sich die Darstellungen im vorliegenden Dokument nicht animiert zeigen lassen, werden sie im Folgenden als kombinierte Darstellung aus grafischer Schmerzvisualisierung (Schwarz auf Weiß) und einer stilisierten Kurve der Animation (Orange auf Schwarz), wie in Adobe After Effects voreingestellt, abgebildet.

Tabelle 4.8
Visualisierungen von
Schmerzadjektiven des
McGill-Pain-Questionnaires

Assoziative Schmerzformen		
Darstellung	Animation	Schmerz-Adjektiv
◯	/\/\/\	klopfend
✦	———	scharf
✦	/\/\/\	brennend
◯	∧∧∧	empfindlich
✳	∧	einschießend
◯	∿∿	klemmend
✦	∧∧∧	schmerzend
✳	∧	durchtrennend
◇	∿∧	stechend

(Fortsetzung)

Tabelle 4.8 (Fortsetzung)

Assoziative Schmerzformen		
Darstellung	Animation	Schmerz-Adjektiv
		nagend
		schwer

4.1.3.9 Evaluation der Konzeptstudie

Die entwickelte Konzeptstudie stellt eine ‚Schmerzsprache' bereit (s. Abschnitt 4.1), in welcher verschiedene grafische Schmerzdarstellungen durch Modulation von insgesamt sechs Parametern erstellt werden können. Die Form kann auf Basis der geometrischen Gegebenheit des Kreises hinsichtlich seiner Größe, Zackigkeit und Anzahl der Zacken beeinflusst werden. Weitere Darstellungsparameter wie die Farbe, die Stärke der Konturlinie oder auch die Anzahl der Objekte lassen sich in der Konzeptstudie nicht anpassen. Der Möglichkeitsraum der Artikulation ist somit in Relation zu den bestehenden digitalen Erfassungsformen deutlich erhöht (s. Abschnitt 2.2.1.2), bezüglich der theoretischen Machbarkeit und möglichen weiteren parametrisierbaren visuellen Eigenschaften (s. Abschnitt 4.1.3.1) allerdings weiterhin eingeschränkt.

In Bezug auf die Evaluation anhand der ermittelten Entwurfskriterien (s. Tabelle 4.9) lässt sich zusammenfassen, dass die Kriterien weitestgehend erfüllt werden, wobei allerdings die Überprüfung durch Patient*innen aussteht.

Eine systematische Untersuchung der ermittelten Darstellungsparameter und ihrer jeweiligen Eignung, sowie ihrer Kombination untereinander, wurde in der Studie ebenfalls nicht durchgeführt. Es lässt sich aber zusammenfassend festhalten, dass die Konzeptstudie eine Möglichkeit der Realisierung einer visuellen parametrischen Schmerzerfassung darstellt und dabei auch die Entwurfskriterien technisch erfüllt.

Tabelle 4.9 Diskussion der auf Grundlage des Systems der Konzeptstudie erstellen Schmerzvisualisierungen

Diskussion anhand Zielstellung und Entwurfskriterien	
Kriterium 1: Abbildung von Körperinformationen nur in Bewegung. Vermittlung von Wandel und Veränderbarkeit.	Vor allem die Animation vermittelt eine organische Lebendigkeit und eine Körperlichkeit im Wandel.
Kriterium 2: Ermächtigung der Nutzer*innen durch Aktions-Reflexions-Mechanik. Modellierbare Parameter statt Auswahl.	Hinsichtlich der Interaktion ist der Faktor einer Ermächtigung durch eine „Aktions-Reflexions-Mechanik" gegeben. Durch die für die Modelle angedachten, fluide einstellbaren Parameter kann die Darstellung interaktiv nach den Vorstellungen der Nutzer*innen modelliert werden. Hinsichtlich der Nutzer*innenerfahrung fehlt die Umsetzung und Testung als interaktives System
Kriterium 3: Beziehung zwischen erfasster Artikulation und Form der Darstellung nachvollziehbar halten.	Das System stellt eine klare Beziehung zwischen der erhobenen Information und der Form der Ausgabe her, da die Formen durch die Nutzer*innen selbst generiert werden.
Kriterium 4: Vermeidung von wertungsimplizierter Ikonografie und Notationslogik. Subjektive Bewertung durch individuelle Bedeutungserzeugung.	Die Vermeidung impliziter Wertungsikonografie ist im Modellsystem verankert. Zwar lässt sich anführen, dass sich durch die Einordnung auf jeweils der X- und Y-Achse die gewählten Werte miteinander quantitativ vergleichen lassen, doch führt die Abbildung multipler Zustände parallel zueinander (2-Achsen für die Formeinstellung, 2-Achsen für die Animation und Modellierung der Größe insgesamt) zu einer komplexen Logik, welche sich einer strengen Vergleichbarkeit entzieht. In diesem Sinne unterstützt das Modellsystem das gewünschte Prinzip einer subjektiven Bewertung durch individuelle Bedeutungserzeugung.

(Fortsetzung)

Tabelle 4.9   (Fortsetzung)

Diskussion anhand Zielstellung und Entwurfskriterien	
Kriterium 5: Erfahrung in ihrer Vielschichtigkeit und in Bezug auf Körper erfassen.	Durch die Vielfältigkeit der möglichen Formen aufgrund der hohen Anzahl an Dimensio- nen wird dieses Kriterium erfüllt. Durch die Aufnahme der Dimension ‚Animation' wird überdies eine weitere Ebene der Erfahrungsvermittlung geboten.
Kriterium 6: Zusammenlegung von Intensität und Qualität – beides ist in der Wahrnehmung der Betroffenen nicht trennbar.	Dieses Kriterium ist durch die Logik des Systems gegeben und bildet sich im Zusammenlegen der Ebenen und Achsen ab. Die praktische Anwendbarkeit muss in einer Testung mit Patient*innen evaluiert werden.
Kriterium 7: Organische und bildhafte Erhebung und Darstellung von Körperdaten. ‚Wahrnehmungsnähe' herstellen – Bild statt Zeichen.	Zwar sind die Formen parametrisch steuerbar und bilden eine Vielzahl von Dimensionen ab, sie sind allerding wenig organisch in ihrem Charakter. Daher ähneln sie stärker einem Zeichensystem.
Kriterium 8: Idiosynkrasie des Schmerzes: Approximation anhand körperlicher Bildmetaphern.	Ob sich das System als Metaphernarchiv eignet, kann nur in einer empirischen Nutzer*innentestung überprüft werden.

4.1.3.10   Implikationen für die UI und UX

Eine naheliegende Adaption der achsenbasierten Parameter stellt die Realisierung in Form von Wischgesten auf einem berührungsempfindlichen Bildschirm dar. Horizontale und vertikale Wischgesten sind etablierte Eingabeformen auf Smart- phone und Tablet (s. Abschnitt 2.3.2.2). Im vorliegenden Fall, in dem es um sechs Parameter (und potentiell sogar mehr) geht, ergibt sich die Notwendigkeit, die Parameter in einzelne Funktionen oder Schritte aufzuteilen. Grundsätzlich stellt die Verbindung zwischen händischer Bewegung auf dem Bildschirm und Selbstausdruck[35] (bzw. Schmerzartikulation) a) eine intuitive, datradierte Interak- tion dar, die b) unmittelbar auf der Logik der achsenbasierten Parametrisierung aufbaut.

---

[35] Nach Sommer ließe sich die händische Interaktion mit dem Smartphone auch als univer- selle Form des Weltbezugs verstehen – als die Konstitution des Selbst durch die leibliche Interaktion (in Form von Schreiben, Wischen, Zeichnen) mit einem Gegenüber (Blatt, Tafel, Smartphone usw.) [270].

4.1.4 Diskussion der Konzeptstudie

Durch die Befragung sowohl von Betroffenen als auch von Behandelnden ergeben sich spezifische Herausforderungen an die Schmerzerfassung. Gemeinsam
mit den Analyseergebnissen aus einem Onlineforum und den Literaturrecherchen
zu Schmerzen und Schmerztherapien lassen sich insgesamt acht Entwurfskriterien formulieren, deren Berücksichtigung eine (hypothetisch) verbesserte
Schmerzerfassung ermöglicht.

Durch eine schrittweise Annäherung über assoziative Skizzen zum Schmerzverlauf, zum Figur-Grund-Verhältnis und zu Schmerzformen, sowie deren Analyse, können verschiedene grafische Parameter für eine visuelle Schmerzerfassung
ermittelt werden. Diese werden zu einem exemplarischen Notationssystem kombiniert und in insgesamt elf Schmerzeigenschaftswörter umgesetzt um a) die
Machbarkeit einer multidimensionalen und parametrische Schmerzerfassung zu
prüfen, b) die Schmerzvisualisierungen anhand der Entwurfskriterien zu evaluieren und c) Implikationen für die UI und UX zu ermitteln. Da es sich in der
Konzeptstudie um eine grundlegende Prüfung der Machbarkeit handelt – und
noch nicht um Fragen der Anwendbarkeit –, wird die Evaluation des Modells
ausschließlich durch den PhD-Forscher als ausreichend eingeschätzt.

Im System der Konzeptstudie lassen sich die gewählten Schmerzeigenschaftswörter abbilden. Der bereitgestellte Möglichkeitsraum für unterschiedliche
Formen der Artikulation bietet eine hochaufgelöste, feingranulare Einstellung.
Jedoch fällt bei der Betrachtung der Animationen auf, dass sie sich untereinander
sehr ähnlich sind. Die immergleiche Kontur und das Fehlen weiterer Differenzie-
rungen der grafischen Darstellung (wie z. B. Farbe) erzeugt eine Gleichförmigkeit
der Schmerzdarstellung. Auch ist der potentielle Möglichkeitsraum der ermittelten Darstellungsparameter nur zu einem sehr kleinen Teil genutzt worden.
Beides wird in den folgenden Studien adressiert (s. Abschnitt 4.2.–4.4). Es
lässt sich jedoch festhalten, dass sich das Konzept der parametrischen visuellen
Schmerzerfassung grundsätzlich realisieren lässt.

Dabei lassen sich folgende Kernresultate formulieren:

1. Gegenstand des Entwurfs wird bei mehreren, sich gegenseitig bedingenden
   Parametern ein zwei- oder mehrdimensionaler Raum (der ‚Schmerzraum'), in
   welchem eine stufenlose Transformation der Schmerzvisualisierung durch die
   Bewegung von einem Punkt zum anderen erfolgt.
2. Für das grafische Nutzerinterface sind die Komponenten der a) grafischen
   Parameter, b) der Animationsparameter, c) die Steuerung der Transformationen
   nötig.

3. Sowohl in Bezug auf die Form, als auch hinsichtlich der Animation sind eine Vielzahl verschiedener Parameter möglich: Die Herausforderung besteht in der Entwicklung einer geschlossenen Logik (des ‚Schmerzraums‘, vgl. Resultat 1).

Als zentrale Limitation dieser ersten Studie ist die ausschließliche (allerdings mit den Betreuern der Arbeit rückgekoppelte) Erarbeitung des Systems durch den PhD-Forschenden zu sehen. Eine (systematische) externe Validierung der Ergebnisse ist dabei nicht erfolgt. Dies ist insbesondere darum anzumerken, weil der Entwurf und die Ableitung von Schmerzdarstellungen und Schmerzparametern, aber auch die Anwendung des Systems, auf der Grundlage persönlicher Assoziationen erfolgt ist. Für die Prüfung einer generellen Machbarkeit, sowie zur Ableitung grundsätzlicher Feststellungen, erfüllt die durchgeführte Studie allerdings ihren Zweck.

Im Folgenden wird a) die fehlende externe Evaluation und b) die fehlende Systematik im Vorgehen adressiert, indem verschiedene Darstellungsparameter und Eingabeparameter zu Entwurfshypothesen zusammengefasst und systematisch durch Nutzer*innen untersucht werden (s. Abschnitt 4.2).

4.2   Studie II: Grundlagenstudie

Im vorliegenden Kapitel sollen die in der Studie erarbeiteten Komponenten des Schmerzdokumentationssystems weiter ausgebaut und exploriert werden. Die durchgeführte MixedMethods-Studie hat zum Ziel, eine Reihe von interaktiven Grafiken zur Schmerzerfassung zu evaluieren, um eine quantitative und qualitative Grundlage für die Weiterentwicklung des Ansatzes sowie des gesamten Design- und Interaktionssystems zu schaffen. Dies geschieht mittels prototypischer Testgrafiken (s. Abschnitt 4.2.1.5), die den Patient*innen und Proband*innen über einen ‚Smartphone-Simulator‘ (s. Abschnitt 4.2.1.3) präsentiert werden und es den Patient*innen ermöglichen, ihren individuell erfahrenen Schmerz über die verschiedenen Variablen einzustellen.

4.2.1   Entwicklung von Testgrafiken der Grundlagenstudie

4.2.1.1   Zu testende Hypothesen der Grundlagenstudie

In der Konzeptstudie für ein interaktives grafisches Schmerz-erfassungssystem werden die Komponenten dieses Systems erarbeitet. Sie bestehen aus Parametern zur Visualisierung und Steuerung der Modulation. In der folgenden Studie sollen diese Komponenten näher untersucht werden. Dazu wird eine Reihe von Hypothesen aufgestellt, welche in Testgrafiken / Varianten umgesetzt werden.

Hypothesen zur Anzahl der Parameter

Rezente Erfassunsgsmethoden von Schmerzen arbeiten in der Regel mit zwei Variablen: Schmerzart und Schmerzstärke [8]. Das lässt sich sinnvoll innerhalb der Modulation der Grafiken abbilden, indem die Schmerz*art* beispielsweise durch eine Variation der Form und die Schmerz*stärke* durch die Variation der Farbe realisiert wird. Es wird davon ausgegangen, dass eine einzige Variable nicht ausreicht, um Schmerzen adäquat zu notieren, wogegen zwei, drei oder mehr Variablen zu einem angemessenen Ausdruck führen können.

Die Variablen-Hypothese wird durch den Abgleich mit einer Grafik, die nur eine einzige Variable aufweist, sowie einer Grafik mit drei und mit vier Variablen überprüft.

Hypothesen zur Art der Parameter

Es soll getestet werden, welche Kombination an Parametern (Größe, Farbe, Turnus, Form) die Proband*innen für die Darstellung ihrer individuellen Schmerzen vorziehen. Dabei sind folgende Hypothesen zu überprüfen: 1. Eine bestimmte Parameterkombination wird durch die Mehrzahl der Proband*innen bevorzugt; 2. Bestimmte Schmerzarten korrelieren mit der Wahl bestimmter Parameter; 3. Es gibt keinerlei Überschneidungen und die Wahl ist rein individuell bzw. gleichgültig. Geprüft wird das präferierte Set-Up durch die Testung der Parameterkombination 1A: Form + Farbe, 1B: Form + Größe, 1C: Form + Bewegung, 1D: Größe + Farbe, 1E: Größe + Form, 1F: Größe + Bewegung und 1G: Bewegung + Farbe.

Hypothesen zur Eingabeform
Smartphones weisen eine Vielzahl an unterschiedlichen Sensoren – und damit auch an potentiellen Eingabeformen auf. Dabei haben sich Wischgesten und einfaches Tippen als Standards etabliert. Neben diesen ‚klassischen' Eingabeformen haben aber auch der Beschleunigungs- und der Lagesensor das Potential, körperliche Aspekte durch Bewegungen intuitiv aufzunehmen und in eine Darstellung zu übersetzen. Um eine für die Eingabe von Schmerzen adäquate Eingabeform zu explorieren, sollen drei Formen getestet werden: 1. Modellieren durch Drücken und ‚gedrückt halten', 2. Modellieren durch Wischgesten, 3. Modellieren durch Schütteln und Lageänderungen des Demonstrators.

Hypothesen zur direkten und indirekten Eingabe
Das Verhältnis von Eingabe und Ausgabe ist aus der Perspektive der Interaktion prinzipiell in zwei Formen möglich: Zum einen direkt, indem die Eingabe (z. B. Wischen über den Touchscreen) simultan in eine Änderung der Darstellung übersetzt wird, zum anderen aber auch indirekt, indem Eingabe und Darstellung in zwei Schritten geschehen (z. B. Auswahl einer Farbe mit anschließender Bestätigung, welche erst danach zur Übernahme in der Darstellung führt). Hypothetisch sollte die direkte Eingabe bevorzugt gewählt werden, da sie eine intuitivere Interaktion durch inkrementelle Anpassung (Aktion-Reflexion) ermöglicht. Überprüft wird dies kontradiktorisch mithilfe einer Grafik mit zweistufiger Eingabe und durch die Frage nach der Erfahrung der Proband*innen im Vergleich mit der Angemessenheit der Grafiken bei direkter Interaktion.

4.2.1.2 Test und Versuchsaufbau der Grundlagenstudie

Wie in Abschnitt 2.3.2.4 dargestellt, steht zur Entwicklung von grafischen Nutzer*inneninterfaces eine Reihe von dezidierten Entwurfsprogrammen zur Verfügung (wie *Adobe XD, Axure RP9* oder *Sketch*). In diesen Programmen lassen sich allerdings keine fluiden und sich gegenseitig bedingende Modulationen gestalten. Um flüssige, interaktive Grafiken zu entwerfen, in denen mehrere Parameter gleichzeitig geändert werden können, ist es somit notwendig, in einer Programmierumgebung zu arbeiten. Zu diesem Zweck wurde *VVVV* [289] gewählt, da es speziell für die Entwicklung von Visualisierungen konzipiert wurde [27].

4.2.1.3   Testgerät ‚Smartphone Simulator' zum interaktiven Prototyping

Als Testgerät wird ein ‚Smartphone-Simulator' gebaut, in dem Eingabeformen eines Smartphones abgebildet werden können (s. Abschnitt 2.3.2.2). Er besteht in der ersten Iteration aus einem 4" Touch-Display, welches zusammen mit einem Arduino-Board[36] – an das wiederum ein ADXL345 Modul und ein Mikrofon über den I^2C-Datenbus-Standard angeschlossen wird – in einer Papp-Kiste untergebracht ist (s. Abb. 4.7 und 4.8).

Die Daten des Touchscreens sowie der Sensoren können in *VVVV* ausgelesen und zur Modellierung der Darstellung ausgewertet werden, welche wiederum auf das Touch-Display zurückgespielt wird (s. Abb. 4.11).

Abbildung 4.7 Fotos der Iteration I des ‚Smartphone Simulators'. Durch die seitlich angesetzten Kabel werden die Bild und Steuerungsdaten des Touchscreens, sowie die Sensorsdaten des Arduino-Mikrocontrollers übertragen

---

[36] Ein Arduino-Board ist ein Mikrocontroller, der programmiert werden kann oder als Schnittstelle dient, um verschiedene Programme auszuführen und mit Sensoren, Aktoren und anderen Komponenten eine Eingabe- und Ausgabeinteraktion zu gestalten [27].

Abbildung 4.8 Fotos der Iteration I des ,Smartphone Simulators' – geöffnet. Die obere Platine beinhaltet den Touchscreen, unten in der Box ist der Arduino-Microcontroller zu sehen

Iteration II des ,Smartphone Simulators'

Aufgrund der relativ schlechten Handhabbarkeit, die aus der Dicke der Kiste und der seitlichen Kabelführung resultiert, wird eine zweite Iteration entwickelt. Sie besteht aus einem größeren 5,5" AMOLED-Display mit kapazitivem Touchscreen, dessen Bild- (HDMI) und Steuerungskabel (USB) – um Platz zu sparen – direkt auf einen USB-C Hub gelötet wird. Weiterhin wird das Arduino-Board von allen Anschlusspins befreit und die Kabel des ADXL345 (3-Achsen-Beschleunigungssensor) werden ebenfalls direkt auf das Arduino gelötet (s. Abb. 4.10). Alle Komponenten werden in einer CAD gezeichneten[37] und 3D-gedruckten[38] Schale installiert (s. Abb. 4.9). Die Hülle ist auf der Unterseite abgerundet, so dass sich diese komfortabel und sicher in der Hand halten lässt.

---

[37] Dazu wurde die Software *Sketch-Up* genutzt. Nach Zusammenbau der Hardware Komponenten wurden die Maße genommen und die Montagepunkte des Displays ermittelt. Sie wurden in die CAD-Software übertragen. Für die Montage wurden an der Stelle der ermittelten Schraubenpunkte entsprechende Kanäle angelegt, um diese vom Boden durch die Hülle in das Display zu leiten.

[38] Das Slicing des Modells wurde mit *Ultimaker Cura* durchgeführt und der Druck mit einem *Creality Ender-3* vorgenommen.

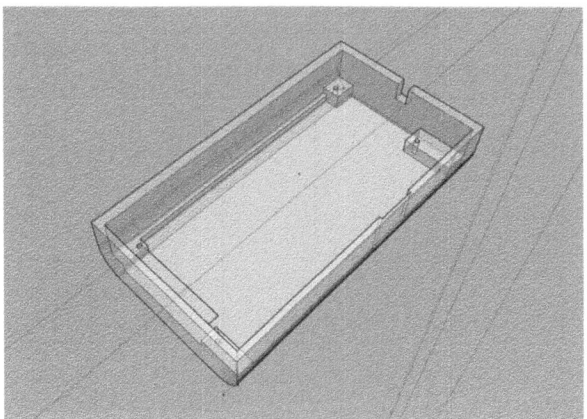

Abbildung 4.9 Iteration II des ‚Smartphone Simulators' – CAD Zeichnung der Hülle

Durch den Einsatz eines USB-C-Hubs, welcher sowohl die Bild- als auch die Datensignale des Touchscreens und des Arduinos überträgt, können zahlreiche Kabel auf ein einziges reduziert werden, das oben aus dem Gerät herausgeführt wird.

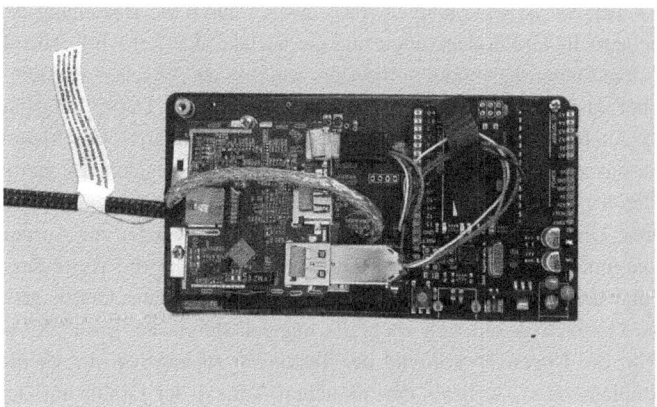

Abbildung 4.10 Zusammenbau der Hardware-Komponenten. Der USB-C Hub (links) und das ArduinoBoard sind hinter dem Bildschirm befestigt. Um Platz zu sparen, sind die USB-Verbindungskabel direkt auf das Arduino gelötet (rechts im Bild)

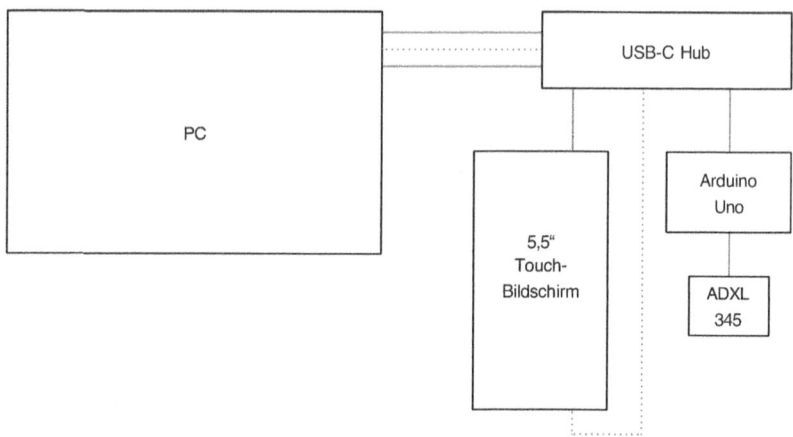

Abbildung 4.11 Funktionsdiagramm der Komponenten des Smartphone-Simulators

4.2.1.4 Steuerungsskript der Grundlagenstudie

Um die insgesamt zweiundzwanzig Grafiken (s. Abschnitt 4.2.1.5) einzeln auszuwählen und nacheinander auf dem Testgerät ausgeben zu können, wird eine
Struktur programmiert, in der die Grafiken als Verknüpfungen aufgerufen werden
(s. Abb. 4.12). Sie ist so konzipiert, dass jeweils durch die Bedienung der Pfeiltasten die aktuelle Grafik deaktiviert und die nächste aktiviert wird. Alle Grafiken
sind mit dem Steuerungsmodul verbunden, welches das Wischen auf dem Touchscreen über das entwickelte Programm zur Änderung der Darstellungsparameter
übersetzt. Auch das Arduino, bzw. die Werte des kombinierten Beschleunigungs-
und Lagesensor, werden so global an alle Grafiken ausgespielt. Es werden also
alle Grafiken parallel gesteuert, doch sind sie nur auf der aktuell aktiven Grafik sichtbar. Um beim Wechsel auf die nächste Grafik wieder zur Ausgangslage
zurückzukommen, wird ein Modul programmiert, welches die Werte des Touchscreens und des Sensors jedes Mal auf null setzt, wenn die Grafik gewechselt
wird. Die Grafiken lassen sich ebenfalls manuell durch die Taste „X" auf null
setzen. Um die Übersicht während der Testungen zu behalten, ist ebenfalls ein
Modul implementiert, welches den aktuellen Namen der Grafik auf dem Display nacheinander ausspielt. Dieses wird durch die Navigation mit den Pfeiltasten
jeweils mitaktiviert und wechselt so zwischen den jeweiligen Namen (1A, 1B, 1C
usw.) durch.

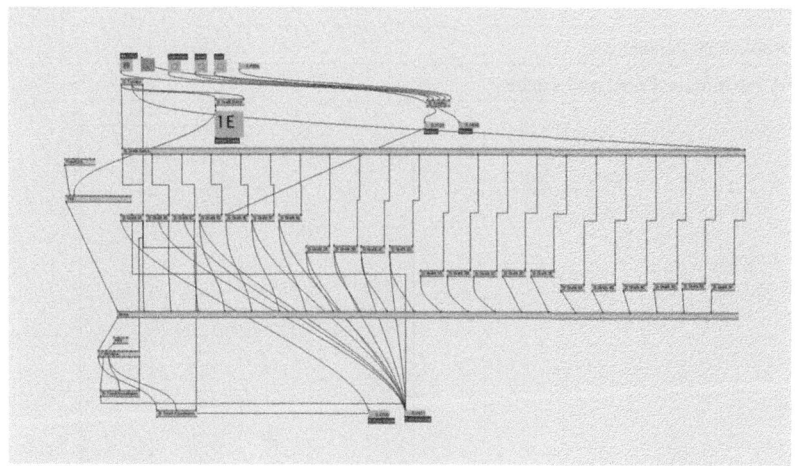

Abbildung 4.12 Das *VVVV*-Script zur globaler Steuerung der Grafiken. Diese liegen in Gruppen zwischen dem Eingabe und Ausgabemodul

4.2.1.5 Testgrafiken der Grundlagenstudie

Die Testgrafiken werden ebenfalls in *VVVV* programmiert, wobei sie auf den Standardformen des Programms (Kreis, Vieleck) aufbauen. Für die unterschiedlichen Parameter sind Maximal- und Minimalwerte durch einen ‚Value-Map'-Patch definiert, der beispielsweise die Größenskalierung oder die Anzahl der Zacken einer Grafik festsetzt. Durch die auf dem Steuerungsskript eingegangenen und auf die einzelnen Grafiken weitergeleiteten Werte lassen sich die Parameter kontinuierlich (in 0,00001er Schritten) modellieren.

Insgesamt werden vier Gruppen von Grafiken erstellt, mit welchen die auf Grundlage der Konzeptstudie entwickelten Parameter systematisch untersucht (s. Abschnitt 4.1.3.1) und die Prinzipien der visuellen und parametrischen Schmerzerfassung weiter exploriert werden können. Dazu werden in der ersten Grafikgruppe unterschiedliche Darstellungsparameter: a) der Größe, b) der Farbe, c) der Form und d) der Animation eingesetzt. Diese sind jeweils paarweise zusammengefasst und lassen sich über vertikales und horizontales Wischen auf dem Touchscreen steuern. Durch seitlich positionierte Indikatoren lässt sich ablesen, wie hoch der jeweils eingegebene Wert ist (Tabelle 4.10).

Tabelle 4.10 Grafik-Set 1: Kombination der Parameter Größe, Form, Farbe und Pulsation

Grafiken zu Parametern

1A Parameter Form und Farbe

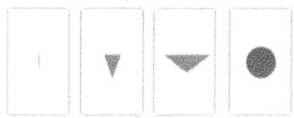 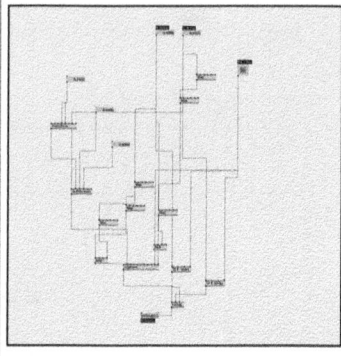

In der Grafik kann die Form durch horizontales Wischen von einem Kreis zu einem spitzen Dreieck verändert werden und durch vertikales Wischen die Farbe von Rot zu Blau. Die Grafik hat den Grundturnus einer Pulsation.

1B Parameter Form und Größe

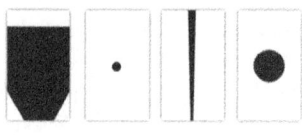 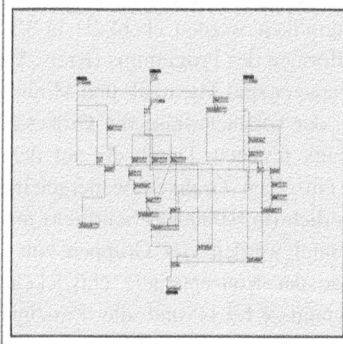

In der Grafik kann durch horizontales Wischen die Größe verändert und durch vertikales Wischen die Form von einem Kreis zu einem spitzen Dreieck verändert werden. Die Grafik hat den Grundturnus einer Pulsation.

(Fortsetzung)

Tabelle 4.10 (Fortsetzung)

Grafiken zu Parametern

1C Parameter Form und Bewegung

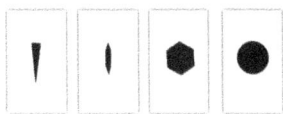   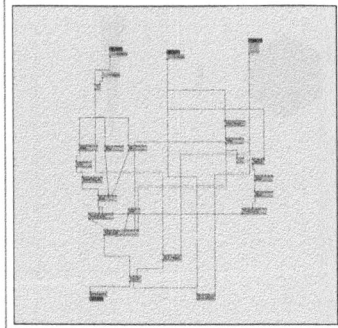

In der Grafik kann die Form durch horizontales Wischen verändert werden und die Geschwindigkeit der Pulsation durch vertikales Wischen.

1D Parameter Größe und Farbe

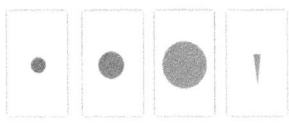   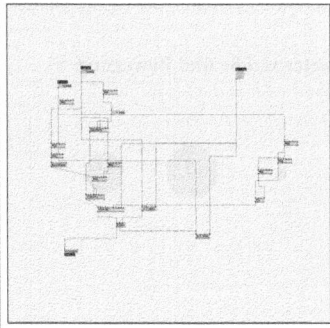

In der Grafik kann durch horizontales Wischen die Größe und durch vertikales Wischen die Farbe verändert werden. Die Grafik hat den durchgehenden Grundturnus einer Pulsation.

(Fortsetzung)

Tabelle 4.10 (Fortsetzung)

Grafiken zu Parametern

1E Parameter Größe und Form

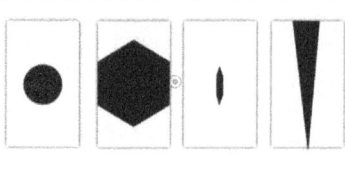 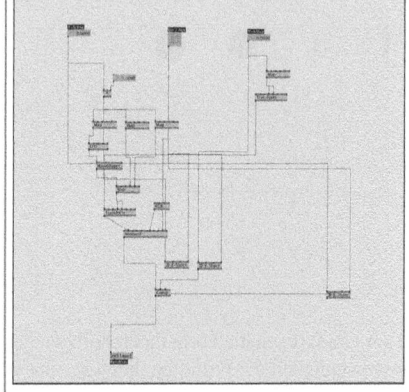

In der Grafik kann die Form durch horizontales Wischen und die Größe durch vertikales Wischen verändert werden. Die Grafik hat den durchgehenden Grundturnus einer Pulsation.

1F Parameter Größe und Bewegung

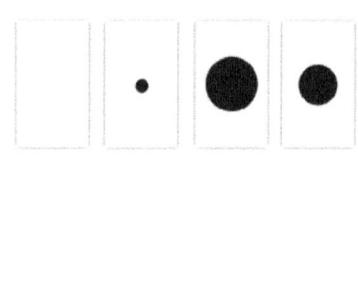 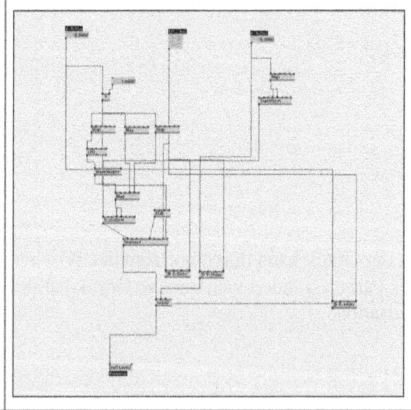

In der Grafik kann die Schnelligkeit der Pulsation durch horizontales Wischen und die Größe durch vertikales Wischen verändert werden.

Die zweite Gruppe besteht aus unterschiedlichen ‚experimentellen' Eingabe-
formen, wobei vor allem Alternativen zu dem in der ersten Gruppe eingesetzten
‚Wischen' exploriert werden (Tabelle 4.11). Sie bestehen aus einer ‚Press-and-
Hold'[39]-Funktion, welche die Zeit der registrierten Eingabe auf dem Touchscreen
numerisch addiert und zur Modulation der Grafik einsetzt. Weiterhin werden ‚ver-
körperlichte' Interaktionen in Form der Modulation durch Neigen sowie durch
Schütteln des Geräts geprüft. Die letzte Eingabeform besteht aus einer diskreten
Auswahl einer Form, die anschließend bestätigt und angezeigt wird.

Die dritte Gruppe von Grafiken soll untersuchen, wie viele Parameter gleichzeitig verändert werden können und wie viele insgesamt benötigt werden, um
eine für die Nutzer*innen befriedigende Schmerzabbildung zu erzeugen (Tabelle
4.12). Dazu werden vier Grafiken erstellt, von denen die erste lediglich einen
Parameter – und die nächste jeweils einen weiteren aufweist. Zur Steuerung
kommen neben dem im ersten Grafikset eingesetzten ‚Wischen' auch die ‚experimentellen' Eingabeformen zum Einsatz, um den verschiedenen Parametern
eindeutige Steuerungsbefehle zuordnen zu können. Da sich das Schütteln bei der
Ausarbeitung als wenig präzise herausstellt und somit Bedenken hinsichtlich der
Nutzbarkeit in einer Testsituation bestehen, wird es bei der letzten Grafik (3E –
mit vier Parametern) durch Tastaturbefehle ersetzt. So wird der Parameter der
Animation durch ein Drücken der Pfeiltaste modelliert. Dies bedeutet zwar eine
Erweiterung der Hardware um ein weiteres Interface – welches üblicherweise bei
Smartphones nicht zur Verfügung steht – wird aber für diese Studienphase als
akzeptabel eingeschätzt, da das Ziel der Studie eine grundlegende Untersuchung
darstellt, welche erstmal nur indirekt auf eine Übertragbarkeit des Systems auf
eine mögliche Smartphoneanwendung ausgelegt ist.

In der vierten Gruppe werden unterschiedliche Visualisierungskonzepte für
Schmerzen untersucht. Dazu werden vier unterschiedliche Bilder gezeigt, welche sich an den berichteten Schmerzassoziationen aus den Befragungen (s.
Abschnitt 4.1.1.1) und an der Analyse von Schmerzforen (s. Abschnitt 4.1.1.4)
orientieren. Die Bilder weisen im Gegensatz zu den vorherigen Grafiken keine
veränderbaren Parameter auf, sind aber durch zyklische Größenskalierungen und
Helligkeitsvariationen animiert (Tabelle 4.13).

---

[39] ‚Press-and-Hold' (drücken und halten) ist eine übliche Eingabeform, in welcher durch
langes Drücken z. B. Zusatzfunktionen geöffnet werden können [215].

Tabelle 4.11 Grafik-Set 2: Unterschiedliche Formen der Eingabe

Grafiken zu Steuerung

2A Eingabe Press-and-Hold

Durch Drücken fängt der Kreis an zu wachsen und nimmt nach und nach an Größe zu, bis der Finger vom Demonstrator genommen wird. Der Kreis hat den durchgehenden Grundturnus einer Pulsation.

(Fortsetzung)

Tabelle 4.11 (Fortsetzung)

Grafiken zu Steuerung

2B Eingabe Neigen

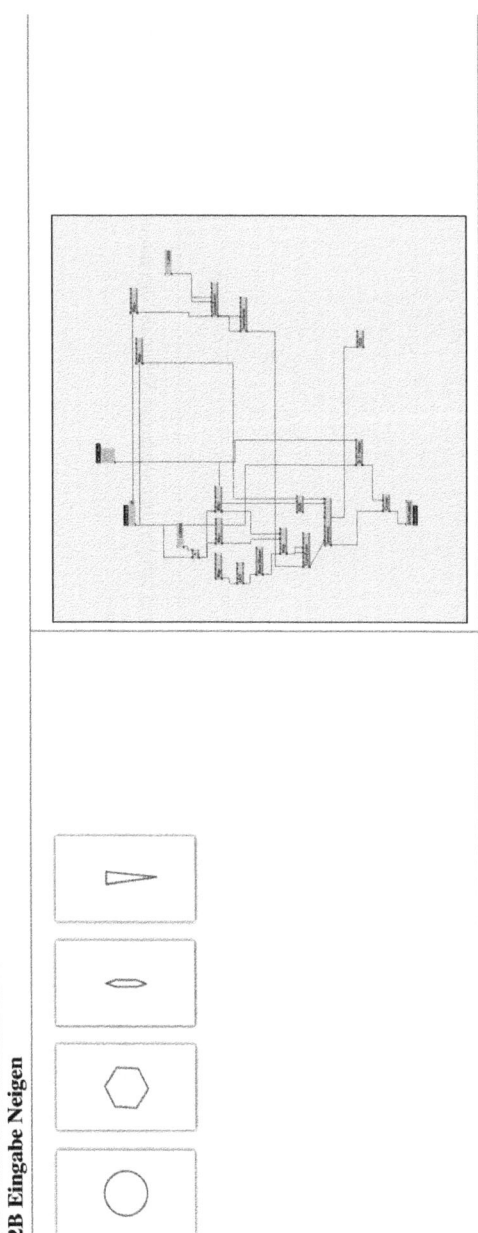

Durch Neigen des Geräts von einer horizontalen Lage in eine vertikale Lage ändert die Grafik die Form eines Kreises hin zu einer Spitze. Die Grafik hat den durchgehenden Grundturnus einer Pulsation.

(Fortsetzung)

Tabelle 4.11 (Fortsetzung)

Grafiken zu Steuerung

2C Eingabe Schütteln

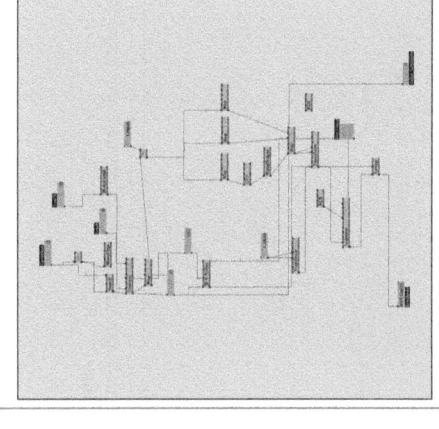

Durch Schütteln des Demonstrators fängt der Kreis an zu pulsieren und steigert bei weiterem Schütteln die Intensität. Diese bezieht sich sowohl auf die Frequenz als auch auf die Amplitude.

(Fortsetzung)

Tabelle 4.11 (Fortsetzung)

Grafiken zu Steuerung

2D Eingabe Wählen und Anzeigen

 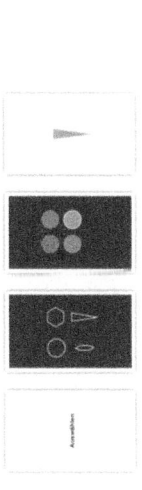

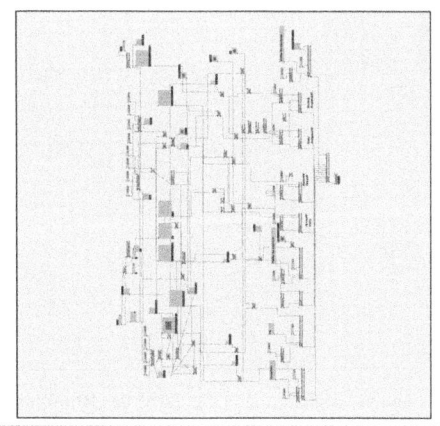

In dieser Grafik ist die Modulierung der Grafik indirekt auf zwei Schritte verteilt und diskret. Zunächst wird eine Form ausgewählt und über „OK" bestätigt. Im zweiten Schritt lässt sich für die gewählte Form eine Farbe wählen, wobei die vorher gewählte Form nicht angezeigt wird.

Tabelle 4.12   Grafik-Set 3: Unterschiedliche Anzahl an Parametern zur Visualisierung

Grafiken zu Parameteranzahl

3A Eine Variable: Farbe

 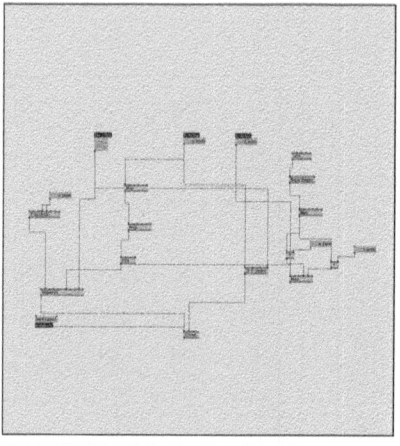

Durch Drücken und ‚gedrückt halten' verändert sich die Farbe des Bildschirms von Blau über Violett zu Rot und wieder zurück.

3B Eine Variable: Intensität

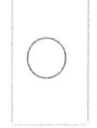  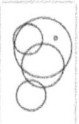 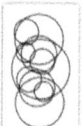 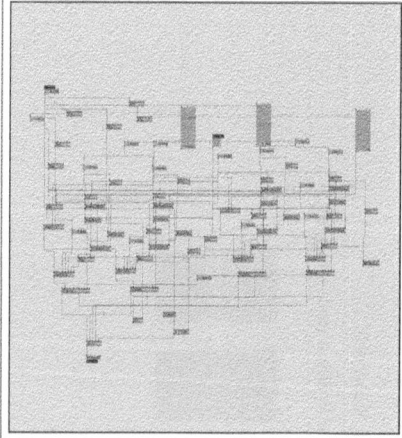

Durch horizontales Wischen ‚fallen' immer mehr Kreise ‚herunter'.

(Fortsetzung)

Tabelle 4.12 (Fortsetzung)

Grafiken zu Parameteranzahl

3C Zwei Variablen: Farbe und Bewegung

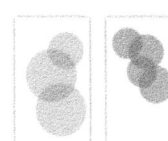   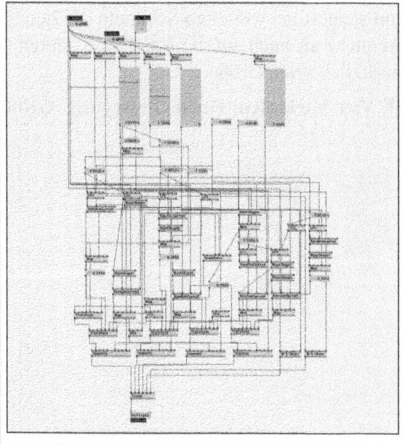

Durch Drücken und ‚gedrückt halten' verändert sich die Farbe des Bildschirms von Blau über Violett zu Rot und wieder zurück. Durch Schütteln ‚fallen' immer mehr Kreise ‚herunter' und steigern bei weiterem Schütteln die Intensität.

3D Drei Variablen: Farbe, Bewegung und Größe

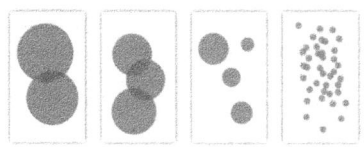 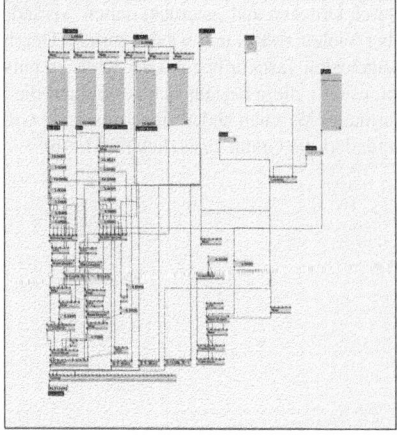

(Fortsetzung)

Tabelle 4.12 (Fortsetzung)

Grafiken zu Parameteranzahl

Durch Drücken und ‚gedrückt halten' verändert sich die Farbe des Bildschirms von Blau über Violett zu Rot und wieder zurück. Durch Schütteln fängt der Kreis an zu pulsieren und steigert bei weiterem Schütteln die Intensität. Diese bezieht sich sowohl auf die Frequenz als auch auf die Amplitude. Durch vertikales Wischen verändert der Kreis zusätzlich seine Größe.

3E Vier Variablen: Farbe, Bewegung, Größe und Form

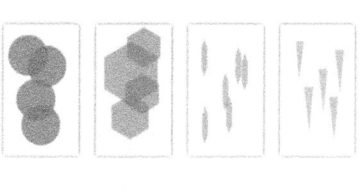 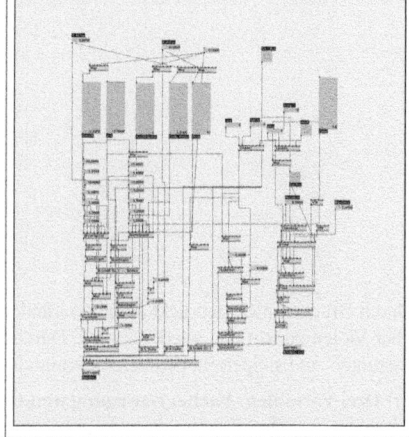

Durch Drücken und ‚gedrückt halten' verändert sich die Farbe des Bildschirms von Blau über Violett zu Rot und wieder zurück. Durch das Drücken der Pfeiltaste auf einer beigelegten Tastatur beginnt der Kreis zu pulsieren und steigert bei weiterem Drücken die Intensität – diese bezieht sich sowohl auf die Frequenz, als auch auf die Amplitude. Durch vertikales Wischen ändert der Kreis seine Größe und durch horizontales Wischen verändert die Grafik zusätzlich ihre Form.

Tabelle 4.13   Grafik-Set 3: Unterschiedliche Grafiken zur Visualisierung

Grafiken zu Darstellung

4A Roter Nebel

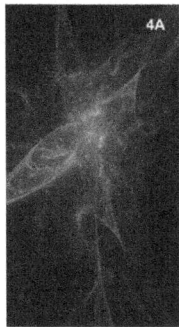 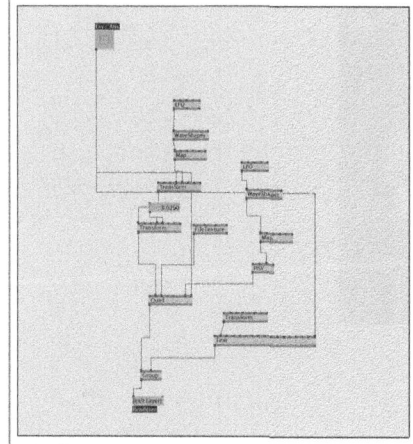

Der rote Nebelschwaden pulsiert leicht, sowohl hinsichtlich ihrer Größe, als auch in der Helligkeit.

4B Blitz

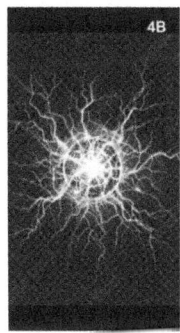 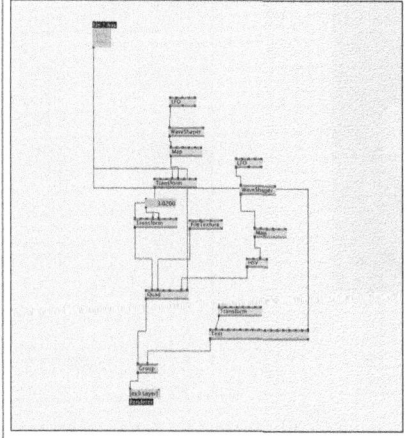

Der Blitz pulsiert mit einer hohen Frequenz.

(Fortsetzung)

Tabelle 4.13 (Fortsetzung)

Grafiken zu Darstellung

4C Lavaklumpen

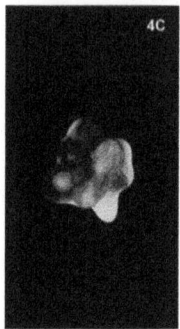 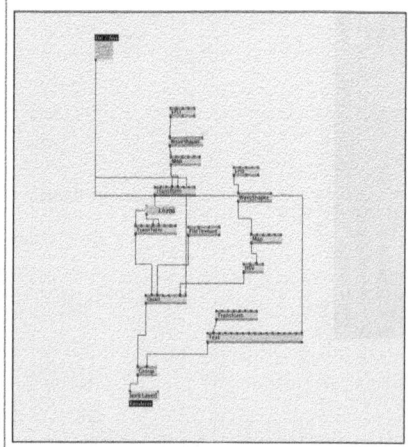

Der Lavaklumpen glüht durch eine langsame Veränderung der Helligkeit und Dunkelheit.

4D Metallstacheln

 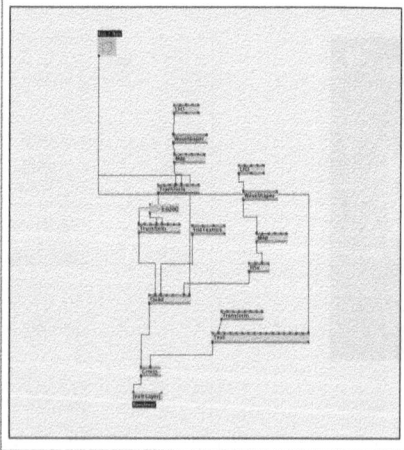

Die Figur mit den Metallstacheln wird durch ein leichtes Pulsieren der Größe animiert.

(Fortsetzung)

Tabelle 4.13 (Fortsetzung)

Grafiken zu Darstellung

4E Rotes Plasma

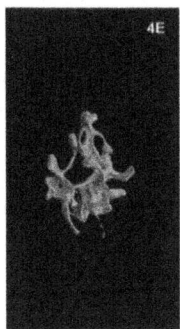 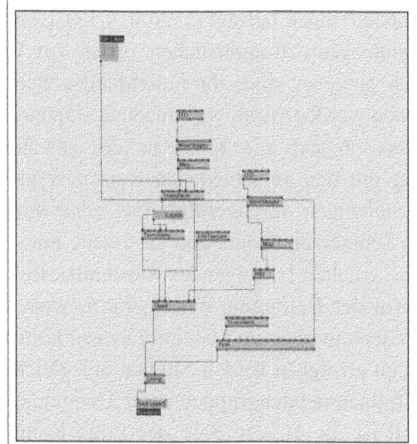

Das rote Plasma ist durch ein Zerren in Höhe und Breite animiert.

4F Feuer

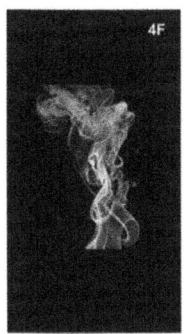 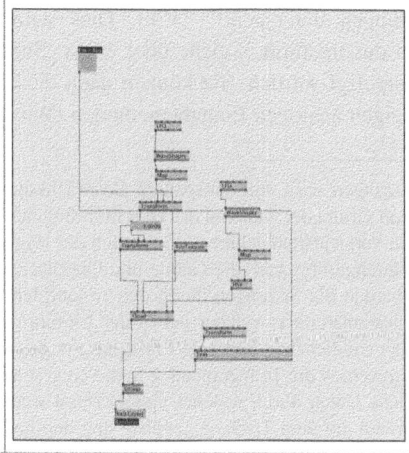

Das Feuer ist durch eine pulsierende Änderung der Helligkeit animiert.

4.2.2 Durchführung der Grundlagenstudie

In der Grundlagenstudie, die an der Tagesklinik für multimodale Schmerztherapie des Universitätsklinikums Jena durchgeführt wird, werden sowohl Patient*innen als auch Proband*innen befragt (s. Abb. 4.13). Zentrales Ziel ist es, mit den Patient*innen gemeinsam zu untersuchen, ob die zur Verfügung gestellten Parameter grundsätzlich geeignet sind, ihr individuelles Schmerzerleben abzubilden. Den Proband*innen werden vorab verschiedene standardisierte Schmerzreize zugefügt um zu testen, ob sich die Kohärenz der gewählten Repräsentation in Übereinstimmung mit den verschiedenen Reizen zeigen lässt. Insgesamt werden so zwei Untersuchungen durchgeführt: Die erste mit sieben Patient*innen, die an chronischen Schmerzen leiden, und die zweite mit sechs Proband*innen, die QST-Schmerzreize erhalten (s. folgender Abschnitt). Beide Studien werden mittels der gleichen Form der Befragung durchgeführt, wobei quantitative Fragebögen mit einem Leitfadeninterview und lautem Denken kombiniert werden. Auch die Analyse der Daten erfolgt in beiden Studien auf gleiche Weise, indem die Aussagen der beiden Teilnehmendengruppen nach Themen systematisiert werden. Das Studienprotokoll ist im August 2021 der Ethik-Kommission der Universitätsklinik Jena vorgelegt und freigegeben worden.

Bei der Durchführung der kontrollierten Experimente werden bestimmte Hypothesen in einer definierten Umgebung mit ausgewählten Benutzer*innengruppen untersucht[40] [128]. Dies wird anhand von prototypischen Testgrafiken durchgeführt, welche über einen ‚Smartphone Simulator' den Testpersonen vorgelegt werden. Sie können dann diese Grafiken mit den für Smartphones gängigen analogen Eingabemethoden (Wischen, Drücken, Lageänderung,

---

[40] Für die Sitzungen wird eine entspannte Gesprächssituation in den Räumen der Klinik geschaffen. Auf Grund der während der Durchführung herrschenden Corona-Pandemie werden besondere Vorsichtsmaßnahmen hinsichtlich der Hygiene getroffen. So werden tägliche Schnelltests durchgeführt und alle Geräte und Oberflächen nach jeder Sitzung desinfiziert. Strukturiert werden die Sitzungen durch den Ablaufplan (s. Anhang A4 und A5 im elektronischen Zusatzmaterial), welcher neben der Einführung und der Aufklärung auch eine Erläuterung der Studienziele und eine Einbettung in das Forschungsprojekt beinhaltet. Vor den Testungen werden die Teilnehmenden in die eingesetzte Technik eingeführt und es wird erläutert, welche Daten durch welches Gerät erfasst werden. Das Testgerät liegt der Testperson zugewandt auf dem Tisch, gegenüber sitzt der/die Studienleiter*in. In der Mitte des Tisches ist ein Aufnahmegerät platziert, welches die gesamte Sitzung dokumentiert. Nach der Einführung werden den Teilnehmenden die Fragebögen (s. Anhang A6 und A7 im elektronischen Zusatzmaterial) ausgeteilt, in welchen sie die aktuell vorliegende Grafik bewerten sollen. Zum Abschluss wird ein Fragebogen zur Nutzbarkeit (System-Usability-Scale, s. Anhang A6 und A7 im elektronischen Zusatzmaterial) ausgeteilt und ebenfalls von den Tester*innen ausgefüllt.

physisches Beschleunigen) modellieren. Dies ermöglicht a) die potentiellen Nutzer*innen in den Entwicklungsprozess mit einzubeziehen, b) die empirische Exploration von maßgeblichen Designkriterien, sowie c) die schrittweise Annäherung an eine mögliche funktionale Konfiguration [vgl. 240].

Abbildung 4.13   Aufbau der Befragungsstudie in den Räumen der Universitätsklinik Jena

4.2.2.1   Teilnehmende: Patient*innen und Proband*innen der Grundlagenstudie

Als Teilnehmende der Studie werden Patient*innen der Tagesklinik für multimodale Schmerztherapie des Universitätsklinikums Jena rekrutiert (n = 7) (s. Anhang A22 und A23 im elektronischen Zusatzmaterial) (Tabelle 4.14).

Die Patient*innen werden gebeten, sich auf ihr aktuelles Schmerzempfinden zu konzentrieren (Hauptlokalisation). Dieses sollen sie mit den verfügbaren Parametern in der interaktiven Grafik einstellen.

Tabelle 4.14   Ein- und Ausschlusskriterien für teilnehmende Patient*innen

Patient*innen

	Alter	Klinik	Mitteilungsfähigkeit	Formales
Einschlusskriterien	Älter als 18 Jahre	In Behandlung wegen chronischer Schmerzen	Beherrschung der deutschen oder englischen Sprache	Unterzeichnete Einverständniserklärung
Ausschlusskriterien	Körperliche und kognitive Einschränkungen, die die Sprachartikulation oder die Bedienung des Geräts verhindern			

Die Proband*innen[41] sollen zu drei vordefinierten standardisierten Schmerz-reizen befragt werden (Tabelle 4.15). Dazu werden Methoden der quantitativen sensorischen Prüfung (Quantitative Sensory Testing QST) nach dem Protokoll der Deutschen Forschungsgemeinschaft für neuropathischen Schmerz (DFNS) eingesetzt. Diese Methode ist zuverlässig, um einen standardisierten und ver-gleichbaren Schmerzreiz zu erzeugen [206]. Alle Stimuli sollten auf den rechten Handrücken (Hitze und ,PinPrick'[42]) oder auf den rechten Handballen (Algome-ter) appliziert werden (zur Beschreibung der QST s. Abschnitt 3.2.2.3). Die durch die drei unterschiedlichen Schmerzreize erzeugten Schmerzempfindungen sollen die Proband*innen mit den ihnen zur Verfügung gestellten interaktiven Grafiken ausdrücken.

---

[41] Die Proband*innen (n = 6 Einschlusskriterien) werden im Freundes- und Bekannten-kreis des Teams der Tagesklinik für multimodale Schmerztherapie des Universitätsklinikums Jena, sowie des PhD-Forschenden (vor allem Angehörige der Bauhaus-Universität Weimar) rekrutiert.

[42] ,Pin-Prick' ist ein standardisierter mechanischer Schmerzreiz, der mittels eines stumpfen Drahtes erzeugt wird [175].

Tabelle 4.15 Ein- und Ausschlusskriterien für teilnehmende Proband*innen

Proband*innen	Alter	Klinik	Mitteilungsfähigkeit	Formales
Einschlusskriterien	Älter als 18 Jahre	In Behandlung wegen chronischer Schmerzen	Beherrschung der deutschen oder englischen Sprache	Unterzeichnete Einverständniserklärung
Ausschlusskriterien		Chronische Schmerzerkrankung	Einschränkungen, die eine Sprachartikulation oder Bedienung des Gerätes verhindern	

4.2.2.2 Eingesetzte Befragungsmethoden der Grundlagenstudie

In den dreißig- bzw. fünfundvierzigminütigen Sitzungen werden die Patient*innen und Proband*innen gebeten, die Grafiken mit den für Smartphones üblichen Eingabemethoden (Streichen, Drücken, Positionswechsel, physische Beschleunigung) zu modulieren und über ihre Eindrücke zu berichten. Zur Befragung wird neben einem quantitativen Fragebogen zur Bewertung der Eignung der Grafiken ein semistrukturiertes Interview mit offenen Fragen zur Akzeptanz und zu den Nutzungserfahrungen während und nach dem Test geführt (s. Anhang A5–A7 im elektronischen Zusatzmaterial). Weiterhin werden die Patient*innen und Proband*innen gebeten die Methode des ‚lauten Denkens' [155] anzuwenden, indem sie die kognitiven und affektiven Assoziationen während der Nutzung mitteilen sollen. Zum Abschluss wird außerdem die Gebrauchstauglichkeit anhand eines Fragebogens (SystemUsability-Scale) erhoben (s. Abschnitt 3.2.2.3).

4.2.2.3 Auswertung der Grundlagenstudie

Aus den Angaben zur Eignung des Potentials der Schmerzdarstellung (aus der Perspektive der Patient*innen und Proband*innen anhand von Likert-Skalen) wird ein Mittelwert gebildet. Dazu werden alle Item-Antworten zu einem Summenscore addiert und durch die Anzahl der Teilnehmenden dividiert. Die Ergebnisse werden anhand von Balkendiagrammen aufbereitet (s. Abschnitt 4.2.3.1). Die Gruppe 1 zu den Parametern sowie die Gruppe 4 zur Darstellung werden getrennt für Proband*innen und Patient*innen ausgewertet, da es um eine Unterscheidung zwischen den Schmerzen der Patient*innen und den standardisierten Schmerzreizen geht. Die Gruppe 2 zur Steuerung und die Gruppe 3 zur Anzahl der Parameter werden zusammengelegt, da diese sich allgemein auf die Interaktion beziehen.

Die pseudonymisierten Audioaufzeichnungen der Test- und Validierungssitzungen werden in einem ersten Schritt transkribiert und dann auf Grundlage der Kodierung der Patient*innenaussagen, die aus dem semistrukturierten Interview und den Aussagen des ‚lauten Denkens' abgeleitet werden, nach folgenden Themen kodiert (s. Anhang A10 im elektronischen Zusatzmaterial):

1. *Visualisierungsvariablen und Interaktionen.* In dieser Kategorie werden Aussagen über die Beziehung zwischen der aktuellen interaktiven Grafik und den verfügbaren Parametern ihrer Modulation zur aktuellen Schmerzempfindung (Hauptlokalisation) und den QST-Schmerzreizen zusammengefasst. Diese

Kategorie ist weiter unterteilt in a) Darstellungsform: Bewertung der verschiedenen Darstellungsformen und deren Parametern wie Farben, Animationen, Formen und Größen, die zur Auswahl stehen und b) Eingabeformen: Die Anzahl der Eingabeparameter und die verfügbaren Modulationsmöglichkeiten.

2. *Potentiale, Anforderungen und Herausforderungen für die interaktive Schmerzerfassung.* In dieser Kategorie werden Aussagen zur Eignung des Systems für die Schmerzdokumentation gesammelt. Sie werden weiter in folgende Unterkategorien sortiert: a) Herausforderungen: Probleme und Überforderungen, b) Potentiale: positive Aspekte und Gründe, das System nutzen zu wollen, und c) konkrete Anforderungen an das System.

4.2.3 Ergebnisse der Grundlagenstudie

4.2.3.1 Ergebnisse der quantitativen Erhebung

Die Ergebnisse der Gebrauchstauglichkeit anhand des System-UsabilityScales liegen sowohl bei den Patient*innen (64 %), als auch bei den Proband*innen (62 %) im Bereich ‚akzeptabel' (s. Abb. 4.14).

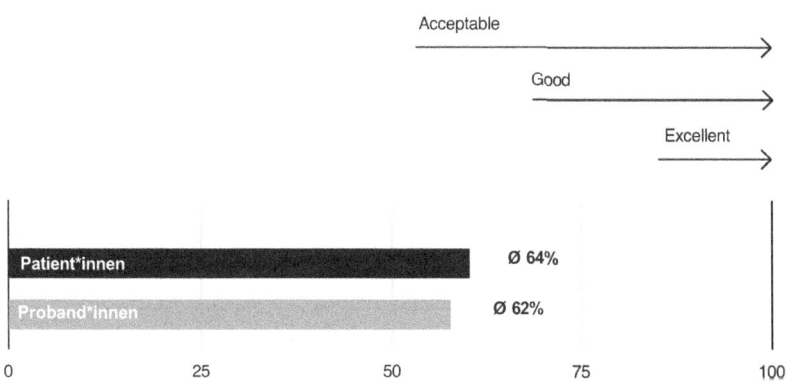

Abbildung 4.14 Ergebnisse des System-Usability-Scale der Grundlagenstudie (schwarz: Patient*innen, grau: Proband*innen)

Die unterschiedlichen Eingabeparameter werden sowohl von den Patient*innen als auch von den Proband*innen, welche QST-SchmerzStimuli erhielten, als mittelmäßig bis gut geeignet bewertet. Dabei lässt sich eine leichte Favorisierung derjenigen Grafiken feststellen, bei denen die Farbe zur Auswahl steht (vier von sechs Proband*innen geben als Bewertung ‚gut geeignet' und ‚sehr gut geeignet' in Bezug auf Hitzeschmerz- und Nadelstich-Schmerzstimuli an; Abb. 4.15).

In Bezug auf die Patient*innen und ihr individuelles Schmerzerleben sticht vor allem die Grafik 1D, bei der Farbe und Größe modelliert werden konnten, heraus (sechs von sieben Patient*innen gaben als Bewertung ‚gut geeignet' oder ‚sehr gut geeignet' an; Abb. 4.16).

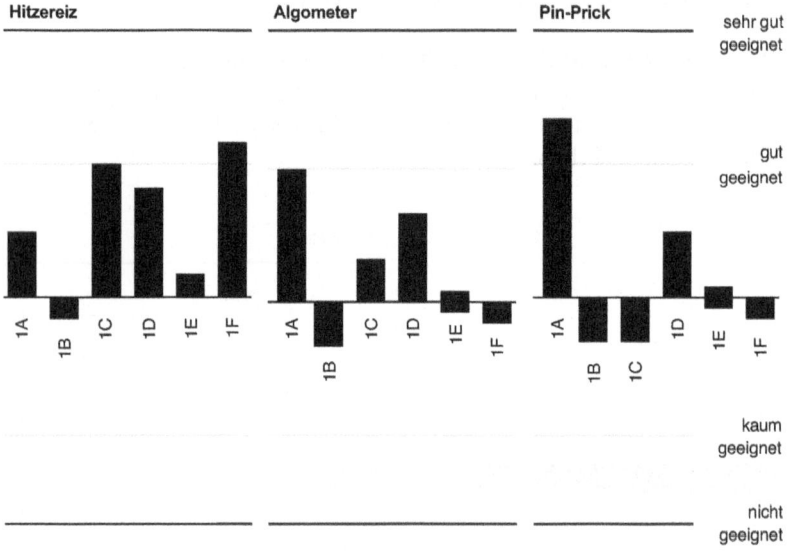

Abbildung 4.15 Eignung von Testgrafiken für QST-Schmerzreize (Proband*innen)

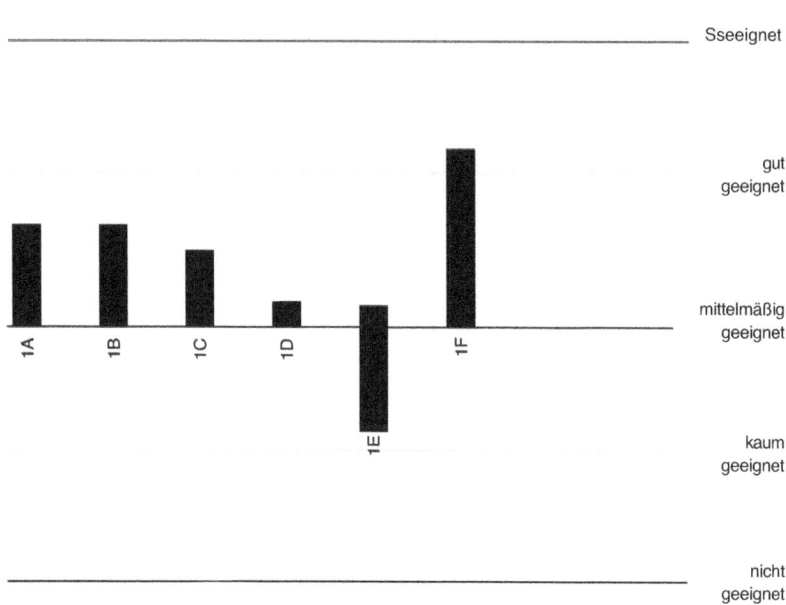

Abbildung 4.16 Eignung der Parameter-Kombinationen (Patient*innen)

Bei der Eingabeform wird die Modellierung der Grafik bevorzugt, wobei auch das ,Press-and-Hold' sowie die Auswahl eines einzelnen Gesichts als ,gut geeignet' bewertet wird. Lageänderung und Schütteln wird klar abgelehnt und nur in zwei Fällen als sehr gut geeignet bewertet (s. Abb. 4.17)

Die Grafiken für die Anzahl der Eingangsparameter werden als ,ähnlich geeignet' bewertet, wobei die Ablehnung ab der Anzahl von zwei Parametern zunimmt. Auffällig ist hier jedoch, dass eine signifikante Anzahl von Testern auch die Grafiken mit drei und vier Parametern als ,sehr geeignet' bewertet (s. Abb. 4.18).

Die Grafiken zur Darstellung werden im Durchschnitt als ,weniger geeignet' bis ,nicht geeignet' bewertet – lediglich die Darstellung einer gezackten Metallform für den Nadelstich und die Feuerdarstellung für den Hitzereiz wird von den Probanden als ,gut geeignet' bewertet (Abb. 4.19, Abb. 4.20).

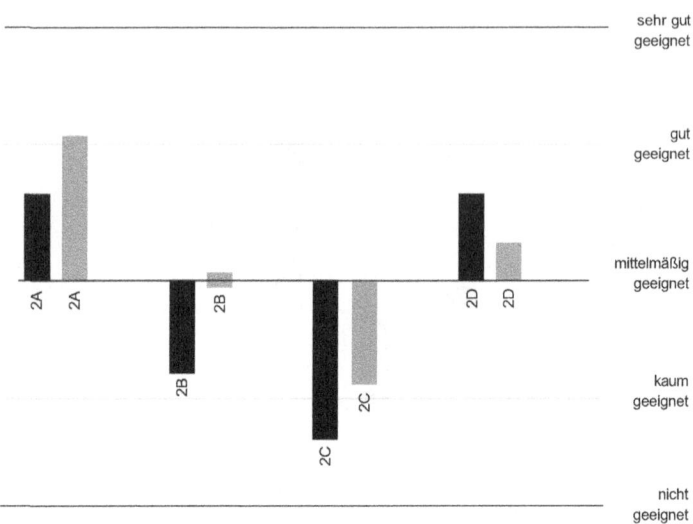

Abbildung 4.17 Eignung der ‚experimentellen' Eingabeformen (schwarz: Patient*innen, grau: Proband*innen)

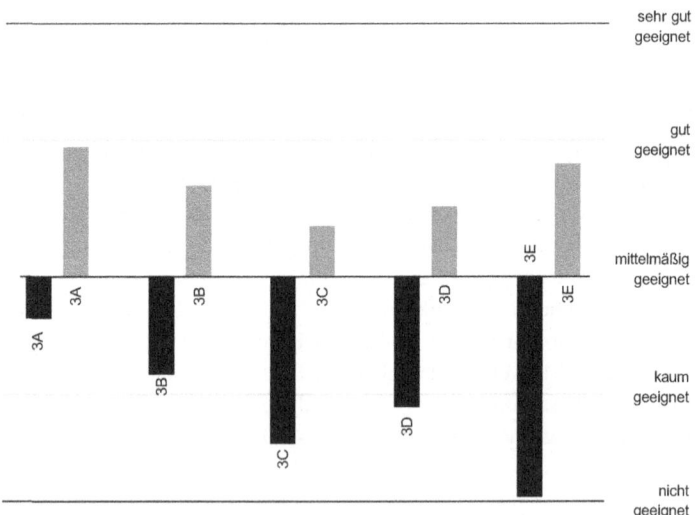

Abbildung 4.18 Eignung der Anzahl der Eingabeparameter (schwarz: Patient*innen, grau: Proband*innen)

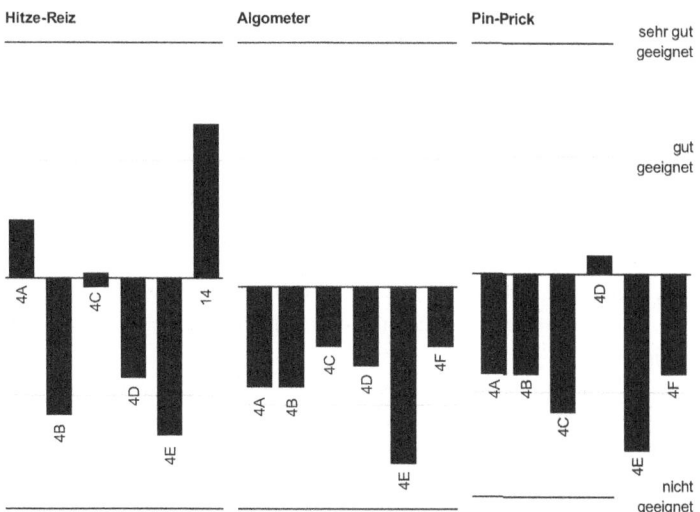

Abbildung 4.19   Eignung der bildlichen Darstellung von Schmerzen (Proband*innen)

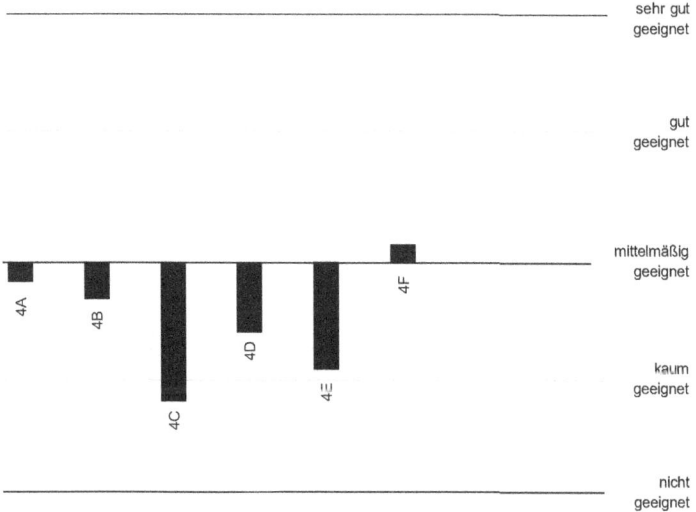

Abbildung 4.20   Eignung der bildlichen Darstellung (Patient*innen)

4.2.3.2 Ergebnisse des semistrukturierten Interviews und des ‚lauten Denkens'[43]

Aussagen zu Darstellungs-Parametern

Die Teilnehmer*innen geben an, dass sie die vorgegebenen Kombinationen aus Form, Größe, Farbe und Pulsation ausnahmslos nutzen können, um eine mehr oder weniger geeignete Darstellung ihrer Schmerzerfahrung zu modellieren. In einigen Fällen ordnen sie bei der Modellierung den Parametern jeweils die Qualität und die Intensität des Schmerzes zu. In Bezug auf die Anzahl der Parameter lassen sich keine eindeutigen Ergebnisse feststellen. Einige der Tester*innen gaben an, dass ihnen bei zwei Einstellungsmöglichkeiten ein dritter Parameter fehlen würde[44].

Anderseits wurden gerade die Grafiken der Gruppe 3 (mit mehr als zwei Parametern) zum Teil als Herausforderung empfunden. In der befragten Gruppe von Patient*innen und Proband*innen werden die Parameter ähnlichen Schmerzaspekten zugeordnet. So wird der Parameter Form (rund, eckig, Vieleck) tendenziell häufiger mit der Schmerzqualität und die Farbe und Größe häufiger mit der Intensität assoziiert. Der Parameter ‚Pulsation' sticht insgesamt besonders hervor und wird als in hohem Maße passend zur Schmerzartikulation eingeschätzt. Zwei Personen äußern, dass die Animation zwar grundsätzlich geeignet sei, dass aber die Art der Pulsation nicht mit dem empfundenen Schmerz übereinstimmt und daher die Funktion insgesamt kritisch zu bewerten sei, weil sie nicht einstellbar ist.

Aussagen zu Eingabeformen

Zu den alternativen Eingabeformen (Wischen) der Gruppe 2 (Schütteln, Lageänderung, ‚Press and Hold') liegen sehr skeptische Äußerungen vor. Lediglich das ‚Press and Hold' sowie die diskrete Auswahl werden als praktikabel bezeichnet. Bei letzterer geben jedoch sowohl Patient*innen als auch Proband*innen an, dass sie die vorgegebene Auswahl als einschränkend empfinden und ihr individuelles Erleben besser durch die modulierbaren Grafiken ausdrücken können, sowohl bezogen auf die Darstellung[45], als auch bezogen auf die Interaktion[46].

---

[43] S. auch Anhang A8 im elektronischen Zusatzmaterial.

[44] Sie würden z. B. das Schmerzerlebnis lieber mit drei oder mehr Parametern eingeben.

[45] „Ich kann mich wirklich artikulieren. Ich kann zwischen zwei Formen auswählen, die wurden mir von einem Programm vorgegeben" (Proband*in PBM32).

[46] „Also da finde ich das mit dem Wischen einfacher, da muss man nicht groß gucken, da wischt man einmal kurz und gut ist" (Patient*in PTM33).

Aussagen zur Darstellung

Die bildlichen Darstellungen der Gruppe 4 werden sehr heterogen aufgenommen. Einige Studienteilnehmer*innen geben an, dass sie besonders gut passen würden, da die Schmerzen dadurch adäquat dargestellt würden. Eine Patientin lehnt die bildlichen Darstellungen ab, weil ihr die Ästhetik nicht gefällt und sie die grafischen Formen bevorzugt. Besonders interessant ist der Fall einer Patientin, welche die Pulsation der grafischen Darstellung ablehnt, weil sie zu sehr mit ihren Schmerzen übereinstimmt[47] und die Darstellung sogar ihre Schmerzen triggern würde[48].

Generelle Einschätzung und Anforderungen

Insgesamt wird der Ansatz von den Patient*innen grundsätzlich positiv aufgenommen und sie können diese Form der Schmerzerfassung als Potential sehen. Dabei wird explizit die Vielzahl an simultan einstellbaren Parametern als Vorteil benannte, da sich die Patient*innen in die Lage versetzt fühlen, ihre Schmerzen mit ihnen präziser zu kommunizieren. Hinsichtlich konkreter Anforderungen zur Optimierung und Überarbeitung wird vor allem die Möglichkeit genannt, die Animation des Schmerzes zu verändern. In einigen Fällen wird die Eingabe mehrerer Parameter als zu komplex empfunden. Hier wünschen sich die Patient*innen die Möglichkeit, nur die Intensität für einen vorher definierten Schmerzreiz einzustellen oder die Eingabe übersichtlicher zu gestalten[49]. Generell geben Patient*innen auf Nachfrage an, dass das System so einfach wie möglich gehalten werden sollte. Das ist bei der Entwicklung zu beachten.

4.2.4 Diskussion der Grundlagenstudie

4.2.4.1 Zusammenfassung

In der vorliegenden Grundlagenstudie soll der in der Konzeptstudie (s. Abschnitt 4.1.) erarbeitete Ansatz grundlegend und systematisch untersucht werden. Dazu wird eine Sammlung von Hypothesen aufgestellt, es werden

---

[47] „Es hämmert, brennt und pocht schon in einem drinne, da muss man sich das nicht auch noch visuell geben" (Patient*in PTW51).

[48] „Also wenn ich jetzt eine Weile drauf gucke, dann merke ich, wie es bei mir immer mehr aufkommt" (Patient*in PTW51).

[49] „Also ich sage mal, wenn man jetzt wirklich starke Schmerzen hat, dann will man nicht zu viel machen. Da will man am liebsten, wie jetzt zum Beispiel bei dem Pulsieren, einfach nur hochwischen und gut ist und nicht noch Farbe und Größe und so." (Patient*in PTM33).

Testgrafiken zur Hypothesenprüfung entwickelt und diese anhand eines Mixed-Methods-Ansatzes mit Patient*innen und gesunden Proband*innen evaluiert. Dadurch soll zum einen untersucht werden, wie gut sich das Konzept grundsätzlich in der tatsächlichen (wenn auch zunächst nur annäherungsweisen) Anwendung bewährt und welche konkreten Anforderungen sich im Nutzungskontext selbst für die weitere Entwicklung ableiten lassen.

Die zu untersuchenden Hypothesen werden auf Grundlage der Ergebnisse der Konzeptstudie aufgestellt und in vier Grafiksammlungen überführt, mit denen sie sequenziell abgeprüft werden können. Die Grafiken werden in der Programmierungsumgebung *VVVV* ausgearbeitet, wobei dazu im Vorfeld ein spezieller Versuchsaufbau im Zusammenspiel von Hardware und Software konzipiert und umgesetzt wird. In diesem lassen sich die unterschiedlichen Grafiken darstellen und verschiedene Eingabeformen zu deren Modulation einsetzen. Weiterhin wird ein Steuerungs-Patch erstellt, mit dem sich die Grafiken nacheinander ausspielen lassen. Auf diese Weise können die Testungen realisiert werden.

Insgesamt werden sieben Patient*innen und sechs Proband*innen rekrutiert und befragt. Da die Untersuchung des Ansatzes und der konkreten Hypothesen im realen Nutzungskontext durchgeführt werden soll (s. Kapitel 3 Methoden), sollen tatsächliche Schmerzen durch die Grafiken dokumentiert werden. Im Falle der Patient*innen wird dies durch die Bitte, ihre Haupt-Schmerzlokalisation zu artikulieren, realisiert, im Falle der Proband*innen durch drei standardisierte (QST) Schmerzreize. Durch den Einsatz des QST kann zudem geprüft werden, ob sich Konsistenzen in den individuell gewählten Artikulationen finden lassen.

Insgesamt wird die Einstellung beider Nutzer*innengruppen zum neuartigen Ansatz der Schmerzerfassung im Allgemeinen und speziell zu den aufgestellten Hypothesen (Parameterkombinationen, Eingabeformen, Anzahl der Parameter und allgemeine Visualisierungsstrategien) untersucht. Die Ergebnisse bilden die Grundlage für die weitere Gestaltung des Systems, indem sie konkrete Anforderungen und einen allgemeinen Fokus für die Entwicklung definieren. In den Testungen wird deutlich, dass die individuelle Bedeutung der Elemente (Formen, Farbe, Animation) in Bezug auf die Schmerzartikulation bei den Teilnehmer*innen nicht durchgängig zu verallgemeinern ist und von den Tester*innenn individuell definiert wird. Weiterhin wird deutlich, dass die Studienteilnehmer*innen in der Lage sind, ihr Schmerzerlebnis auszudrücken, ohne die Logik eines Zeichen- oder Zahlensystems zu verwenden.

In Bezug auf die Darstellungsparameter sticht vor allem die ‚Animation‘ hervor. Sie führt in den Testungen zu einer starken Polarisierung. Zum einen wird sie als sehr passend bezeichnet, aber auf der anderen Seite auch abgelehnt, da es als frustrierend empfunden wird, sie nicht präzise einstellen zu können. In beiden Fällen wird aber die besondere Bedeutung für die Schmerzartikulation der Studienteilnehmer*innen deutlich und somit das grundlegende Potential für die digitale personalisierte Schmerzerfassung im Allgemeinen. Dies ist darum besonders relevant, weil die Darstellung und Modulation einer Animation für das getestete System eine maßgebliche Abgrenzung gegenüber bestehenden Erfassungsinstrumenten darstellt (sowohl analog als auch digital, s. Abschnitt 2.4) und aktuell nicht zur Schmerzerfassung eingesetzt wird.

In Bezug auf die Untersuchung unterschiedlicher Eingabeformen wird die Wischgeste weitgehend als geeignete Steuerungsmöglichkeit empfunden. Darüber hinaus wird das Drücken und Halten als nützlich angegeben – hier wird vor allem die Ähnlichkeit zwischen einem stechenden Schmerz und dem Drücken auf den Touchscreen hervorgehoben.

Obwohl die gleichzeitige Verarbeitung mehrerer Parameter für einige Studienteilnehmer*innen eine Überforderung darstellt, geben diejenigen, die dadurch nicht überfordert sind, an, dass sie mit drei und vier Parametern die präziseste Visualisierung ihres Schmerzes erreichen können. Daraus kann der Schluss gezogen werden, dass eine generelle Erhöhung der Anzahl der Parameter mit einer Erhöhung der Genauigkeit der Visualisierung einhergeht. Eine besonders wichtige Anforderung besteht darin, dass die Eingabe schnell und einfach ablaufen muss. Obwohl der Detaillierungsgrad, mit dem die Schmerzqualität definiert werden kann, von einigen Studienteilnehmer*innen begrüßt wird, wird gleichzeitig die Komplexität der Eingabe kritisiert. In der Befragung wird die Möglichkeit, Schmerzen durch interaktive Grafiken darzustellen, jedoch von nahezu allen Testern akzeptiert.

4.2.4.2 Schlussfolgerungen aus der Grundlagenstudie

Bei der Entwicklung visuell-haptischer Erfassungsinstrumente für individuelle Schmerzerfahrungen mittels parametrischer Grafiken wird deutlich, dass die grundlegende Herausforderung darin besteht, zwischen Detaillierungsgrad, Komplexität und Benutzerfreundlichkeit gezielt zu vermitteln. Weiterhin wird in der Studie bestätigt, dass sich grundsätzlich keine allgemeingültigen und objektiven Ausdrucksformen für die Schmerzerfahrung der Studienteilnehmer*innen finden lassen und daher eine Präzisierung nur durch eine Erhöhung des Ausdrucksrepertoires erreicht werden kann. Zwar werden für bestimmte QST Schmerzreize wie z. B. den „Pin-Prick"-Reiz primär schmale, dreieckige, klar umrissene Formen gewählt – dies lässt sich aber auch auf die Form des Werkzeugs zurückführen. Korrelationen zwischen der von den Patient*innen nach dem Deutschen Schmerzfragebogen angegebenen Schmerzart und den gewählten Grafiken sind

nicht erkennbar. Es zeigt sich somit auch in der Empirie, wie die Schmerzartikulation in der Handlung materialisiert und der Schmerz somit nicht als eindeutige
Entität einer entsprechend eindeutigen Darstellung deterministisch zugeordnet
werden kann.

Der gewählte Ansatz erscheint daher vielversprechend – jedoch sollte bei der
weiteren Entwicklung besonderes Augenmerk darauf gelegt werden, die Komplexität des Systems in Bezug auf Parameteranzahl und Parameterkombination
gering zu halten und es in Bezug auf die Steuerung (UI/ UX) einfach[50] zu
gestalten.

4.2.4.3 Ausblick

Die ermittelten Grundaussagen der Studie werden in der weiteren Entwicklung
des Systems zur digitalen personalisierten Schmerzerfassung genutzt. Dazu wird
die Varianz des Visualisierungsrepertoires weiter gesteigert, um eine möglichst
diverse Artikulation der Patient*innenerfahrung abbilden zu können. Gleichzeitig
müssen Defizite der Bedienung adressiert werden – vor allem bei einer weiteren
Erhöhung der Auflösung, die eine Steigerung der Komplexität des Systems zur
Folge hat.

Da in dem System der Grundlagenstudien noch keine Möglichkeit der
Lokalisierung des Schmerzes implementiert worden ist, dieses aber für die Dokumentation der Schmerzen als essentiell gelten muss, wird die Lokalisierung in
der folgenden Studie ebenfalls Teil der Entwicklung und Testung werden. Eine
weitere zu klärende Frage ist die nach der Auswertung – und somit der Bedeutung und Einordnung der generierten Daten in vergleichsfähige Systematiken. In
Bezug auf die Auswertbarkeit wird vor allem im Austausch mit Mediziner*innen,
aber auch durch die Patient*innen selber, eine gewisse Irritation geäußert: Gemäß
der Ausgangslage der Arbeit ist die Herangehensweise gerade nicht die Übersetzung bisheriger Schmerz-Systematisierungen, sondern die Ermächtigung der
Patient*innen, persönliche Formen zu finden. Somit müsste die Vergleichsfähig-
keit der Schmerzerfassung *a posteriori* geschehen – beispielsweise in Form eines
systematischen Vergleichs der visuellen Schmerzartikulationen mit den Daten
eines etablierten Schmerzfragebogens.

In der folgenden Iteration wird die Darstellung in Richtung einer fluideren
Form weiterentwickelt und um weitere grafische Parameter ergänzt. Hinsichtlich
der Steuerung wird eine Vereinfachung der Bedienung angestrebt, indem eine
grafische Nutzer*innenoberfläche (UI) und ein Bedienkonzept (UX) entwickelt
werden.

---

[50] Einfach im Sinne von hoher Gebrauchstauglichkeit (s. Abschnitt 2.3.1.4).

4.3 Studie III: Entwicklungsstudie

In dem vorliegenden Kapitel wird das Vorgehen der Studie III erläutert. Ziel der Entwicklungsstudie ist a) die weiterführende Exploration fluider Schmerzvisualisierungen und Transformationsdarstellungen, b) die Weiterentwicklung einer parametrischen Systematik zur Schmerzdarstellung und c) die Konzeption einer grafischen Nutzer*innenoberfläche (UI) und eines Bedienkonzepts (UX) für das Schmerzerfassungssystem.

4.3.1 Vorgehen und Methoden zur Entwicklung

Die Exploration der Schmerzdarstellung sowie die Entwicklung der Parametersystematik wird in zwei separaten Untersuchungen durchgeführt. Grund dafür ist die Erfahrung aus der Studie I, in welcher die Darstellung zusammen mit der Transformationslogik entwickelt wurde. In dieser Verbindung entstehen – gemessen an der Zielstellung der Arbeit – zu deterministische Formentypen und mechanische Transformationsabläufe. Um beides zu vermeiden, wird vor der Entwicklung der Parameter Systematik eine explorative Gestaltungsstudie durchgeführt, in welcher morphologische und fluide Darstellungen entwickelt werden. In einer zweiten Untersuchung werden unterschiedliche Formen der Körperdarstellung exploriert, in welchen die Schmerzen verortet werden können. In der dritten Untersuchung wird die multidimensionale Parametersystematik beschrieben und mit den fluiden Darstellungsformen aus der ersten Untersuchung exemplarisch realisiert.

4.3.1.1 Untersuchungen zur fluiden Schmerzdarstellung und zu den Formentransformationen

Im Folgenden wird die Entwicklung eines Katalogs an fluiden und organischen Formen und Formentransformationen beschrieben. Methodisch wird dazu eine intuitionsgeleitete und experimentelle Herangehensweise gewählt mit dem Ziel, einen Versuchsaufbau zu schaffen, in dem wenig bis kein Einfluss auf die entstehenden Figuren genommen werden kann. Von einer computerbasierten *Generierung*[51] der Visualisierungen (z. B. durch *VVVV* oder *Processing*) wird

---

[51] Auch von einer gezielten Generierung (im Sinne einer gezielten Umsetzung) wird aus folgenden Gründen abgesehen: a) Der Aufwand, über den Einsatz einer entsprechenden Software zu feingranularen organischen Visualisierungen zu kommen, ist weitaus höher, als das gewählte analoge Verfahren und b) die eingesetzten computerbasierten Entwurfswerkzeuge weisen eine eigene Agentialität auf und determinieren die Darstellung auf mathematisch beschreibbare Funktionen.

abgesehen, um über das Zufallsprinzip neue Darstellungsformen zu *explorieren* und auf ihre individuelle Eignung zur Schmerzvisualisierung zu prüfen.

4.3.1.2 Versuchsaufbau zu organischen Formen und zur Formentransformationen

Um eine hohe Variation an feingranularen, organischen Visualisierungen und Formentransformationen zu erhalten, wird ein Versuchsaufbau[52] geschaffen, in welchem sich entsprechende Phänomene erzeugen und dokumentieren lassen. Dabei werden zwei Varianten aufgebaut.

In einer ersten Variante wird eine weiße Schale mit ca. zwanzig Zentimeter Durchmesser und zehn Zentimeter Tiefe auf einem Tisch platziert. Darüber wird mit Hilfe eines Stativs eine Kamera[53] installiert, an welche ein 70 mm Teleobjektiv mit Nahlinsen montiert ist. Der Sensor der Kamera ist somit parallel zur Schale angebracht. Verschiedene Farben (schwarz und rot) werden hintereinander mit dem Pinsel in das Wasser appliziert, wobei die Dauer des Kontakts des Pinsels mit dem Wasser die Größe der entstehenden Form beeinflusst. Die Kamera filmt dabei die Vorgänge und die Transformation der Flächen, während diese absacken und sich auflösen. In einer zweiten Variante des Versuchsaufbaus soll durch die Drehung der Schale eine weitere Dynamik in die entstehenden Formen gebracht werden. Dazu wird die Schale auf einen eingeschalteten Plattenspieler gestellt. Die durch die Drehung verursachten Fliehkräfte führen zu einer Konzentration der Farbfläche an den Rändern und zum Entstehen einer schneckenartigen Figur. Dabei zeichnet sich zudem eine Historie ab, indem neue Figuren in der Mitte entstehen und ältere, sich bereits in Auflösung befindliche Formen sich an die Ränder bewegen. Durch die Variation der Geschwindigkeit des Plattenspielers[54] (dreiunddreißig / fünfundvierzig Umdrehungen pro Minute und Pitchfader + 8 / −8 %) lassen sich die entstehenden Formen beeinflussen (Abb. 4.21 und 4.22).

---

[52] Die grundsätzliche Idee des Versuchsaufbaus besteht in dem Prinzip der Auflösung von Farbpigmenten in Wasser. Durch das Eintauchen eines eingefärbten Pinsels in eine Wasserschale entsteht zunächst ein abgeschlossener eingefärbter Bereich. Durch die Gravitation sinken die Pigmente anschließend Richtung Schalenboden, wobei sich die Form immer weiter auflöst. Dadurch entstehen Unschärfe- und Ausbreitungsphänomene – dichtere und transparentere Formen – welche für die Schmerzdarstellung potenziell produktiv gemacht werden können.

[53] Canon 5D Mark II digitale Spiegelreflexkamera mit 35 mm Kleinbild-Sensor.

[54] Technics 1200 Mark II.

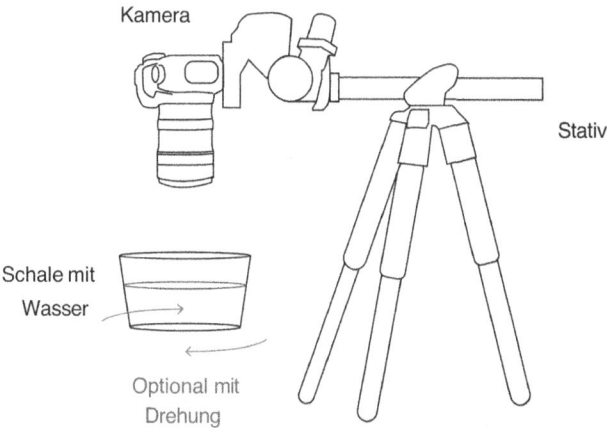

Abbildung 4.21 Aufbau des Kamera-Setups: Durch das Stativ wird die Kamera (bzw.) der Kamerasensor parallel zu der Wasserfläche ausgerichtet. Die Schale wird mit Wasser gefüllt und anschließend verschiedene Farben hinzugefügt, welche im Wasser verlaufen

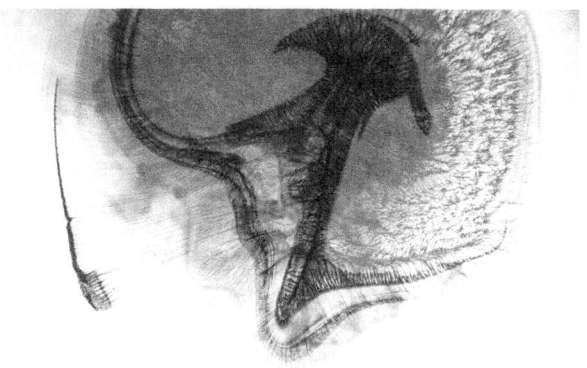

Abbildung 4.22 Erzeugtes Bild des Aufbaus, mit optionaler Drehung. Die Farbpigmennte sacken im Wasser ab und ergeben somit organische Formen mit Tiefenwirkung

Bearbeitung: Da das Ziel die Erzeugung dynamischer Schmerzbilder ist, welche Schmerzen als fluide und im Wandel begriffen vermitteln, sollen die

Ergebnisse aus Videosequenzen bzw. Gif-Animationen bestehen. In der Video-Bearbeitungssoftware *Adobe Premiere Pro*[55] wird das Rohmaterial initial bearbeitet. Durch den Einsatz selektiver Farbkorrekturen werden Weisstöne durch Schwarztöne ersetzt – und umgekehrt die Schwarztöne durch Weisstöne. Die so erzeugten Bilder führen zu einem gesteigerten Kontrast und einer erhöhten Dramatik (s. Abb. 4.23). Auf diese Weise wird das Organische der Formen weiter verstärkt und die Wirkung erhöht. Die einzelnen Sequenzen werden abschließend mit der Software *Adobe Media Encoder*[56] als Gif-Animationen exportiert und zu einem Katalog dynamischer Formen bzw. Formentransformationen zusammengestellt.

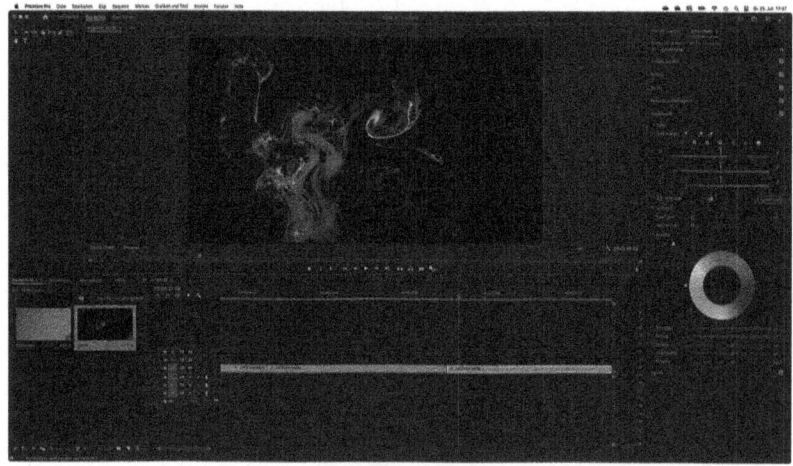

Abbildung 4.23   Bearbeitung der Formen-Videos mir *Adobe Premiere Pro*

Ergebnisse: Nachfolgend werden die verschiedenen Schmerzformen-Sequenzen tabellarisch aufgelistet und beschrieben (Tabelle 4.16).

---

[55] *Adobe Premiere* wird gewählt, da das Programm eine umfassende Palette an Werkzeugen und Funktionen bietet, die es ermöglichen, Videos zu schneiden, zu bearbeiten und Effekte hinzuzufügen, und sich nahtlos in andere Adobe-Produkte wie *After Effects* und *Photoshop* integriert.

[56] *Adobe Media Encoder* wird genutzt, da das Program umfangreiche Einstellmöglichkeiten zum Export von Gif-Animationen ermöglicht. Auf Grund der hohen Anzahl an Animationen ist diese Funktion wichtig, um die Gesamtdatenmenge gering zu halten.

Tabelle 4.16 Typisierte Schmerzformsequenzen

Schmerzform Sequenzen

Name	Visualisierung	Beschreibung
Geschlossene Form		Unregelmäßige Form als abgegrenzte Fläche mit scharfen Konturen und homogener Beschaffenheit.
Zentrum mit Rändern		Nach innen absackendes Zentrum mit leicht diffusem Randbereich. Regelmäßige Linienbildung vom Zentrum aus strahlend.
Zerfasert, strahlend		Zerfaserte Form mit transparenten Anteilen, ausstrahlend von innerer Mittellinie an die Ränder.
Verwunden mit Armen		Diffuses, nebelartiges Zentrum, von dem aus konturierte Arme abgehen und sich schneckenartig winden.

(Fortsetzung)

Tabelle 4.16 (Fortsetzung)

Schmerzform Sequenzen

Name	Visualisierung	Beschreibung
Konturierte Fetzen		Runde, spiralartige Form mit konturierten Rändern und unregelmäßiger, zerfetzter Fläche.

Der gewählte experimentelle Versuchsaufbau in Kombination mit dem Bearbeitungsverfahren erzeugt eine Vielzahl organischer, fluider und hochgranularer abstrakter Abbildungen, welche die Zielstellung erfüllen (s. Abschnitt 4.3.1.1). Die Bilder entsprechen den in den Entwurfskriterien formulierten Anforderungen an die Schmerzdarstellung (v. a. Kriterien 1, 4, 5, und 7, s. Abschnitt 4.1.2.1) und stellen folglich eine sinnvolle Weiterentwicklung des Darstellungsrepertoires[57] für die Schmerzerfassung dar. Die weitere Entwicklung in der vorliegenden Studie orientiert sich erneut (unter Berücksichtigung der in Abschnitt 4.1 untersuchten Parameter sowie der generellen Entwurfskriterien) an den ermittelten Darstellungen.

4.3.1.3 Untersuchungen zur Verortung der Schmerzen

Aktuelle Verfahren der standardisierten Schmerzlokalisation beschränken sich auf Fragebögen mit schematischen Figuren, in die sich der Schmerz durch die Patient*innen einzeichnen lässt (s. Abschnitt 2.1.6). Das Verfahren ermöglicht letztlich nur eine grobe Verortung der Schmerzen. Es existieren zwar auch digitale Anwendungen mit spezifischen Modulen zur Schmerzlokalisation, sie erweisen sich aber (wie bei den Faktoren Schmerzqualität und Quantität – s. dazu Abschnitt 2.1.4) in der Regel lediglich als Adaptionen der Papierfragebögen. In einer größeren Forschungs- und Entwicklungsstudie, welche an den Universitäten Oslo und Stockholm durchgeführt wurde, ist in Bezug auf die Lokalisierung das hochauflösende Schmerzdokumentationssystem GRIP (The Graphical Index

---

[57] Die organisch-fluiden Bilder der vorliegenden Entwicklungsstudie erweitern die bisherigen Schmerzdarstellungen der Konzeptstudie (Zeichnungen und Notationssystems), sowie die Testgrafiken der Grundlagenstudie.

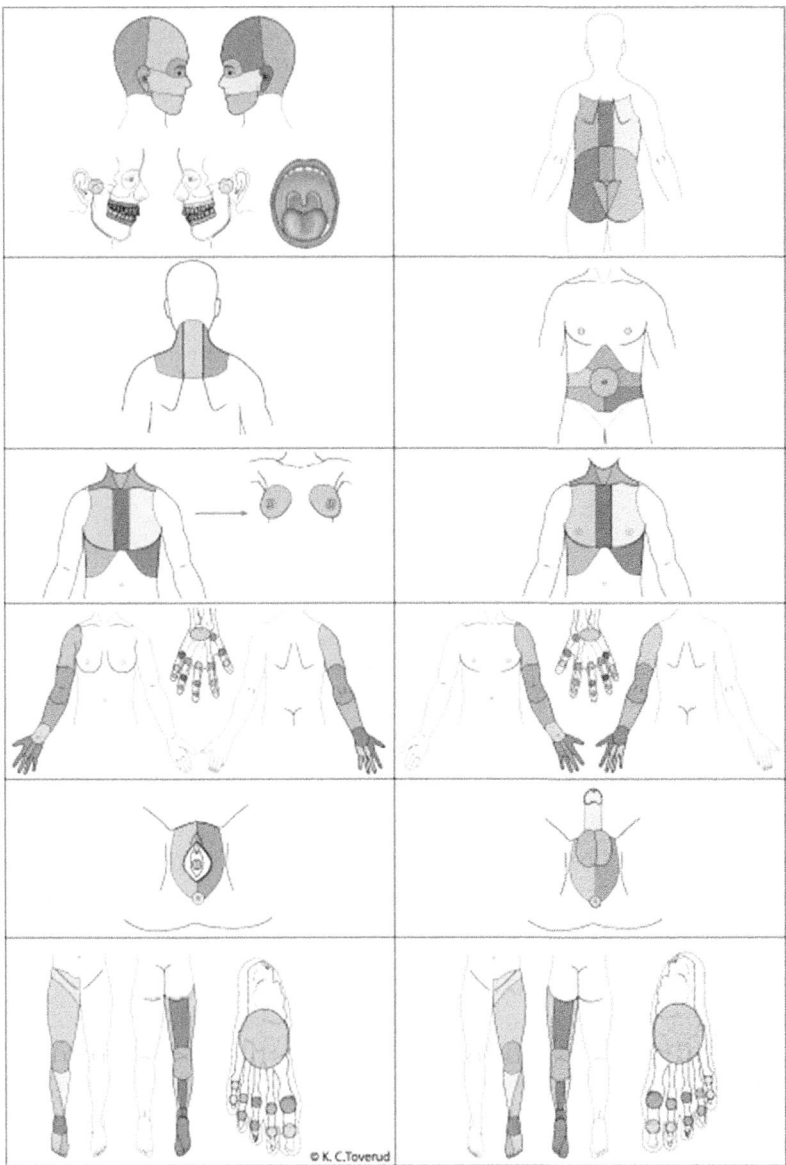

Abbildung 4.24   The Graphical Index of Pain (GRIP): Ausgewählte Körperregionen [275]

of Pain) entstanden [275] (s. Abb. 4.24). In diesem lassen sich geschlechterspezifisch hierarchisiert insgesamt ca. einhundertsiebzig verschiedene Körperregionen auswählen (Frauen: einhundertachtundsechzig, Männer einhundertsiebenundsechzig), für die eine distinkte Schmerzqualität- sowie quantität festgelegt werden kann [275].

Obwohl dieses System unbestritten eine hohe Leistungsfähigkeit in Bezug auf die Präzision der Verortung aufweist, wiederholt sich darin doch eine ausgeprägte Geschlechter-Binarität, die gegen die Zielstellung der Arbeit verstößt, Körper und Körpereinschätzungen als flexibel und individuell abzubilden. In der folgenden Untersuchung wird daher versucht, durch unterschiedliche gestalterische Strategien ein ebenfalls präzises, dennoch aber alle Normkörper vermeidendes Lokalisierungssystem zu entwickeln. Als Referenz-Körperteil wird für die Studien der Kopf ausgewählt.

4.3.1.4 Körperdarstellung

Zur Entwicklung einer angemessenen Körperdarstellung werden drei verschiedene Varianten getestet:

Variante A: Illustrativ. Um die Reproduktion von Normkörpern zu vermeiden, wird auf einem digitalen Zeichen-Tablet[58] mit dem Zeichenprogramm *Adobe Illustrator*[59] eine große Anzahl Köpfe gezeichnet. Durch die Variantenbildung sollen Zufälle und Fehler in den Zeichenprozess mit aufgenommen werden, um sich auf diese Weise von bestehenden Darstellungskonventionen zu lösen. Die entstandenen Zeichnungen sind eher wie Karikaturen eines Norm-Kopfes zu lesen – sie stellen somit keinen konkreten Kopf oder einen Ideal-Kopf dar – sondern vielmehr die Idee der Individualität in Bezug auf Köpfe im Allgemeinen (Abb. 4.25).

Variante B: Unschärfe. Der zweite Ansatz ist die Arbeit mit Unschärfeeffekten. Auch durch diese Strategie soll die Konkretheit der Kopfdarstellung verfremdet werden. Dazu werden aus einem digitalen Anatomieatlas „Zygote Body" [298] verschiedene Kopfschichten (Schädel/Knochen, Muskeln und Haut) übernommen und in *Adobe Photoshop* bearbeitet (s. Abb. 4.26). Zum einen werden sie in einem Blauton eingefärbt und zum anderen mit einem Unschärfeeffekt (Gauscher Weichzeichner) versehen. In einem zweiten Schritt lassen sich die einzelnen Schichten (Schädel/Knochen, Muskeln und Haut) mit Transparenz übereinanderlegen, wodurch die Anmutung eines Roentgenbildes entsteht. Somit lassen

---

[58] Wacom Bamboo Mini.

[59] *Adobe Illustrator* wird auch hier gewählt, weil vektorbasiert gezeichnet werden soll und die Zeichnungen problemlos in andere Programme wie *Adobe XD* überführt werden können.

Abbildung 4.25 Studien zu Kopfdarstellung durch zeichnerische Annäherung

sich auch anatomische Details, vor allem einzelne Muskelgruppen und Knochen bzw. der Schädel, identifizieren – gleichzeitig entsteht eine stark abstrahierte Menschendarstellung, die sich keiner Genderkategorie zuordnen lässt.

Variante C: Zeichnung mit Anatomie-Vorlage. Der dritte Ansatz stellt ebenfalls den Versuch eines zeichnerischen Zugangs dar. Dazu wird jeweils eine Vorlage (Muskelschicht, Schädel/Knochen und Haut) aus dem digitalen Anatomieatlas „Zygote Body" [298] übernommen. Es werden sodann mit einem digitalen Zeichentablett Kopfvarianten gezeichnet, welche sich möglichst stark an dem anatomischen Vorbild orientieren. Durch die Variantenbildung und einen schnellen, skizzenhaften Zeichenstil sollen – wie bei der freien Zeichnung – Deformationen und Fehler entstehen, so dass zwar eine Nähe zur anatomischen Vorlage besteht, aber gleichzeitig eine Verfremdung erzeugt wird (Abb. 4.27). Zur besseren Differenzierung gegenüber den Zeichnungen der ‚Variante A' werden die entstandenen Köpfe zum Abschluss eingefärbt – wobei hier gezielt eine Farbe gewählt wird, welche sich außerhalb des üblichen Hautton-Spektrums befindet.

4.3.1.5 Untersuchungen zu Parametern, grafischem Interface (UI) und Steuerung (UX)

Transformationsmodell – der multidimensionale Entwurf. Wie bereits in der Konzeptstudie erarbeitet und dargelegt, besteht in der Entwurfsarbeit eine große

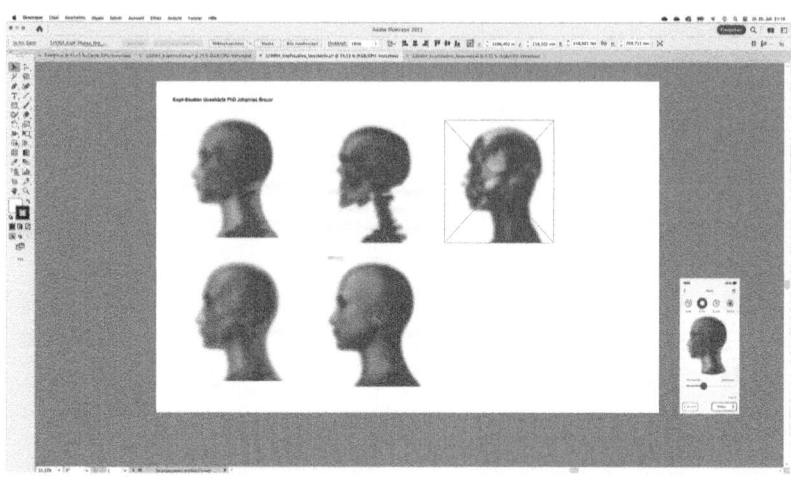

Abbildung 4.26 Studien zur Kopfdarstellung mit Unschärfeeffekt

Abbildung 4.27 Studien zu Kopfdarstellungen durch Zeichnungen nach Anatomie-Vorlage

Herausforderung hinsichtlich des parametrischen Ansatzes. Da das Ziel – wie
in der Studie zur formativen Evaluierung des Ansatzes bestätigt – eine möglichst
große Anzahl an Parametern ist (bzw. eine hohe Auflösung und daher eine hypothetische Präzision des Ausdrucks), wird in einem ersten Schritt ermittelt, welche
Parameter berücksichtigt werden sollen. Dabei wird auf den in der vorangehenden
Studie erarbeiteten Parametern Größe, Farbe, Form und Bewegung (bzw. Animation) aufgebaut. Wo Größe und Farbe wenig Variationsspielraum lassen[60], sollen
für die Form weitere Sub-Parameter erarbeitet werden, die vor allem organischere
Formen ermöglichen (wie weiter oben dargestellt), ebenso für die Animation (als
eines der zentralen Ergebnisse der vorangegangenen Studie).

Da insgesamt ein System entstehen soll, in welchem sich die unterschiedlichen Parameter gegenseitig bedingen, ist es nahezu unmöglich, alle im System einstellbaren Optionen gleichzeitig zu visualisieren. Dies erschwert einen
ästhetisch-visuellen Zugang bzw. die skizzenhaft iterative Annäherung, da der
Zustand, an dem aktuell gearbeitet wird, auch immer andere Zustände des Systems bedingt. Um dem zu begegnen, wird ein Modell erarbeitet, welches als
Entwurfsschema genutzt werden kann, das die gegenseitigen Bedingungen und
Wechselwirkungen abbildet. Dabei wird zunächst zwischen den übergeordneten
Parametern (Größe, Farbe und Animation) und den jeweiligen Unterparametern,
welche sie im Detail definieren, unterschieden. Die übergeordneten Parameter
bedingen sich nicht gegenseitig und sind daher isoliert zu betrachten. Für die
Visualisierung lassen sie sich addieren (s. Abb. 4.28).

Größe   +   Form   +   Farbe   +   Animation

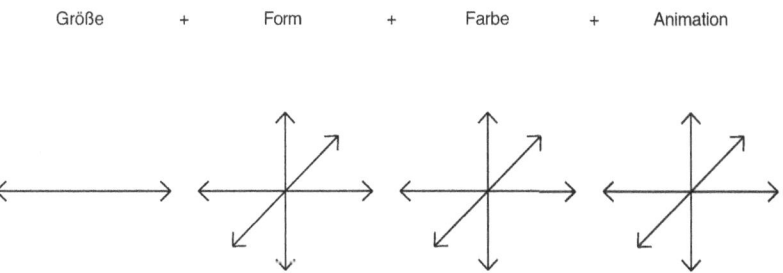

Abbildung 4.28 Übergeordnete Parameter mit additiver Logik

---

[60] Die unterschiedlichen Dimensionen von Farbe, Farbräumen und Farbsysteme seien an
dieser Stelle einmal ausgeklammert.

Die untergeordneten Subparameter lassen sich wiederum nur als Dimensionen beschreiben, da lineare Wechselwirkungen zwischen den Subparametern entstehen. Um diese zu entwerfen ist es notwendig, für jeden Status der Visualisierung den Transformationsschritt in jeweils eine ‚Richtung' mitzuzeichnen. Um ein Schema zu erhalten, in dem die einzelnen Zustände wie geschlossen, zerfasert, weich, scharfkantig usw. (s. Tabelle 4.15) in Parameter übersetzt werden können, wird ein Raster entwickelt, im welchem sich die Stadien mit dem jeweils nächsten Transformationschritt platzieren bzw. zeichnen lassen.

Auf dieser Grundlage ist ein dreidimensionales Modell des Formparameters entstanden, in dem jeder Schritt jeweils mit dem nächsten Schritt in einer der Dimensionen zusammmen dargestellt wird. Für eine einfachere Handhabung und einer besseren Übersicht wird auf dieser Grundlage der Würfel in drei Ebenen aufgeteilt, in welchen sich jeweils die Formen bzw. Formentransformationen entwerfen lassen (s. Abb. 4.29).

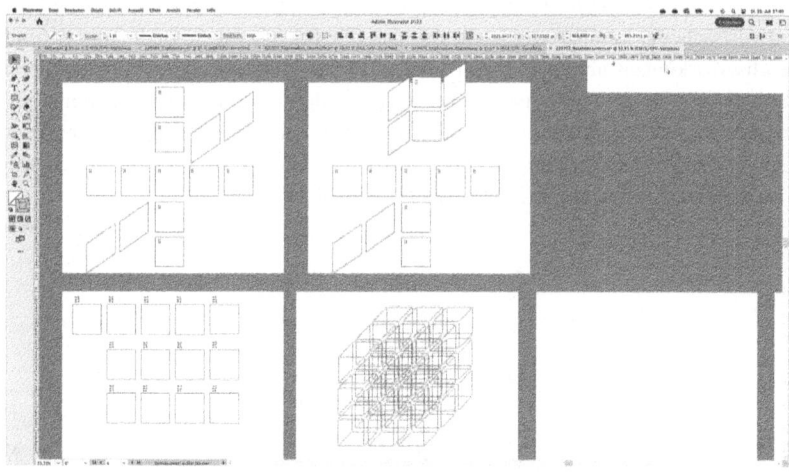

Abbildung 4.29 Erarbeitung eines Modells als Entwurfsschema

Ausgestaltung der Parameter: Für den Parameter ‚Animation' wird das in der Konzeptstudie erarbeitete dreidimensionale System verwendet, bestehend aus Größe der Amplitude, Frequenz und Aufbau (s. Abschnitt 4.1.3.7). Hinsichtlich des Parameters ‚Größe' gibt es keinen weiteren Definitionsbedarf, da dieser sich auf die Skalierung der Form insgesamt bezieht. Der Parameter ‚Farbe' wird aus der Ausführung in der Grundlagenstudie übernommen, welche aus den

Achsen Farbton (Linearer HSL Farbraum) und Farbintensität (linear von Weiß über Helligkeitsabstufungen zu Schwarz) besteht (s. Abschnitt 4.2.1.5). Somit bedarf nur der Parameter ‚Form' einer weiteren Ausgestaltung. Entsprechend dem erarbeiteten Entwurfsraster (vorheriger Absatz) werden im Folgenden mit unterschiedlichen Visualisierungsstrategien (Fotos, Zeichnungen) und der Methode der Variantenbildung Einstellungsparameter der Form erarbeitet. Dazu werden die Schilderungen der Betroffenen (s. Abschnitt 4.1.1.1), der Analyse des Onlineforums (4.1.1.3), der Literaturrecherche zum Stand der Forschung (s. Kapitel 2), die Entwurfskriterien (s. Abschnitt 4.1.2.1) und der erarbeitete Formsequenzkatalog (s. Abschnitt 4.3.1.2) genutzt. Die Animationssequenzen werden in ein UI- und UX-Prototyping-Programm überführt *(Adobe XD)*, um die Transformationen interaktiv[61] zu testen. Dabei sind aufgrund der Software allerdings nur lineare Transformationen bzw. Schritte möglich, was eine Testung der vorgesehenen dreidimensionalen Transformation vereitelt. Für die Erarbeitung der Parametersteuerung aus der Perspektive des UI und UX ist dieses allerdings ausreichend (Abb. 4.30).

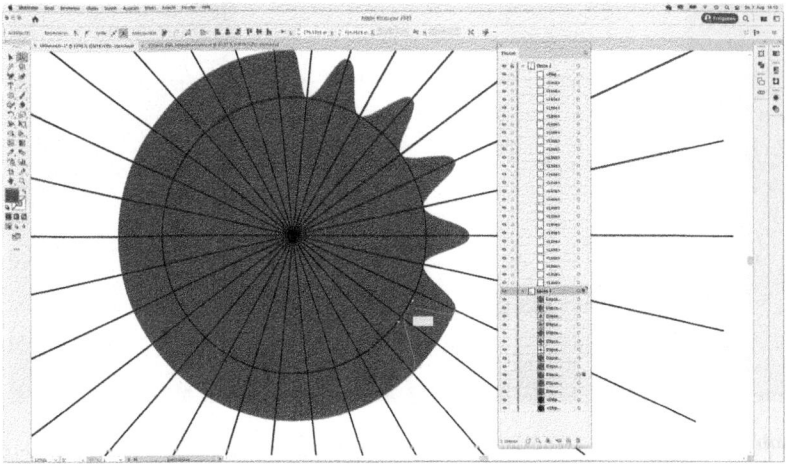

Abbildung 4.30 Erarbeitung von grafischen Formenparametern für die Schmerzformen (Modulation von Zacken durch Verkleinerung des Innenradius)

---

[61] *Adobe XD* ermöglicht das Prototypen der Navigation anhand der Definition von Schaltflächen als Sprungpunkte zu einer anderen Zeichenfläche. Weiterhin lassen sich Videos und Animationen einbinden und abspielen, die Modulation bzw. Steuerung von Animationen selbst ist allerdings nicht möglich.

Visualisierung der Transformationen: Zwar lassen sich mit dem entwickelten Entwurfsschema die einzelnen Visualisierungen so entwerfen, dass die jeweiligen Transformationsschritte mitgedacht werden und sich die Transformationen somit grob ableiten. Die Transformation selbst liegt auf diese Weise allerdings nur in diskreten Schritten vor. Für den Entwurfsprozess bedarf es allerdings zwangsläufig einer fluiden Abbildung der Transformation – einer prototypischen Animation einzelner Parameteränderungen. Dazu werden die Animationsschritte im ersten Schritt grob in Form von Papierskizzen entwickelt. Im nächsten Schritt werden sie in *Adobe After Effects* als Kompositionen gebaut und iterativ optimiert (s. Abb. 4.30). Für jeden einzelnen Schritt bzw. Parameter mit jeweils allen Unterparametern werden dergestalt exemplarische Animationen generiert, um die Funktionsweise der Visualisierungswerkzeuge demonstrieren zu können (Abb. 4.31). Die fertigen Animationen werden abschließend mit dem Lottie-File Plug-In [170] als *.json Dateien exportiert[62].

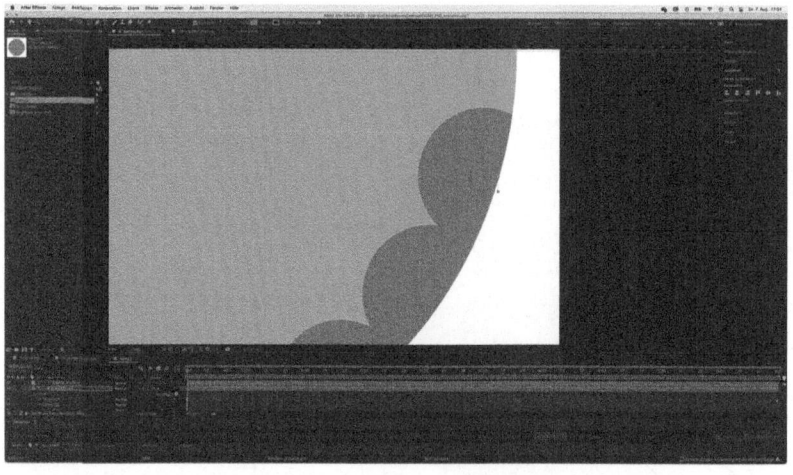

Abbildung 4.31   Einstellung der Transformationen in *Adobe After Effects*

User-Interface und UX-Flow: Um ein grafisches Nutzerinterface und ein UX Flow zu entwickeln, werden zunächst händisch Wireframe[63]-Skizzen erstellt, um

---

[62] Dieses Format ermöglicht vektorbasierte Animationen und somit skalierbare Elemente bei geringer Dateigröße.

[63] Als ,Wireframes' werden schematische Darstellungen von Benutzeroberflächen bezeichnet, die verwendet werden, um die Struktur, den Aufbau und die Platzierung von Elementen

durch Variantenbildung ein Bedienkonzept für die Steuerung der Schmerzparameter zu entwickeln. Da sich in der vorangegangenen Studie eine gleichzeitige Einstellung von zwei und mehr Parametern hinsichtlich der Gebrauchstauglichkeit als unzureichend herausgestellt hat, wird die Parametereinstellung aufgeteilt (s. Abschnitt 4.2.3.2). Das bedeutet, dass sich jeweils ein Parameter der Darstellung pro Schritt einstellen lässt, die Einstellungen sich allerdings gegenseitig bedingen. Dabei orientiert sich die Anwendung an den übergeordneten Parametern (Größe, Farbe, Form und Animation), wobei der Parameter Größe dem Schritt ‚Bereich einzeichnen' subsumiert wird. In der UX Software *Adobe XD* wird auf der Grundlage der Wireframes eine Durchführung durch die Schritte angelegt und es werden Elemente wie Button, Beschriftungen usw. gestaltet (s. Abb. 4.32). Nach Möglichkeit wird die Steuerung der Grafiken per Wischgeste angestrebt. Diese Entscheidung hatte sich sowohl in der Konzeptstudie als Anforderung ergeben (s. Abschnitt 4.1.3.6), als auch in der Grundlagenstudie mit Patient*innen und Proband*innen als favorisierte Interaktionsform erwiesen (s. Abschnitt 4.2.3.2).

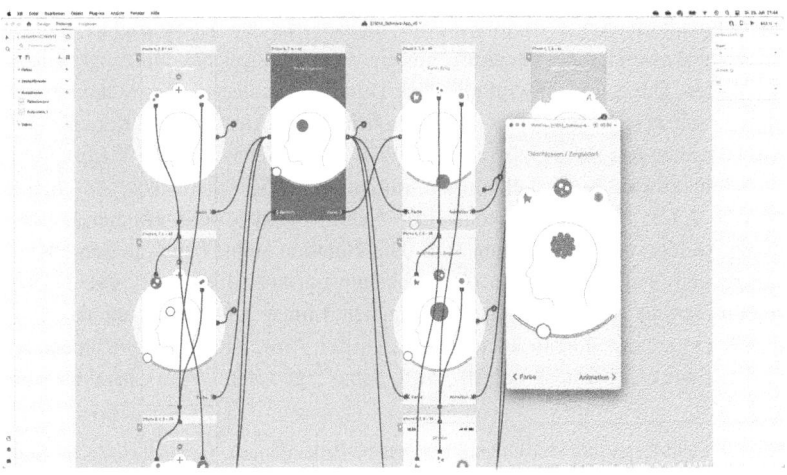

Abbildung 4.32 Erstellung und Anzeige des UX-Flows mit *Adobe XD*

in einer Anwendung zu visualisieren. Das Ziel besteht darin, eine grundlegende Vorstellung des Layouts zu vermitteln, bevor Gestaltungsentscheidungen auf Detaillevel getroffen werden [218].

Das Grafik-Konzept beruht auf einer Fokussierung auf die Werkzeuge – diese sind jeweils in der gewählten Schmerzfarbe gehalten, um eine visuelle Verbindung zwischen den (durch Wischgesten zu bedienenden) Schiebereglern und der Darstellung herzustellen. Navigationselemente wie ‚vor' und ‚zurück' sind wiederum weniger prominent in Textform gehalten, damit sie sich den eigentlichen Werkzeugen hierarchisch unterordnen. Das Körperteil, in welches der Schmerz eingezeichnet wird, wird in einem Kreis angezeigt. Durch den Kreis wird zum einen der Blick auf das Zentrum des Bildschirms und daher der Schmerzvisualisierung geleitet, zum anderen stellt der Kreis – im Gegensatz zum Rechteck – eine organische Form dar, in welche sich die Körperteile natürlich einpassen. Für den Prototypen werden die in *Adobe After Effects* generierten Lottie-Animationen eingesetzt, so dass sich der Einfluss der verschiedenen Werkzeuge in den Einstellungsschritten darstellen lässt.

4.3.2 UI/UX-Prototyp des Schmerzerfassungssystems

Das Schmerzerfassungssystem wird abschließend in den Mockup einer Patient-Reporting-Anwendung[64] integriert, um ein anwendungsnahes Nutzungsszenario zu schaffen. Das Szenario wird als Click-Dummy[65] realisiert. Das Schmerzerfassungssystem besteht aus sechs Eingabeschritten: 1. Auswahl der Körperregion, 2. Einzeichnen des Schmerzbereichs, 3. Wählen der Schmerzfarbe, 4. Einstellung der Schmerzform, 5. Einstellung der Animation, 6. Speichern bzw. Abschicken (s. Abb. 4.33). Zwischen die einzelnen Schritte sind jeweils erklärende Texte gesetzt, welche in Rosa gerahmt sind. Die Notation selbst bzw. die Screens mit Werkzeugen sind wiederum in Grau gehalten (s. Abb. 4.35–4.38). Die Formen im Hintergrund werden mit geschwungenen Linien umgesetzt, um das Prinzip des Organisch-Fluiden auch im Design der Anwendung aufzunehmen. Als Schriftart wird die Grotesk-Schrift ‚Work Sans'[66] gewählt. Deren Charakter wirkt

---

[64] Eine Patient-Reporting-Anwendung ermöglicht Patient*innen, Gesundheitsdaten, Symptome und medizinische Informationen zu erfassen und an medizinische Fachkräfte oder Gesundheitseinrichtungen zu übermitteln (s. „Patient Reported Outcome Measurements", Abschnitt 1.2.1).

[65] Als ‚Click-Dummy' werden interaktive Prototypen bezeichnet, welche es ermöglichen, auf verschiedene Elemente zu klicken, um eine interaktive und visuelle Vorstellung von der Funktionalität zu erhalten, bevor die eigentliche Entwicklung stattfindet [218].

[66] Die Schriftart ‚Work-Sans' ist als Google Font lizenzfrei und gratis verfügbar. Sie bietet überdies den Vorteil der Optimierung mit Blick auf die digitale Anzeige und der einfache Implementierung in eine Webseite oder Anwendung.

klinisch und aufgeräumt und kann der Anwendung eine seriöse und medizinische Anmutung geben. Die Symbole für die unterschiedlichen Parametersteuerungen werden von der ikonographischen Umsetzung der Entwurfskriterien (s. Abschnitt 4.1.2.1) der Animationsdarstellung (s. Abschnitt 4.1.3.7), sowie von den Formenmodulationen abgeleitet.

Abbildung 4.33 Schritte der Schmerzerfassung

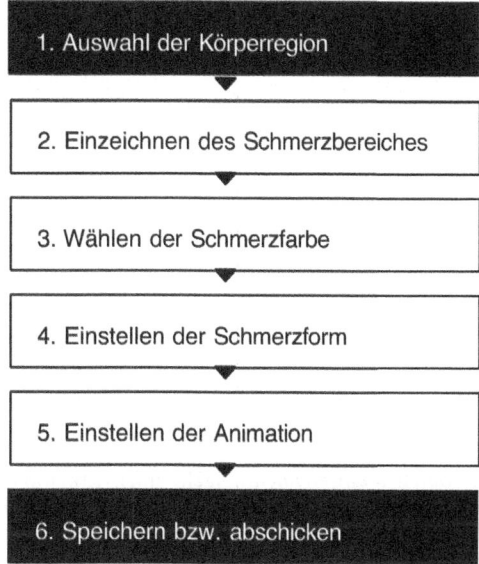

1. *Auswahl der Körperregion:* Nach dem Öffnen des virtuellen Fragebogens wird eine kurze Einleitung eingeblendet, welche das Ziel des Systems darlegt und das Aufrufen der Hilfefunktion erklärt. Darauf folgt eine schematische Körperdarstellung, in welcher ein oder mehrere Bereiche ausgewählt werden können, in die der Schmerz eingezeichnet werden soll. Nach der Auswahl einer Körperregion werden verschiedene Ansichten angeboten, von denen eine ausgewählt werden kann. Durch die Buttons ‚Weiter‘ und ‚Zurück‘ kann zwischen den Schritten hin- und hernavigiert werden.

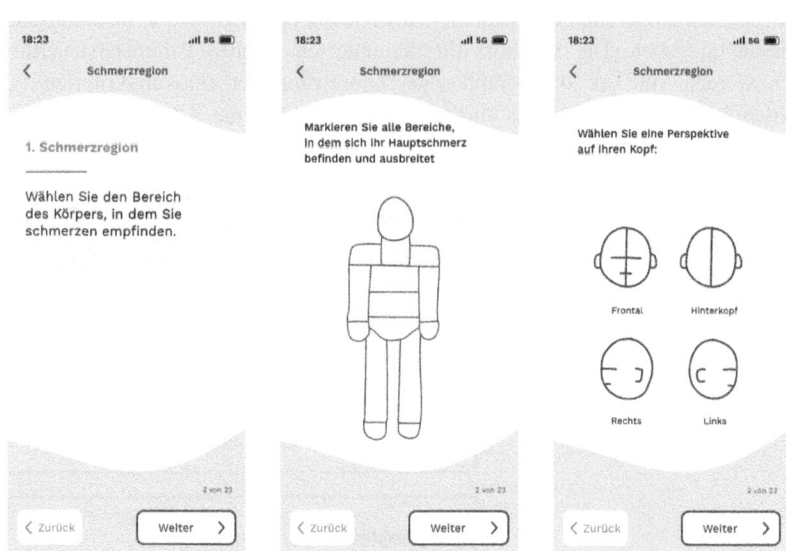

Abbildung 4.34 Startscreen und Auswahl der Körperregion

2. *Bereich einzeichnen:* Nach einer Erklärung des folgenden Werkzeugs (s. Abb. 4.35 links) wird das Schmerzbereich-Werkzeug angezeigt. Bei diesem lassen sich über das ,+'-Symbol verschiedene Schmerzpunkte erzeugen und anschließend per ,drag-and-drop' verschieben. Der jeweils als letztes erzeugte Schmerzpunkt kann durch den Größenslider skaliert werden. Über ,rückgängig' und ,wiederholen' lassen sich die Aktionen widerrufen bzw. das Widerrufen rückgängig machen. Im nächsten Schritt können die einzelnen Punkte zu einer geschlossenen Fläche verbunden werden. Dazu verbreitet sich die Konturlinie des Kreises und schließt sich mit den nächsten Kreisen zusammen (s. Abb. 4.35). Auf diese Weise lassen sich auf Grundlage des Kreises eine Vielzahl unterschiedlicher Formen generieren – auch längliche oder rechteckige. Das Werkzeug ist so konzipiert, dass es keine geometrisch perfekten symmetrischen Formen erzeugt, sondern eher unregelmäßige geometrische Formen, um dem Ziel einer nicht-deterministischen Schmerzabbildung gerecht zu werden (s. Abb. 4.35).

Abbildung 4.35
Beschreibung und
Bedienung des
Schmerzbereich-Werkzeugs

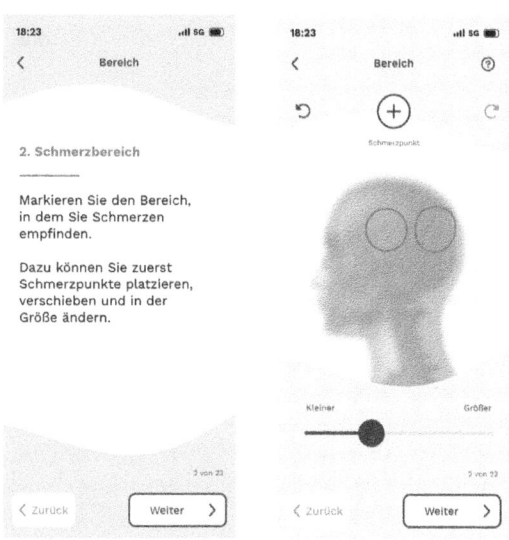

3. *Farbe und Farbverlauf einstellen:* Im dritten Schritt geht es um die Definition
    einer Schmerzfarbe. Dazu stehen drei Farbspektren bereit: Gelbtöne, Rottöne
    und Blautöne[67]. Diese lassen sich jeweils auswählen und durch einen Schiebe-
    regler in der Helligkeit modellieren (s. Abb. 4.36 Mitte). Auf die Einstellung
    der Farbe folgt die optionale Definition eines Farbverlaufes. Dazu stehen die
    Optionen Orange, Gelb und Transparent zur Auswahl. Nach der Auswahl eines
    der Verläufe kann durch den Schieberegler der Radius des Verlaufs einge-
    stellt werden – dieser reicht von einer dünnen Kontur bis zu ‚kreisfüllend‘
    (s. Abb. 4.36 rechts). Wie bei den übrigen Werkzeugen ist auch bei diesem
    Schritt ein erklärender Text vorangestellt (s. Abb. 4.36 links).
4. *Form definieren:* Der Schritt, in welchem sich die Form definieren lässt, besteht
    aus insgesamt drei Werkzeugen in denen sich a) die *Auflösung,* b) die *Form*
    und c) die *Strahlung* der Schmerzabbildung einstellen lässt (s. Abb. 4.37),

---

[67] Die Farben Rot und Gelb werden auf Grundlage der von den Patient*innen und Proband*innen gewählten Farben in der Grundlagenstudie aufgenommen, das Blau noch zusätzlich auf Anraten des Teams der multimodalen interdisziplinären Schmerztagesklinik des
Universitätsklinikums Jena, da Schmerzen vereinzelt als elektrisierend beschrieben würden.

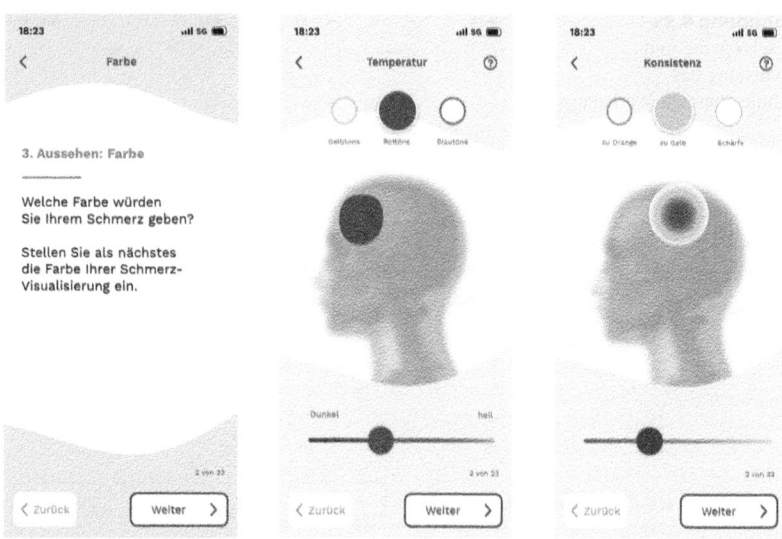

Abbildung 4.36 Beschreibung und Bedienung des Farb- und Farbverlauf-Werkzeugs

Vorangestellt ist – wie bei jedem Schritt – eine Erläuterung des Werkzeugs und der mögliche Bedeutung der Darstellung in Bezug auf das Schmerzerleben (s. Abb. 4.34). Das *Auflösung*-Werkzeug erlaubt es, die definierte Form in Einzelpunkte aufzulösen, wobei diese durch Bedienen des Schiebereglers kleiner werden und die Abstände sich vergrößern. Dabei wird die Formcharakteristik der übrigen Werkzeuge in den neu entstehenden kleineren Formen übernommen. Durch das *Form*-Werkzeug lässt sich die Kontur – bzw. die generelle Form der Abbildung – modellieren. Durch Bedienung des Schiebereglers bildet die Form erst Wellen, dann Zacken, welche durch die weitere Bedienung spitzer werden. Das *Strahlen*-Werkzeug schließlich definiert die Ausstrahlung der Abbildung, indem hier der Schieberegler bewirkt, dass die Strahlen vom definierten Schmerzbereich aus länger werden bzw. bei einer nicht-zackigen Form größer skalierte Wiederholungen der Schmerzform in Transparenz-Abstufungen entstehen (s. Abb. 4.37).

5. *Animation einstellen:* Nach der Definition des Bereichs, der Farbe und der Charakteristik der Form lässt sich final noch die Darstellung animieren. Dabei stehen die Werkzeuge a) *aufbauend/abbauend*, b) *Frequenz*, c) *Amplitude* und d) *Richtung* zur Verfügung. Das erste Werkzeug definiert, ob die Animation

Abbildung 4.37
Beschreibung und
Bedienung des
Form-Werkzeugs

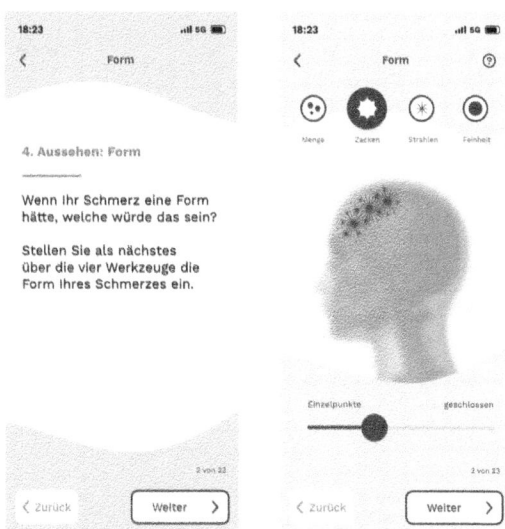

aufbauend oder abbauend verläuft. Standardmäßig ist sie auf ein regelmäßiges Pulsieren eingestellt. Durch die Bedienung des Schiebereglers lässt sich das Pulsieren als ‚langsam aufbauend und schnell abfallend' bzw. als ‚schnell aufbauend und langsam abfallend' modellieren – je nachdem, in welche Richtung der Regler verstellt wird. Das *Frequenz*-Werkzeug definiert hingegen die Dauer der Wiederholung der Animation, welche von einem Flimmern (Hochfrequenz) bis zu einer zeitlupenartigen Wellenbewegung reicht (niedrige Frequenz). Durch die Modellierung der *Amplitude* lässt sich, auf die gesamte Animation bezogen, die ‚Stärke', also die Ausbreitung der animierten Form, einstellen. Das letzte Werkzeug betrifft die *Richtung*. Hier steht – im Gegensatz zu allen übrigen Werkzeugen – ein ‚Joystick' als Steuerungselement zur Verfügung, mit welchem die Richtung der Animation modelliert werden kann[68] (s. Abb. 4.38). Somit lässt sich in der Animation beispielsweise die Richtung der Schmerz-Ausstrahlung definieren. Vor den Werkzeugen taucht der übliche Einleitungstext auf (s. Abb. 4.38 links).

6. *Absenden / Speichern:* Nach Abschluss der Schmerzformung wird eine Zusammenfassung angezeigt, welche aus einem Abbild der erzeugten Schmerzform und der ausgewählten Körperstelle besteht. Durch einen Absendebutton wird

---

[68] In diesem Fall wird sich gegen die sonst verwendete Eingabeform des Sliders entschieden, da eine 360° Ausrichtung ermöglicht werden soll.

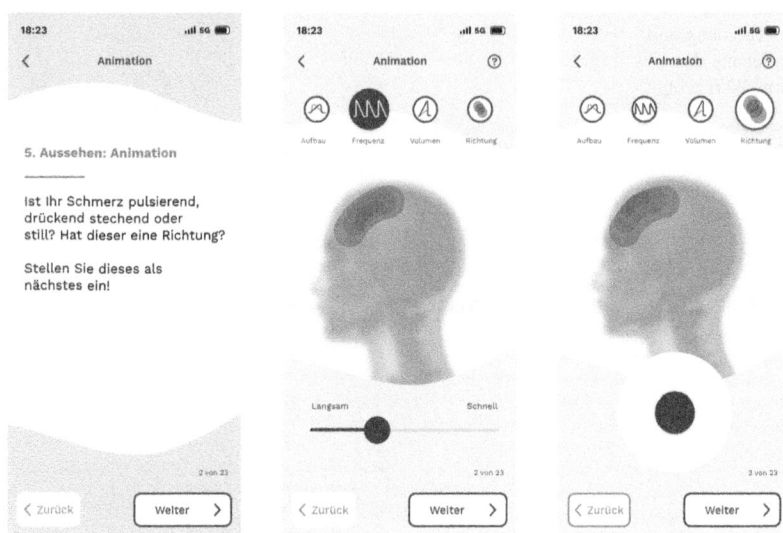

Abbildung 4.38   Beschreibung und Bedienung des Animations-Werkzeugs

der ‚Fragebogen' abgesendet und der dokumentierte Schmerz gespeichert. Dieser lässt sich über einen klinischen Client, Bspw. *dotclinic* des Medizinischen Dokumentationssystems *dotbase* durch die Behandler*innen aufrufen [101]. Die Patient*innen können über das Menu der Patient-Reporting App ihre bisher gespeicherten Dokumentationen einsehen.

4.3.2.1   Diskussion des Prototyps

Ein Ergebnis der Patient*innen und Proband*innenstudie ist die generelle Anforderung einer Vermittlung zwischen Detailgrad, Komplexität und Benutzerfreundlichkeit. Ihr wird a) durch eine Erhöhung der Auflösung durch die Integration der Werkzeuge in eine Schmerzvisualisierung und b) durch die Konzeption und Umsetzung eines Navigations- und Steuerungskonzepts für die Schmerzparameter begegnet. Das soll hypothetisch zu einer verbesserten Gebrauchstauglichkeit (s. Abschnitt 2.3.1.4) führen und gleichzeitig zu einem erhöhten Detailierungsgrad in der Schmerzabbildung. Konkret wird auf diese Weise auch der häufig

genannte Wunsch nach einer Steuerungsmöglichkeit der Animation adressiert
und umgesetzt. Dem in der Patient*innenstudie ermittelten Bedarf nach einer
Schmerzlokalisierung wird im Prototyp mit der Integration eines entsprechenden Moduls entsprochen. Die Leistungsfähigkeit im Fall der konkreten Nutzung
soll in der folgenden Demonstrationsstudie mit Proband*innen und Patient*innen
untersucht werden.

   Die Entwicklung von Schmerzdarstellungen, welche den in den Entwurfskriterien formulierten Anforderungen entsprechen (s. Abschnitt 4.1.2.1), stellt ein
zentrales Ziel der Entwicklungsstudie dar. In der folgenden Tabelle wird das
Ergebnis (Umsetzung der Entwicklungen in einem Demonstrator) hinsichtlich der
Erfüllung der Kriterien interpretiert (s. Tabelle 4.17).

Tabelle 4.17 Abgleich des Systems mit dem Kriterienkatalog

Diskussion anhand Zielstellung und Entwurfskriterien	
Kriterium 1: Abbildung von Körperinformationen nur in Bewegung. Vermittlung von Wandel und Veränderbarkeit.	Durch das in dieser Iteration weiter ausgearbeitete Animationswerkzeug lässt sich der Schmerz detailliert bewegt darstellen.
Kriterium 2: Ermächtigung der Nutzer*innen durch Aktions-Reflexions-Mechanik. Modellierbare Parameter statt Auswahl.	Dieses Kriterium ist weitestgehend erfüllt. Auf einer höhergelagerten Ebene sind durchaus Auswahlmechaniken vorhanden, wie etwa die Selektion bestimmter Werkzeuge. Gesamthaft betrachtet stellt sich das System allerdings eher als Baukasten dar, so dass die Möglichkeit der Modellierung einer individuellen Darstellung gegeben ist.
Kriterium 3: Beziehung zwischen erfasster Artikulation und Form der Darstellung nachvollziehbar halten.	Dadurch, dass die Nutzer*innen eigenverantwortlich ihre jeweilige Schmerzabbildung gestalten, ist die erhobene Information mit ihrer Ausgabe identisch. In diesem Sinne ist auch dieses Kriterium erfüllt.
Kriterium 4: Vermeidung von weitungsimplizierter Ikonografie und Notationslogik. Subjektive Bewertung durch individuelle Bedeutungserzeugung.	Die mit dem System zu erzeugenden Schmerznotationen sind als Bilder bzw. Abbildungen der Schmerzen, weniger als eindeutige Zeichen innerhalb einer vorgelegten Skala zu betrachten. Insofern ist dieses Kriterium ebenfalls erfüllt.

(Fortsetzung)

Tabelle 4.17 (Fortsetzung)

Diskussion anhand Zielstellung und Entwurfskriterien	
Kriterium 5: Erfahrung in ihrer Vielschichtigkeit und in Bezug auf Körper erfassen.	Die unterschiedlichen Werkzeuge ermöglichen ein hochgradig vielschichtiges Abbild der Schmerzen. Dabei sind die entstehenden Visualisierungen durchgehend bildhaft und integrieren multiple Aspekte des Schmerzes.
Kriterium 6: Zusammenlegung von Intensität und Qualität – beides ist in der Wahrnehmung der Betroffenen nicht trennbar.	Im vorliegenden System wird im Sinne eines ‚Schmerzbildes‘ die Qualität, die Quantität und die Lokalisierung des Schmerzes zusammengeführt. Das Schmerzbild orientiert sich somit an der beschriebenen Wahrnehmung der Betroffenen.
Kriterium 7: Organische und bildhafte Erhebung und Darstellung von Körperdaten. ‚Wahrnehmungsnähe‘ herstellen – Bild statt Zeichen.	Die Schmerzinformationen werden anhand des Schmerzbild-Baukastens erzeugt und insofern in bildhafter Form erhoben. Die Darstellung ist in hohem Maße organisch und fluide.
Kriterium 8: Idiosynkrasie des Schmerzes: Approximation anhand körperlicher Bildmetaphern.	Das grundlegende Prinzip des Systems ist das Erzeugen von Schmerzabbildungen – wie gut dies individuell funktioniert, lässt sich nur in der folgenden Patient*innen/ Proband*innenstudie überprüfen.

Zusammenfassend lässt sich hinsichtlich der Bewertung anhand der identifizierten Entwurfskriterien feststellen, dass diese hypothetisch erfüllt werden. Es ist jedoch zu beachten, dass grundsätzlich die Validierung durch Patient*innen fehlt. Dies soll in der nächsten Iteration (Demonstrationsstudie) erfolgen. Insgesamt steht das Ergebnis der Entwicklungsstudie weiterhin im Einklang mit den Zielen des Entwurfs, aber auch mit den in der Grundlagenstudie ermittelten Anforderungen.

4.3.3   Zusammenfassung und Ausblick

4.3.3.1 Zusammenfassung

Ziel der vorliegenden Entwicklungsstudie ist die Ausarbeitung des Ansatzes einer haptisch-visuellen Schmerzerfassung. Dazu werden, aufbauend auf den Ergebnissen der Konzeptstudie (s. Abschnitt. 4.1) sowie der Grundlagenstudie (s. Abschnitt 4.2), weitere (organische und fluide) Schmerzdarstellungen exploriert. Durch einen Versuchsaufbau zur zufallsbasierten Erzeugung von (fluiden und organischen) Formen bzw. Formentransformationen und die anschließende Bearbeitung des Rohmaterials entstehen fünf Schmerzform-Sequenzen (Gif-Animationen). Diese entsprechen in ihrer visuellen Anmutung den in der Konzeptstudie entwickelten Entwurfskriterien (s. Abschnitt 4.1.2.1) und dienen als Ausgangsmaterial für die weitere Entwicklung des Schmerzerfassungssystems. Für das Schmerzerfassungssystem wird im Anschluss das Modul der Schmerzverortung entwickelt. Dazu werden Untersuchungen zur Körperdarstellung in Form von drei Entwurfsvarianten (Variante A: Illustrativ, Variante B: Unschärfe, Variante C: Zeichnung mit Anatomie-Vorlage) durchgeführt und für die Implementierung in Form einer prototypischen Patient-Reporting-Anwendung aufbereitet. Ausgehend von den Überlegungen zum ‚Schmerzraum‘ in der Grundlagenstudie (s. Abschnitt 4.1.3.4) wird zudem ein System zum Entwerfen von Formen-TransformationsParametern entwickelt und ausgearbeitet. Anschließend werden die mit Hilfe des Systems entwickelten Ansätze als lineare Animationen umgesetzt, um die jeweiligen Transformationen hinsichtlich ihrer technischen Realisierbarkeit (Parametrisierbarkeit) und ihrer ästhetischen Anmutung (Beurteilung nach Entwurfskriterien s. Abschnitt 4.1.2.1) untersuchen zu können. Studien zum User-Interface und zum UX-Flow stellen den Abschluss der Entwicklung dar und die Überleitung in die Implementierung in den Prototyp eines digitalen Schmerzerfassungssystems. Das digitale Schmerzerfassungssystem wird durch den Abgleich mit den Ergebnissen der vorangegangenen Grundlagenstudie mit Patient*innen- und Proband*innenstudie sowie mit den im Kriterienkatalog entwickelten Anforderungen geprüft.

4.3.3.2 Ausblick

Insgesamt ist die Weiterentwicklung des Ansatzes im Einklang mit den ermittelten Anforderungen. Die Reflexion mit Hilfe der Entwurfskriterien und der Ergebnisse aus der ersten Patient*innen und Proband*innenstudie weist auf eine Kohärenz des Entwurfs mit den definierten Zielstellungen hin. In Design-Reviews mit Expert*innen aus den Bereichen Medizin[69] und Softwareentwicklung[70], denen der Demonstrator vorgeführte wurde, konnte ebenfalls der Ansatz und die Umsetzung der Entwicklungsstudie als a) potentiell medizinisch wertvoll und b) technisch umsetzbar bestätigt werden.

Die in dem Prototyp-Entwurf materialisierten Hypothesen zur Darstellung (Visualisierung, Parameter) und Steuerung (UI und UX Konzept) werden in der

---

[69] In einem Design-Review mit einem angehenden Arzt, der sich in der Facharztausbildung zum Neurologen an einem Universitätsklinikum befindet, wird der Prototyp (Click-Dummy) vorgestellt. Ziele waren a) eine allgemeine Beurteilung aus medizinischer Perspektive, b) die Ermittlung von relevanten Begleitinformationen zur Schmerznotation und c) die Frage nach dem Bedarf des Detaillierungsgrades des Körperbereichs in Bezug auf die Auswertbarkeit der Ergebnisse. In dem Review gab der Experte an, dass die Ausstrahlung der Schmerzen ein wichtiger Punkt sei, welcher im aktuellen Konzept schon gut gelöst sei. Gerade in Bezug auf Migräneerkrankungen wäre es interessant abbilden zu können, wie sie sich in der Stirn aufbauten und dann über den Kopf hinweg mit unterschiedlichen Charakteristika ausbreiten. Eventuell bräuchte es dazu auch multiple Schmerzpunkte, um diese Prozesse mit den aktuellen Formen darstellen zu können, da sich der Schmerz an unterschiedlichen Stellen mit unterschiedlichen Charakteristiken materialisiert. Hinsichtlich der medizinisch sinnvollen Informationen im Datensatz wies er darauf hin, dass die Dermatome bzw. Hautnervenareale aus neurologischer Sicht eine pragmatische Lösung wären. Technisch könnte man die Dermatome den Körperteilen als virtuelle Karte hinterlegen und sie dann beim Einzeichnen des Schmerzes berücksichtigen. Mit diesen ließen sich beispielsweise auch Schmerzprojektionen (wie ein charakteristischer Schmerz im unteren Rippenbogen bei einem Leberschaden) identifizieren. Hinsichtlich der Körper-Darstellungsformen würde er alle vorgelegten Formen als geeignet einschätzen, da für die Auswertung von Schmerzangaben selten eine anatomisch hochdetaillierte Abbildung benötigt wird.

[70] Das Review wurde mit einem studierten Informatiker durchgeführt, welcher bereits seit drei Jahren im Bereich der Medizin-Software primär als Front-End-Entwickler arbeitet. In dem Review sollten a) Bedienbarkeit und User-Experience-Aspekte besprochen werden und b) mögliche Hindernisse oder Spezifizierungsbedarfe für die Umsetzung exploriert werden. Hinsichtlich des graphischen Nutzer*innen-Interfaces merkte der Experte die Umständlichkeit an, mit der zur Nutzung der unterschiedlichen Werkzeuge zwischen ihnen gewechselt werden muss. Er schlug daher einen weiteren Entwurf vor, in dem die Schieberegler aller Werkzeuge der jeweiligen Schritte instantan eingeblendet seien. Dies wäre auch konsequenter in Bezug auf das generelle Konzept des Systems eines interaktiven Modellierens und Prüfens. Eine Umsetzung werde mit weniger Unterbrechungen möglich sein und hypothetisch dazu animieren, mehr Varianten zu testen, was schließlich zu einem möglicherweise präziseren Schmerzabbild führen würde. In Bezug auf die Umsetzbarkeit äußerte er wenig Bedenken, wies aber auf einen generell sehr hohen Aufwand hin, da hier nur sehr bedingt mit Standardkomponenten gearbeitet werden könne. Das Ausstrahlungswerkzeug sei nach seiner Einschätzung auch noch nicht ausreichend definiert. Vor allem die Transformation von einer flächigen zu einer zackigen und weiterhin einer aufgelösten Form müsste beispielsweise noch durch eine prototypische Animationssequenz spezifiziert werden.

folgenden Studie in Form eines Demonstrators umgesetzt. Ziel ist dessen Evaluation durch die Nutzung von Patient*innen und Proband*innen, die grundlegende Demonstration der Ansatzes in ausgearbeiteter Form und die Ermittlung von Einsatzszenarien gemeinsam mit Behandler*innen.

4.4 Studie IV: Demonstrationsstudie

Die folgende Studie beschreibt die Entwicklung und Testung eines Demonstrators für die visuell-haptische Erfassung individueller Schmerzerfahrung mittels interaktiver Eingabe- und Darstellungsformen. Die Entwicklung beruht auf dem hier leitenden Konzept, den Grundlagen- und Entwicklungsstudien (s. Abschnitt 4.1, 4.2, 4.3), vor allem aber auf den Prototypen der Entwicklungsstudie, für welche das System exemplarisch als digitaler Fragebogen in Form eines Click-Dummys umgesetzt wird (s. Abschnitt 4.3). In einem ersten Schritt wird der Demonstrator konzipiert sowie auf dieser Grundlage technisch durch einen Softwareentwickler umgesetzt[71] und anschließend in Bezug auf seine Eignung zur Schmerzerfassung aus der Perspektive der Patient*innen sowie Behandler*innen evaluiert.

Die Testung wird auf einem Tablet mit Patient*innen und Proband*innen an der Klinik für Anästhesiologie und Intensivmedizin der FriedrichSchiller-Universität Jena durchgeführt. Die Patient*innen dokumentieren ihre Schmerz-Hauptlokalisation, die Proband*innen drei standardisierte Schmerzreize. Dabei werden beide Gruppen interviewt und es werden ihnen Fragebögen vorgelegt. Die dritte Gruppe stellen die Therapeut*innen bzw. Expert*innen im Bereich Schmerztherapie dar (Ärzt*innen, Psychotherapeut*innen, Physiotherapeut*innen). Sie bewerten den Einsatz hinsichtlich seiner medizinisch-therapeutischen Eignung. Die Auswertung erfolgt qualitativ durch Kodierung der Aussagen und quantitativ durch die Ermittlung von Mittelwerten jeweils für beide Gruppen getrennt.

4.4.1 Entwicklung des Demonstrators

Der Demonstrator wird in iterativen Schleifen erstellt, wobei jeweils ein Modul oder Teil des Systems (z. B. ein ‚Werkzeug' zur Darstellungsmodulation) erst

---

[71] Der Entwicklungsprozess ist von der Zusammenarbeit mit dem Entwickler geprägt und manifestiert sich in iterativen Besprechungsschleifen, in welchen dialogisch Anforderungen definiert werden.

als Click-Dummy in Adobe XD erstellt, programmiert, getestet und wieder überarbeitet wird. Dabei werden in den Iterationen jeweils neue Anforderungen identifiziert (wenn bspw. ein Aspekt des Entwurfs technisch nicht umgesetzt werden kann), welche zu einer Überarbeitung des Entwurfs und einer Anpassung des Click-Dummys führen, mit einer entsprechenden Überarbeitung des Demonstrators. Da das System auf dem Prinzip einer parametrischen Eingabe und Darstellung beruht, in welcher sich die gewählten Einstellungen gegenseitig bedingen, ist es nicht möglich, einen Click-Dummy oder Prototypen für die Transformationen insgesamt zu erstellen[72]. Aus diesem Grund werden lineare Animationen einzelner Formen-Transformationen erstellt (s. Abschnitt 4.3.2). Versuche, die verschiedenen Stadien der Schmerzdarstellung modellhaft abzubilden (s. Abschnitt 4.3.1.5) erfüllen diese Anforderung nur unzureichend, da sie entweder zu abstrakt oder zu detailreich[73] ausfallen. Für die Erstellung des Konzepts wurde daher ein weiteres Modell erstellt, in welchem die vier Schritte der Notation (Bereich, Form, Farbe, Animation), die Namen der Werkzeuge und die exemplarischen Darstellungen zusammengeführt wurden (s. Abb. 4.38).

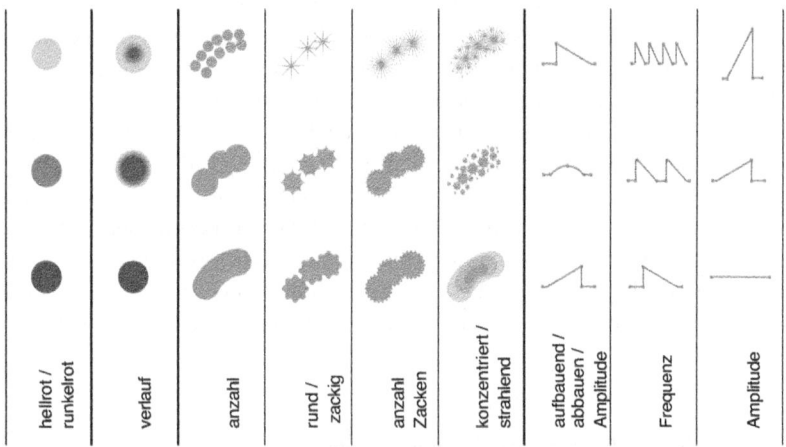

Abbildung 4.39 Aktualisiertes Modell des Notationssystems als Vorlage zur Programmierung

---

[72] Lineare, nicht steuerbare Transformationen sind allerdings umsetzbar und bilden eine Möglichkeit der Annäherung bzw. eines (teilweisen) Prototyps der Transformation (s. Abschnitt 4.3.1.5).

[73] Und dann wieder nur einen Ausschnitt abbilden können.

Da das Schmerzerfassungssystem auch in einer mobilen Anwendung umgesetzt werden soll, wird der Code auf diesen Einsatz hin optimiert. Dies bedeutet konkret für die Schmerzdarstellungen, dass Restriktionen durch das mobile Betriebssystem von Anfang an mitgedacht werden. Im Falle des vorliegenden Projekts besteht die Restriktion vor allem in der Limitierung der möglichen Datenpakete, die an die Grafikkarte bei Apple iOS (s. Abschnitt 2.3.2.1) gesendet werden können. Da die Schmerzdarstellungen äußerst komplex und durch ihren parametrischen Charakter sehr rechenintensiv zu erzeugen und – vor allem – zu transformieren sind, wird diese Grenze sehr schnell erreicht. Dies erzwingt in der Folge eine Reduzierung der Bildrate[74] der Animation. Weiterhin verkompliziert es die Umsetzung einiger der Transformationen. Durch den Einsatz einer temporären Webseite zur Testung einzelner Module bzw. Werkzeuge als Zwischenstände werden daher Lösungen erarbeitet, welche sowohl aus Designperspektive vertretbar, als auch aus Entwicklungsperspektive im zeitlichen Rahmen des Projektes umsetzbar sind (s. Abb. 4.40).

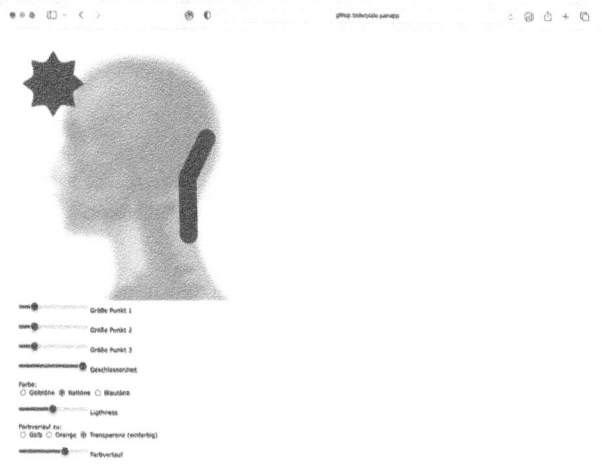

Abbildung 4.40 Temporäre Webseite zur Testung einzelner Module

---

[74] Die ‚Bildrate' ist die Anzahl von Bildern in der Sekunde, die in einer Videosequenz oder (in diesem Fall) einer grafischen Animation pro Sekunde dargestellt werden. Die Leistungsfähigkeit einer Grafikkarte definiert die Anzahl an Bildern, die in einer Sekunde errechnet werden können und somit die mögliche maximale Bildrate [202].

4.4.1.1 Beschreibung des Demonstrators

Der Demonstrator ist als öffentlich zugängliche Webseite umgesetzt, welche sich über jedes (aktuellere[75]) Endgerät, das über einen Webbrowser verfügt, aufrufen lässt. Das Layout ist auf 1366×1024 Pixel ausgelegt. Die Webseite verfügt über reduzierte responsive Eigenschaften, so dass sich das Layout bei Skalierungen anpasst – unterhalb eines Grenzwertes schieben sich allerdings die Werkzeuge übereinander, so dass eine Nutzung auf einem Smartphone (noch) nicht möglich ist.

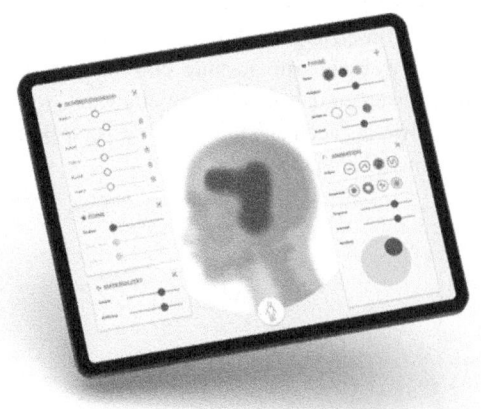

Abbildung 4.41 Mockup graphisches Nuzter*inneninterface des Demonstrators

Um das System übersichtlich zu halten und die Nutzung möglichst intuitiv, wird für die Testung des Demonstrators ein großes Tablet mit TouchDisplay eingesetzt. Konkret wird als Endgerät ein iPad Pro genutzt, mit 12,9" Display und Betriebssystem iPadOS 16.1 (Abb. 4.41). Als Webbrowser zum Aufrufen der Webseite mit dem Schmerzerfassungssystem fungiert Apple Safari (Mobilversion).

---

[75] Wie bereits im vorherigen Absatz beschrieben, erfordert der parametrische Ansatz einen nicht unerheblichen Bedarf an Rechenkapazität, was bedeutet, dass die Animationen in der vorliegenden Version nur auf (neueren) leistungsfähigen Endgeräten flüssig laufen.

Für die Umsetzung des Schmerzerfassungskonzepts als Demonstrator wird eine Form gewählt, in der sich die einzelnen Bestandteile separat voneinander testen lassen. Das Ziel besteht darin, den Nutzen und auch die Schwachstellen der Werkzeuge möglichst trennscharf explorieren zu können. Aus diesem Grund wird die – im App-Konzept entwickelte – schrittweise Durchleitung verworfen und ein Layout gewählt, in welchem die Werkzeuge um die Schmerzlokalisation herum angeordnet sind (Abb. 4.41) Jedes Werkzeug ist dabei jeweils in einem eigenen Kasten platziert, der sich mit einem am rechten oberen Rand des Kastens befindlichen Icon aus- und einklappen lässt (s. zur Beschreibung der Werkzeuge Tabelle 4.18). Auf diese Weise können Teile des Interfaces ausgeblendet werden, um die Steuerung übersichtlicher zu gestalten (die Teilung der Werkzeuge wird auch im Code des Viewmodells abgebildet, s. Abb. 4.42).

Über ein am unteren Rand platziertes Icon, das eine stilisierte menschliche Figur darstellt, lässt sich ein Menu zum Aufrufen einer Körperregion und einer Perspektive öffnen. Da das Ziel des Demonstrators nicht darin besteht, ein voll funktionstüchtiges, marktreifes System bereitzustellen, sondern lediglich darin, das Prinzip der grafischen Artikulation als Schmerzerfassungsmethode zu demonstrieren und testen zu können, ist er nicht in der Lage, die Eingabe zu speichern. Die Visualisierung wird allerdings bereits im interoperablen FHIR-Standard[76] angelegt und lässt sich daher in der weiteren Entwicklung leicht in andere Systeme integrieren (s. Abb. 4.43).

---

[76] FHIR ist ein HL7-Datenstandard, der den Datenaustausch zwischen Softwaresystemen im Gesundheitswesen unterstützt. Er ermöglicht den direkten Zugriff auf einzelne Informationsfelder und fördert die Verarbeitung von Gesundheitsdaten auf mobilen Geräten mit dem Ziel der problemlosen Integration in bestehende Systeme [91].

Tabelle 4.18 Beschreibung der Werkzeuge des Demonstrators

Werkzeuge des Demonstrators

Name	Abbildung	Beschreibung
Auswahl Körperregion	Wo am Kopf und Nacken? Frontal Hinterkopf und Nacken Rechte Seite Linke Seite	Initial bestehen die Optionen ‚ganzer Körper' und ‚Bereich'. Die Auswahl erfolgt anhand von Begriffen, durch die jeweils ein Bereich eingegrenzt wird, bis man bei dem gewünschten Körperteil angelangt ist. Zum Schluss besteht die Wahl, aus welcher Perspektive (z. B. frontal, rechts, links, von hinten) das Körperteil angezeigt werden soll.
Schmerzbereich	SCHMERZBEREICH X Punkt A ○ Punkt B ○ 🗑 Punkt C ○ 🗑 Punkt D ○ 🗑 Punkt E ○ 🗑	Der Schmerzbereich funktioniert über das Hinzufügen von Schmerzpunkten durch einen ‚plus' Button. Der Schmerzpunkt lässt sich verschieben und durch einen Slider skalieren. Insgesamt lassen sich fünf Punkte setzen. Die Punkte reagieren aufeinander, indem sie sich bei Unterschreiten eines bestimmten Abstands verformen und ‚ineinanderfließen'. Dadurch lassen sich auch komplexere Formen und (eingeschränkt) auch Quadrate oder Linien erzeugen.

(Fortsetzung)

Tabelle 4.18   (Fortsetzung)

Werkzeuge des Demonstrators

Name	Abbildung	Beschreibung
Farbe	FARBE ✕ Farbe Helligkeit Verlauf zu Verlauf	Im Bereich ‚Farbe' kann zwischen drei Farbspektren gewählt werden (Rottöne, Blautöne, Gelbtöne) und über einen Schieberegler kann die Helligkeit eingestellt werden. Neben der Farbe ist es weiterhin möglich einen Verlauf einzustellen (Verlauf zu Gelb, Verlauf zu Orange), wobei dieser mit einem Schieberegler hinsichtlich des Radius definiert werden kann.
Animation	ANIMATION ✕ Art Verhalten Frequenz Volumen Richtung	Über das Animationswerkzeug lässt sich die Darstellung in Bewegung versetzen. Dazu stehen drei Animationen zur Verfügung (aufbauend, abbauend, gleichmäßig pulsierend). Weiterhin lässt sich einstellen, welcher Aspekt der Darstellung animiert werden soll. Die Aspekte beziehen sich auf die übrigen Werkzeuge, so dass z. B. die Länge der Strahlen animiert werden kann oder die Skalierung der Punkte. Über zwei weitere Schieberegler lässt sich die Frequenz – also die Wiederholungsrate der Animation – und das Volumen – also die maximale Ausbreitung der Animation – einstellen. Über einen Joystick, der unterhalb der Schieberegler platziert ist, lässt sich zudem die Richtung der Animation definieren.

(Fortsetzung)

Tabelle 4.18 (Fortsetzung)

Werkzeuge des Demonstrators

Name	Abbildung	Beschreibung
Form	FORM ✕ Rund / Zackig Strahlen Feinheit	Über das Formwerkzeug lässt sich die Kontur des Schmerzbereichs definieren. Über den initialen Schieberegler entstehen Strahlen, wobei sich in regelmäßigen Abständen Radien bilden, die sich zum Zentrum bewegen. Über zwei weitere Schieberegler (rund/zackig und Feinheit) lässt sich die Spezifikation der Strahlen definieren (Rundheit der Spitzen und Anzahl der Strahlen insgesamt).
Materialität	MATERIALITÄT ✕ Schärfe Auflösung	Das Werkzeug ,Materialität' definiert den generellen Charakter der Form. Über den ,Schärfe' Schieberegler lässt sich die Form unschärfer einstellen, wobei die Unschärfe an den Rändern beginnt und mit weiterem Schieben des Reglers zum Zentrum weiterwandert. Mit dem Schieberegler ,Auflösung' lässt sich die Form auflösen, indem sie sich in immer kleinere Punkte zerteilt. Die Punkte übernehmen dabei die Kontur, die zuvor im ,Form' Werkzeug eingestellt worden ist.

```
// src/model.ts
import { PainShape } from „./pain_shape'

export interface ShapeParameters {
  considerConnectedLowerBound: number;
  gravitationForceVisibleLowerBound: number;
  closeness: number;
  painShapes: PainShape[];
}

export interface ColoringParameters {
  innerColorStart: number;
  alphaFallOutEnd: number;
  outerColorHSL: [number, number, number];
  innerColorHSL: [number, number, number];
}

export interface StarShapeParameters {
  outerOffsetRatio: number;
  roundness: number;
  wings: number;
}

export type Model = StarShapeParameters &
  ColoringParameters &
  ShapeParameters & {
    dissolve: number,
    animationType: „off' | „linear-in' | „linear-out' | „soft',
    frequencyHz: number,
    amplitude: number,
    origin: [number, number],
    animationParamter:
      | „radius'
      | „dissolve'
      | „innerColorStart'
      | „alphaFallOutEnd'
      | „outerOffsetRatio'
      | „roundness',
    [key: string]: any, // have this here to allow dynamic accessing
  }
```

Abbildung 4.42 Die Definition des Viewmodels, das alle Schmerzparameter, die für die Visualisierung notwendig sind, enthält. Das Model ist gruppiert in *ShapeParameters*, die Parameter über die Verbundenheit und Anziehungskräfte einzelner Schmerzpunkte enthalten; *ColoringParameters*, mit denen Farben definiert werden können; *StarShapeParameters*, die die Form der Zacken definieren, sowie sonstige Parameter, die vor allem für Animationseffekte relevant sind

```
// src/migration/export.ts

function exportFhir(model: Model): fhir.IQuestionnaireResponse {
  const template: fhir.IQuestionnaireResponse = {
    resourceType: „QuestionnaireResponse",
    status: fhir.QuestionnaireResponseStatusKind._completed,
    subject: {
      reference: „http://hl7.org/fhir/Patient/1",
      type: „Patient",
    },
    author: {
      reference: „http://hl7.org/fhir/Patient/example",
      type: „Patient",
    },
    item: [
      {
        linkId: „painshapes",
        item: model.painShapes.map((ps) => ({
          linkId: `painshape-${ps.id}`,
          item: [
            {
              linkId: „painshape-x",
              answer: [{ valueDecimal: ps.position.x }],
            },
            {
              linkId: „painshape-y",
              answer: [{ valueDecimal: ps.position.y }],
            },
          ],
        })),
      },
      {
```

Abbildung 4.43 Export der Parameter als Questionnaire-Response gemäß HL7 FHIR R5 (Auschnitt des Codes oberhalb der einzelnen Responses zu den Items: *shape, closeness, coloring, starshape, animation*)

4.4.2 Durchführung der Demonstrationsstudie

Zur Prüfung der im Demonstrator materialisierten Hypothesen zur Schmerzartikulation wird eine Mixed-Methods-Studie sowohl mit Patient*innen als auch mit Proband*innen durchgeführt. Ziele sind a) eine grundlegende Validierung des Ansatzes durch einen ausgereiften Prototyp (hinsichtlich der Eignung zur Vermittlung einer persönlichen Schmerzerfahrung und der grundsätzlichen Akzeptanz), b) die explorative Evaluierung der einzelnen Komponenten (Werkzeuge), c) die konkrete Evaluierung der Gebrauchstauglichkeit des Demonstrators, d) die Exploration des Zusammenhangs zwischen gewähltem Ausdruck und Schmerzreiz (durch die Applikation und Dokumentation standardisierter Schmerzreize) sowie e) die Generierung von Schmerzartikulationen (visuell-haptische Erhebung mittels Demonstrator, Schmerzfragebogen und mündlicher Beschreibung) für einen explorativen Vergleich und eine Evaluation der therapeutischen Nutzbarkeit.

4.4.2.1 Rahmenbedingungen

Die Studie wird Ende 2022 an drei aufeinanderfolgenden Tagen in den Räumen der Klinik für Anästhesiologie und Intensivmedizin der Friedrich-Schiller-Universität Jena durchgeführt. In der Studie werden die Teilnehmenden abwechselnd befragt und aufgefordert den Demonstrator zu testen und den Fragebogen auszufüllen. Dazu sitzen sie der/ dem Studienleiter*in an einem Tisch gegenüber. Durch den gegebenen Rahmen sollen die Teilnehmenden aus der Rolle eines passiven Studienobjektes zu eine*r gleichberechtigten Partner*in bzw. Expert*in erhoben werden, welche gemeinsam mit der/dem Studienleiter*in das System weiterentwickeln soll (Abb. 4.44).

Für die Studie kommen neben dem Demonstrator (welcher über ein iPad Pro aufgerufen wird – s. vorheriger Absatz), ein Booklet (bestehend aus Informationen zur Studie, der Einwilligungserklärung und dem Fragebogen), ein Ton-Aufnahmegerät und ein Kugelschreiber zum Einsatz. Zwischen den Sitzungen wird der Tisch, der Demonstrator und der Kugelschreiber desinfiziert, die ausgefüllten Fragebögen werden aus dem Booklet entnommen, der Demonstrator zurückgesetzt und ein neues Booklet platziert.

Abbildung 4.44 Die Teilnehmenden der Studie (Proband*innen und Patient*innen) sitzen dem Studienleiter gegenüber. Auf dem Tisch befinden sich ein Tablet mit dem Demonstrator, sowie gesammelte Dokumente, bestehend aus Patient*innenaufklärung, Einwilligungserklärung und Fragebögen

4.4.2.2 Teilnehmende der Demonstrationsstudie

Die teilnehmenden Patient*innen kommen sowohl aus der Schmerztagesklinik, als auch aus der Schmerzambulanz (s. Anhang A23 im elektronischen Zusatzmaterial). Die Proband*innen werden durch Aushänge und Rundmails an der Klinik und über persönliche Kontakte angeworben (s. Anhang A24 im elektronischen Zusatzmaterial). Insgesamt hatte die Studie einundzwanzig Teilnehmer*innen, zusammengesetzt aus vierzehn Patient*innen (23–72 Jahre, Altersdurchschnitt: 56 Jahre) und sieben Proband*innen (24–57 Jahre, Altersdurschnitt: 37 Jahre).

4.4.2.3 Teilnehmende: Patient*innen und Proband*innen

Durch den Einschluss sowohl von Patient*innen als auch Proband*innen soll zum einen die Teilnehmendenzahl erhöht werden, um die Validität der Usability-Erhebung zu optimieren, vor allem aber soll die Konstruktvalidität des Schmerzerfassungsansatzes untersucht werden, indem standardisierte Schmerzreize dokumentiert werden. Die Patient*innen sollen ihre jeweilige individuelle

Schmerzerfahrung festhalten, um den praktischen Nutzen des Ansatzes zu prüfen (Abb. 4.45).

Abbildung 4.45 Testsituation aus Teilnehmer*innenperspektive während der Anwendung des Hitzeschmerzreizes. Die Thermode ist auf die Hand geschnallt. (Foto von Julian Blochberger)

Die Patient*innen (n = 14) der Studie setzen sich zum einen aus Teilnehmenden der Tagesklinik für multimodale Schmerztherapie (n = 4) und der Schmerzambulanz (n = 10) zusammen. Die erste Gruppe ist Teil eines vierwöchigen multimodalen Schmerztherapie-Kurses (s. Abschnitt 2.1.5.2). Die andere Gruppe sucht die Klinik zu individuell vereinbarten Terminen, beispielsweise zur Evaluierung einer ambulanten Therapie, zur Rezeptausgabe oder für eine Infusion auf. Die Einschluss- bzw. Ausschlusskriterien gelten für beide Gruppen (Tabelle 4.19).

Tabelle 4.19 Ein- und Ausschlusskriterien für teilnehmende Patient*innen (Demonstrationsstudie)

Patient*innen				
	Alter	Klinik	Mitteilungsfähigkeit	Formales
Einschlusskriterien	Älter als 18 Jahre	In Behandlung wegen chronischer Schmerzen	Beherrschung der deutschen oder englischen Sprache	Unterzeichnete Einverständniserklärung
Ausschlusskriterien	Körperliche und kognitive Einschränkungen, die die Sprachartikulation oder die Bedienung des Geräts verhindern			

Wie in der Studie II bekommen die Proband*innen (n = 7) drei standardisierte Schmerzreize zugefügt, zu denen sie befragt werden (Tabelle 4.20). Dazu wird erneut die Methode der quantitativen sensorischen Testung (Quantitative Sensory Testing QST) nach dem Protokoll der Deutschen Forschungsgemeinschaft für Neuropathischen Schmerz (DFNS) eingesetzt (s. Abschnitt 3.2.2.3).

Tabelle 4.20 Ein- und Ausschlusskriterien für teilnehmende Proband*innen (Demonstrationsstudie)

Proband*innen				
	Alter	Klinik	Mitteilungsfähig-keit	Formales
Einschlusskriterien	Älter als 18 Jahre	In Behandlung wegen chronischer Schmerzen	Beherrschung der deutschen oder englischen Sprache	Unterzeichnete Einverständniserklärung
Ausschlusskriterien		Chronische Schmerzerkrankung	Einschränkungen, die eine Sprachartikulation oder Bedienung des Gerätes verhindern	

4.4.2.4 Durchführung der Demonstrationsstudie und eingesetzte Methoden

Aufgrund der vielfältigen Fragestellungen, welche mit der Studie untersucht bzw. beantwortet werden sollen, kommen auch vielfältige und diverse Methoden zum Einsatz. Neben einer qualitativen Erhebung anhand eines Fragebogens mit Likert-Skalen und einem System-Usability-Skale werden vor allem qualitative Methoden wie Befragungen und ein ‚Think-Aloud Protokoll‘ eingesetzt. Die Befragung von Expert*innen aus dem Bereich Schmerztherapie baut auf den Ergebnissen der Patient*innen- und Proband*innen-Testungen auf, indem die Schmerzvisualisierungen vorgestellt und diskutiert werden.

4.4.2.5 Teilnehmende: Expert*innen

Durch die Befragung von Expert*innen im Bereich Schmerztherapie sollen a) die Ergebnisse (Schmerzvisualisierungen und Selbsteinschätzungen) der Patient*innen diskutiert und eingeordnet, b) die medizinischen und therapeutischen Potentiale des Systems validiert, sowie mögliche Einsatzszenarien und nötige Anschlussforschung exploriert werden.

Die Expert*innen werden durch gezielte Ansprache am Universitätsklinikum Jena rekrutiert. Die befragte Gruppe von insgesamt 12 Personen setzt sich wie folgt zusammen: Fünf Personen sind in der Pflege tätig, davon drei gelernte Krankenschwestern und zwei Fachkrankenschwestern für Anästhesie und Intensivmedizin sowie der Zusatzausbildung Pain Nurse. Hinzu kommen zwei Psychologische Psychotherapeut*innen, welche in der Schmerztherapie arbeiten, ein Assistenzarzt in der Facharztausbildung für Physikalische und Rehabilitative Medizin, eine Sporttherapeutin, sowie vier Fachärztin*innen für Anästhesie und Intensivmedizin.

4.4.2.6 Quantitative Sensory Testing

Um die Konstruktvalidität der erzeugten Schmerzabbildungen zu eruieren, sind standardisierte Schmerzreize nötig, die für alle Proband*innen einen gleichen Reiz erzeugen. Zu diesem Zweck kommt das Verfahren des Quantitative-Sensory-Testings zum Einsatz (s. Abschnitt 3.2.2.3 und Abb. 4.46). Die Stimuli werden auf den rechten Handrücken (Wärme und PinPrick) oder auf den rechten Handballen (Algometer) appliziert. Sie bestehen aus a) der Hitzeschmerzschwelle ‚Thermal Sensory Analyzer‘ (ein Metallkasten, dessen Temperatur beginnend bei 32 °C standardisiert pro Sekunde um 1 °C erhöht werden kann), dem b) mechanischen Stech-Schmerz ‚PinPrick‘ (abgestumpften Nadeln, welche durch variable Gewichte eine spitze, piekende Schmerzempfindung erzeugen) und c) dem mechanischen Stechschmerz ‚Algometer‘ (mithilfe eines Algometers wird ein standardisiert ansteigender Druckreiz appliziert).

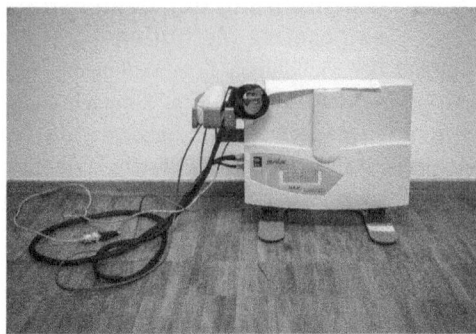

Abbildung 4.46 Instrumente zur Erzeugung standardisierter Schmerzreize. Von links nach rechts und von oben nach unten: Algometer (Druckschmerz), Thermal Sensory Analyzer (Hitzeschmerz) und PinPricks (Stech-Schmerz)

4.4.2.7 Befragungsmethoden für Patient*innen und Proband*innen

Schmerzerfassung: Um eine Vergleichbarkeit des entwickelten Ansatzes mit anderen Schmerzerfassungsmethoden herstellen zu können, werden neben der Erfassung durch den Demonstrator die Patient*innen und Proband*innen gebeten, ihre Schmerzerfahrung a) mündlich zu schildern und b) die Schmerzqualität im Deutschen Schmerzfragebogen auszufüllen (s. Abschnitt 4.4.3.2). Die mündliche Schilderung der Schmerzen steht am Anfang der Sitzung und wird anhand von Interview-Leitfragen durchgeführt (s. Anhang A12 und A13 im elektronischen Zusatzmaterial). Um die Übertragbarkeit zu gewährleisten, werden die standardisierten Fragen des Deutschen Schmerzfragebogens übernommen.

Fragebogen mit Likert-Skalen zur Evaluation: Um die Eignung des Verfahrens generell und speziell die des vorliegenden Demonstrators zu evaluieren, wird ein speziell konzipierter Fragebogen auf der Basis von Likert-Skalen eingesetzt. In

diesem werden die Patient*innen und Proband*innen gebeten, den vorliegenden
Demonstrator hinsichtlich seiner Eignung zur Vermittlung ihrer Schmerzerfahrung sowie die Leistungsfähigkeit der einzelnen Werkzeuge einzuschätzen (Abb.
4.47). Die Frage zum Vergleich der Erhebungsmethoden („mit dem digitalen System kann ich meine Schmerzen präziser beschreiben als mit dem Fragebogen")
liegt dabei in gekreuzter Form, also als invertierte Aussagen, vor (s. Anhang A14
und A15 im elektronischen Zusatzmaterial).

Abbildung 4.47 Proband
beim Ausfüllen des
Fragebogens, nachdem
dieser auf dem iPad einen
experimentellen
Hitzeschmerzreiz
dokumentiert hat

   Semistrukturiertes Interview: Mit Hilfe eines Interviewleitfadens werden die
Patient*innen und Proband*innen durch die Sitzung geführt. An vordefinierten
Stellen – beispielsweise nach dem Ausfüllen des Papier-Fragebogens – wer-
den die Patient*innen und Proband*innen gebeten, die Methoden zu vergleichen.
Durch den Interviewleitfaden werden standardisierte Fragen gestellt, um die Aus-
sagen zu präziseren. Weiterhin werden spontan, als Reaktion auf offensichtliche
Irritationen oder Kommentare während der Nutzung, Fragen zur Akzeptanz und
zur Nutzungserfahrung gestellt.

Think-Aloud-Protokoll: Dieses Verfahren ermöglicht es, die spontan auftretenden kognitiven und affektiven Assoziationen der Patient*innen und Proband*innen zu erheben. Dazu werden sie aufgefordert, alles, was ihnen während der Nutzung in den Kopf kommt, zu artikulieren. Die Grenze zwischen Interview und wiederholter Aufforderung ist dabei fließend.

System-Usability-Scale: Zur standardisierten Evaluation der Gebrauchstauglichkeit wird den Patient*innen und Proband*innen der SystemUsability-Scale-Fragebogen vorgelegt. Dieser besteht aus zehn Fragen, welche nach einer Likert-Skala bewertet werden.

4.4.2.8 Evaluation durch Expert*innen aus dem Bereich Schmerztherapie

Wie in der Einleitung und dem Methodenteil dieser Arbeit dargestellt, besteht die Herausforderung bei der Entwicklung eines Schmerznotationssystems für individuelle Schmerzerfahrungen in der Absenz objektiver und universeller medialer Repräsentationen. Die Herangehensweise besteht darin, initial unabhängig von bestehenden Erfassungsinstrumenten zu arbeiten. Um die erzeugten Schmerzbilder aber für medizinisch-therapeutische Zwecke Anschlussfähig machen zu können, muss allerdings ihre Interpretierbarkeit durch Schmerztherapeut*innen gewährleistet sein[77].

An diesem Punkt der Studie soll eine erste Einschätzung des Ansatzes aus der Perspektive der Schmerztherapie eingeholt werden. Dazu werden Workshops mit Expert*innen (Ärzt*innen, Psycholog*innen, Psychotherapeut*innen und Physiotherapeut*innen) durchgeführt, welche schwerpunktmäßig im Bereich der Schmerztherapie tätig sind. Zu diesem Zweck werden ‚Schmerzsteckbriefe‘ der an der Studie teilnehmenden Patient*innen erstellt, welche den einzelnen Expert*innen in dafür vorgesehenen Sitzungen (ca. fünfzehn Minuten) vorgelegt werden. Diese ‚Schmerzsteckbriefe‘ (s. Abb. 4.48) bestehen aus a) der animierten Schmerzdarstellung, welche mit dem Demonstrator erzeugt wird, b) den transkribierten Beschreibungen der Schmerzen durch die Patient*innen und c) den Angaben zur Schmerzintensität und Schmerzqualität aus dem Deutschen Schmerzfragebogen (s. Anhang A17 im elektronischen Zusatzmaterial).

In den Workshops werden zu Beginn die demographischen Daten, sowie der Hintergrund der Teilnehmenden erhoben. Der Workshop selbst besteht aus drei Teilen: a) Erläuterung des Demonstrators und Funktionseinführung

---

[77] Eine abschließende Übersetzung in bestehende medizinisch-therapeutische Systematiken kann diese Arbeit nicht leisten. Dazu sind anschließende Forschungen nötig (s. Abschnitt 5.3).

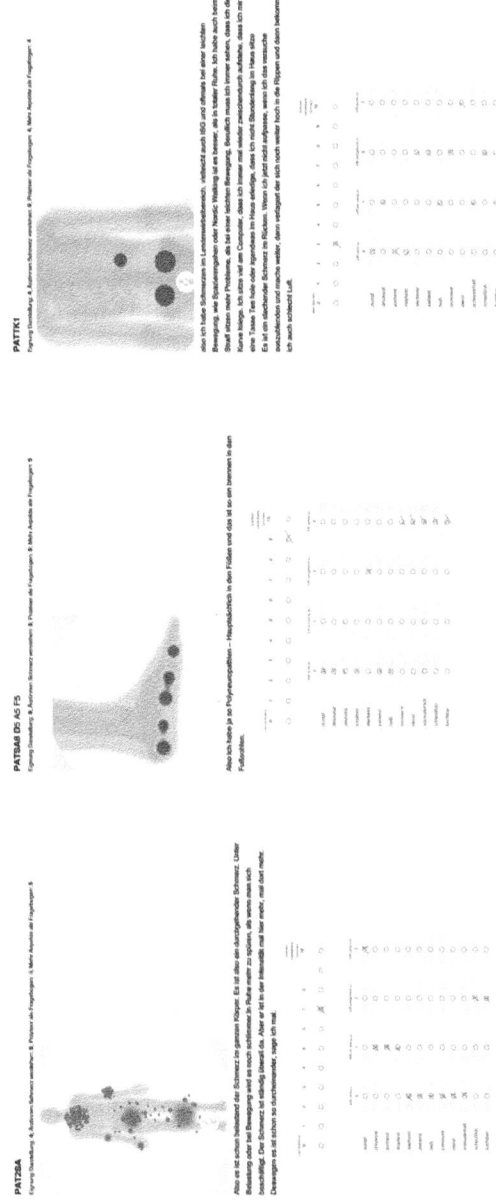

Abbildung 4.48 Drei beispielhafte „Schmerzsteckbriefe" von Patient*innen, in denen die mit dem Demonstrator erzeugte Visualisierung (oben), die (transkribierte) mündliche Beschreibung (mitte), sowie die im Fragebogen angegebene Schmerzstärke und die Schmerzzeigenschaftswörter (unten) aufgeführt sind

mit begleitenden Fragen anhand eines Interviewleitfadens, b) Präsentation der ‚Schmerzsteckbriefe‘, zu denen ebenfalls Fragen anhand eines Interviewleitfadens gestellt werden und c) ein gemeinsames Brainstorming zum Einsatz und zur Weiterentwicklung des Ansatzes (s. Anhang A19 im elektronischen Zusatzmaterial). Die Sitzungen werden durch ein Ton-Aufnahmegerät dokumentiert und anschließend transkribiert und ausgewertet (s. Anhang A21 im elektronischen Zusatzmaterial).

4.4.2.9 Auswertung

Die unterschiedlichen Daten (Fragebögen, transkribierte Interviews) werden mit unterschiedlichen Methoden ausgewertet, welche im Folgenden beschrieben werden.

Qualitative Auswertung Patient*innen: Die Tonaufnahmen der Sitzungen werden in einem ersten Schritt transkribiert und anschließend mit der Software MAXQDA (s. Abb. 4.49) einerseits deduktiv übergeordneten Codes zugeordnet (welche anhand der bestehenden Fragestellungen definiert wurden), andererseits werden Sub-Codes induktiv aus dem Material abgeleitet (s. Anhang A17 im elektronischen Zusatzmaterial).

1. System allgemein: Darunter fallen Sequenzen, in denen sich positiv oder ablehnend über das System geäußert wird, allgemeine Verbesserungsvorschläge, Aussagen zur Usability und User Experience, sowie zum Ansatz allgemein und insbesondere im Vergleich zu der Erhebung durch den Fragebogen.
2. Konkrete Funktionen und Werkzeuge: Unter diesem Code werden Sequenzen gefasst, in denen es um konkrete Werkzeuge geht (positiv, ablehnend, Verbesserungsvorschläge).
3. Schmerzbeschreibung durch Grafiken: Eine zentrale These dieser Arbeit lautet, dass das Schmerzerfassungssystem diejenigen Aspekte definiert, die über die Schmerzen erfasst werden (was wiederum Auswirkungen auf das Schmerzempfinden selbst hat). Sequenzen, in denen die Patient*innen ihre Schmerzen anhand der durch das System abgefragten Aspekte beschreiben, werden daher als Indizien für diese These gesammelt.

Qualitative Auswertung Expert*innen: Die Sitzungen mit den Expert*innen werden ebenfalls zuerst transkribiert und dann codiert. Dabei werden drei übergeordnete Codes anhand der bestehenden Fragestellung erstellt und aus dem Material werden induktiv Sub-Codes abgeleitet.

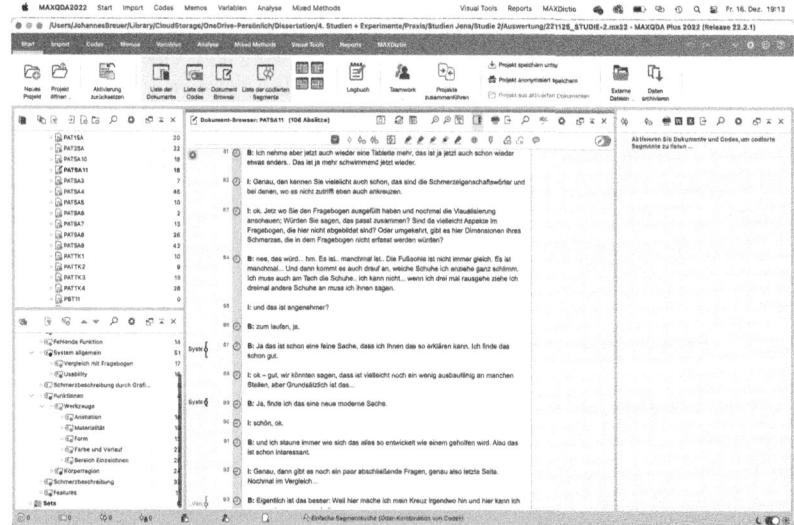

Abbildung 4.49 MAXDA-Software zur qualitativen Interview-Auswertung. Rechts oben sind die einzelnen Testsitzungen zu sehen, darunter das Codesystem und in der Mitte das transkribierte Gespräch

1. Ansatz allgemein: Darunter werden Sequenzen zur grafischen Schmerzerfassung im Allgemeinen gesammelt, sowie zu den mit dem Demonstrator erzeugten Schmerzdarstellungen. Weitere Sub-Codes markieren Sequenzen hinsichtlich der Eignung zur Schmerzkommunikation und zum therapeutischen Mehrwert der erzeugten Darstellungen.
2. Konkrete Hinweise zum Demonstrator: Sequenzen, in welchen zustimmend oder ablehnend über den Demonstrator gesprochen wird oder konkrete Verbesserungsvorschläge genannt werden, fallen unter diesen Code.
3. Einsatz des Systems: Mit diesem Code werden Sequenzen markiert, in denen es um die Voraussetzungen des Einsatzes oder konkrete Einsatzideen geht. Weiterhin fallen unter diesen Code auch Aspekte der Auswertung und Nutzbarmachung der Schmerzdarstellungen.

Quantitative Auswertung: Die Fragebögen werden nach Patient*innen und Proband*innen separat ausgewertet. Aus den Antworten auf den Likert-Skalen wird ein Mittelwert gebildet. Dazu werden alle Item-Antworten zu einem Summenscore addiert und durch die Anzahl der Teilnehmenden dividiert. Bei gekreuzten Fragen wird für die jeweiligen Fragen im ersten Schritt ein Mittelwert gebildet, aus dem sich dann wiederum der Mittelwert in Bezug auf die Frage ergibt.

Die System-Usability Scale wird anhand der Addition der Items für jede*r Teilnehmer*in einzeln ausgewertet und aus diesen Werten wird anschließend ein Mittelwert für die jeweilige Gruppe (Patient*innen und Proband*innen) gebildet.

4.4.3   Ergebnisse der Demonstrationsstudie

4.4.3.1   Ergebnisse Patient*innen und Proband*innen
Fragebogen
Die Bewertung der Eignung aus Nutzer*innenperspektive ist insgesamt positiv ausgefallen. So wird die Eignung der erzeugten Darstellung durch die Patient*innen im Mittelwert deutlich im Bereich „gut" bis „sehr gut" eingeschätzt, wobei die Patient*innen die Eignung noch einmal besser bewerten als die Proband*innen (s. Abb. 4.50).

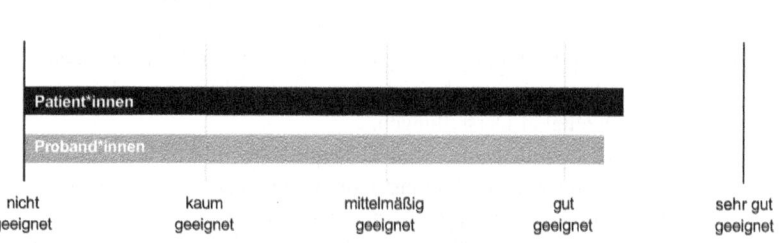

Wie gut ist die von Ihnen erzeugte Darstellung geeignet, um Ihren Schmerz abzubilden?

nicht geeignet	kaum geeignet	mittelmäßig geeignet	gut geeignet	sehr gut geeignet

Abbildung 4.50 Bewertung der Eignung der Darstellung

Die Fragen, welche auf den Vergleich der Erfassungsformen (Fragebogen vs. Demonstrator) abzielen, fallen zu Gunsten des Demonstrators aus: So liegt der Mittelwert der Zustimmung zu der Frage, ob der Demonstrator Schmerzen präziser erfasst als der Fragebogen, bei den Patient*innen bei einem klaren ‚ich stimme zu', bei den Proband*innen liegt der Wert der Zustimmung noch einmal höher.

Anzumerken ist, dass bei diesen beiden Fragen der Grad der Zustimmung am geringsten ausgefallen ist. Dies lässt sich auf einige Patient*innen zurückführen, welche den Aussagen nicht zustimmen mit der Begründung, dass sich keine zeitlichen Verläufe angeben lassen, wie dies im Deutschen Schmerzfragebogen der Fall ist (s. auch übernächsten Absatz: Qualitative Auswertung). Dies führt auch zur Ablehnung der Aussage, dass Aspekte mit dem Demonstrator ausgedrückt werden können, die mit dem Fragebogen nicht ausgedrückt werden können – auch hier wird als Grund die fehlende Möglichkeit genannt, Tages-, Wochen- und Monatsverläufe anzugeben (s. Abb. 4.51).

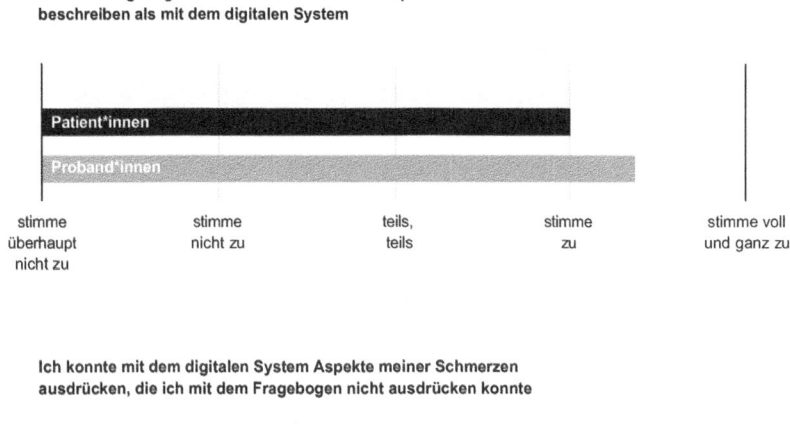

Abbildung 4.51   Vergleich Fragebogen und Demonstrator

Hinsichtlich der Fragen, welche auf Akzeptanz und Nutzung des Systems abzielen, bei denen es also um die Eignung zur Vermittlung der Schmerzen gegenüber Behandler*innen geht sowie um die Frage, ob das System genutzt werden würde, ist die Zustimmung in beiden Gruppen besonders hoch. Bei den Patient*innen besteht in Bezug auf die Vermittlungsleistung eine fast 100 %-ige Zustimmung, bei den Proband*innen fällt sie nur leicht geringer aus. Ebenfalls besteht eine gemittelte deutliche Zustimmung in beiden Gruppen in Bezug auf den Wunsch, das System nutzen zu wollen (s. Abb. 4.52).

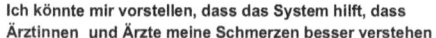

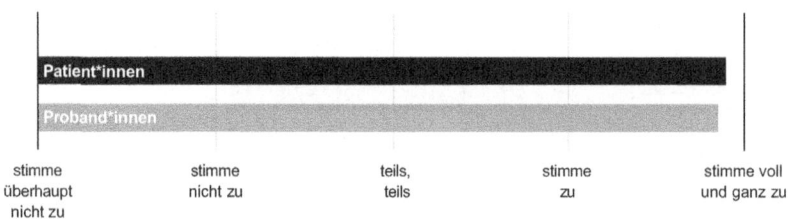

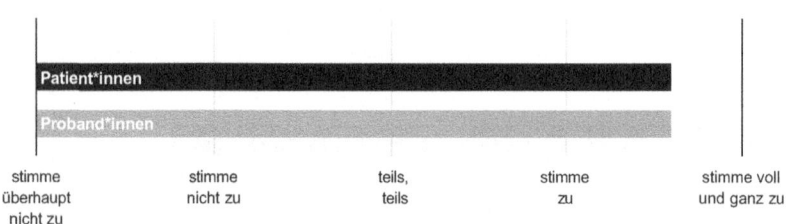

Abbildung 4.52   Fragen zur Akzeptanz und Nutzen

In Bezug auf die allgemeine Bewertung des Systems bzw. des Ansatzes, zeigt sich ein interessantes Bild. So wird von nahezu allen Teilnehmenden ausgesagt, dass grafische Schmerzerfassung grundsätzlich sinnvoll ist, und die Frage nach der Effektivität wird daher auch mit ‚voll und ganz' bzw. mit ‚stimme zu' beantwortet (Abb. 4.53). Gleichzeitig besteht auch eine leichte Zustimmung zu der Aussage, dass das System noch überarbeitet werden müsste. Dies unterstreicht die generelle Akzeptanz gegenüber dem Ansatz, aber es verweist auch auf aktuell noch fehlende Funktionen im Demonstrator.

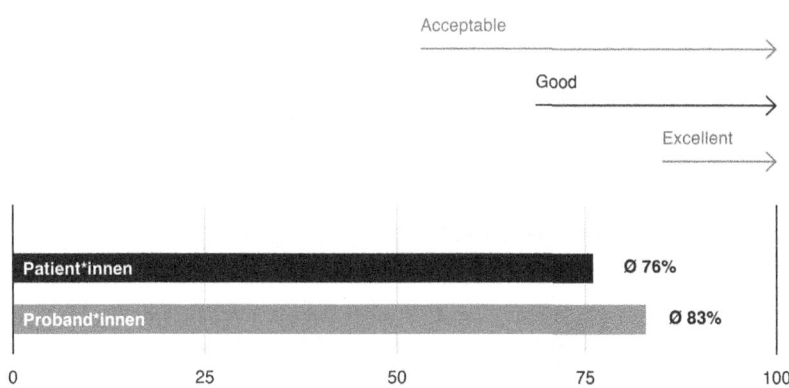

Abbildung 4.53   Fragen zum Ansatz allgemein und zur Bewertung des Systems

Die Bewertung der Werkzeuge fällt wenig eindeutig aus (Abb. 4.54). So werden grundsätzlich alle Werkzeuge als geeignet für die Schmerzvisualisierung eingeschätzt. Wie in der ersten Nutzer*innen-Testung (s. Abschnitt 4.2) wird von den Patient*innen der Eignung der Animation am stärksten zugestimmt. Ebenfalls hervorzuheben ist die als fast 100 %-ig geeignet bewertete Form durch die Proband*innen – gleichzeitig wird sie von den Patient*innen als am wenigsten geeignet eingeschätzt. Hinsichtlich der Beurteilung, welches ‚Werkzeug' sie gerne nutzen würden, fällt die Bewertung eindeutiger aus und ist kohärent mit der Bewertung der Eignung. Die Animation wird dabei am häufigsten (zwölfmal) gewählt, gefolgt von der Farbe (zehnmal). In der Gruppe der Proband*innen geben alle sieben Personen an, dass sie die Form und die Animation gerne nutzen würden. Insgesamt lässt sich konstatieren, dass das Animationswerkzeug bei beiden Fragen und in beiden Gruppen die größte Zustimmung bekommen hat, bzw. als am geeignetsten für die Schmerzartikulation eingeschätzt wurde.

Kreuzen Sie an, wie geeignet Sie das Werkzeug zur Visualisierung Ihrer Schmerzen einschätzen.

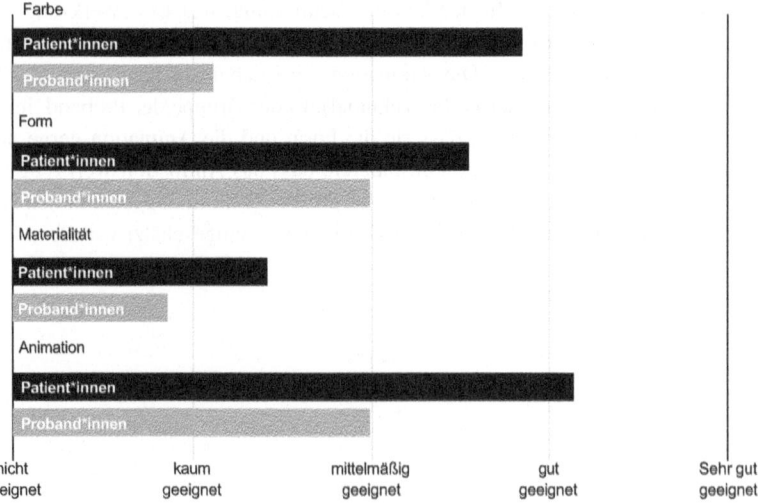

Kreuzen Sie an, welches Werkzeug Sie gerne nutzen würden:

Abbildung 4.54 Bewertung der Werkzeuge

System-Usability-Scale

Der System-Usability-Scale fällt in beiden Testgruppen gut aus. Bei den Patient*innen liegt der Wert bei 76 %, was im Mittelfeld des ‚good‘ Bereiches liegt. Dabei ist allerdings hervorzuheben, dass die Teilnehmenden ein Durchschnittsalter von sechsundfünfzig Jahren hatten, wobei die älteste Person dreiundsiebzig Jahre alt war. Vor diesem Hintergrund kann von einer eindeutig ausreichenden Gebrauchstauglichkeit ausgegangen werden. Bei den Proband*innen fällt der Wert erwartungsgemäß höher aus, er liegt bei 83 %, was einem ‚Excellent‘-Wert sehr nahe kommt (Abb. 4.55). Grundsätzlich ist allerdings limitierend herauszustellen, dass die Tester*innen eine Einführung in das System erhalten haben und dass komplexere Funktionen – wie das Speichern oder Anlegen mehrerer Schmerzpunkte im Demonstrator – aktuell noch nicht implementiert sind.

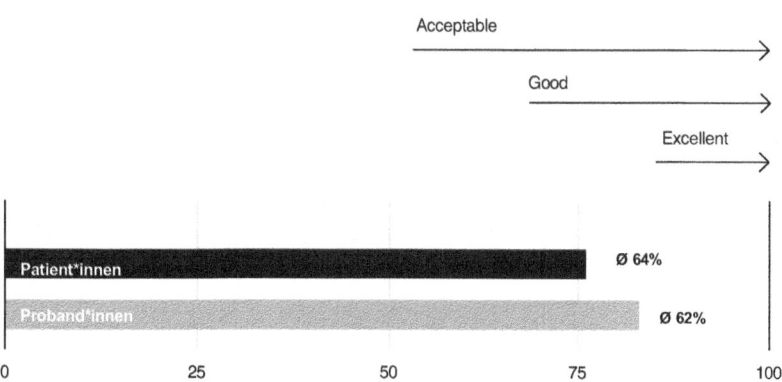

Abbildung 4.55 Ergebnisse des System-Usability-Scales. Dieser fällt sowohl bei der Gruppe der Patient*innen als auch bei den Proband*innen in den Bereich ‚gut‘, wobei die Proband*innen die Gebrauchstauglichkeit als leicht besser bewerten

Qualitative Ergebnisse[78]

Das System wird vom Großteil der Patient*innen positiv aufgenommen. Dabei wird besonders das Potential hervorgehoben, der persönlichen Erfahrung des Schmerzes eine Ausdrucksform geben zu können. Die Patient*innen geben an, sich vorstellen zu könnten, dass diese Form der Erfassung bzw. der Artikulation es Behandler*innen erleichtern würde, nachvollziehen zu können, wie es ihnen

---

[78] S. auch Anhang A15 im elektronischen Zusatzmaterial.

als Patient*innen ergeht[79]. Einige wenige Patient*innen (drei Personen) lehnen den Demonstrator grundsätzlich ab. Dabei wird fehlende „Fantasie" als Grund genannt, eine zweite Person bricht die Sitzung nach der Einführung ab, bevor sie das System ausprobiert hatte. Eine dritte Person gibt an, dass sie nicht in der Lage sei, ihren Schmerz zu differenzieren[80]. Dabei weist sie allerdings darauf hin, dass ihr die Angabe mit dem Fragebogen ebenfalls nicht möglich sei[81] und es die Aufgabe der Behandler*innen sei zu beurteilen, welchen Charakter ihr Schmerz habe[82].

Diejenigen Patient*innen, welche positiv gegenüber dem Demonstrator eingestellt sind, geben als Grund vor allem die Vorteile der visuell-bildlichen Darstellungsform gegenüber einer Schmerzerfassung mit dem Fragebogen an. Dabei lassen sich die Aussagen in zwei Kategorien zusammenfassen: 1. Präzision: Die Präzision des Ausdrucks sei in der visuell-bildlichen Form höher, als in der schriftlichen. 2. Einfachheit: Mit dem Demonstrator sei es einfacher, eine passende Form der Schmerzartikulation zu erzeugen – auch im Vergleich zu einer mündlichen Beschreibung. Dabei würde der Demonstrator auch der subjektiven und diversen Natur des Schmerzes gerecht werden[83]. Zwei Patient*innen sehen wiederum im Fragebogen das Potential, Schmerzen eindeutig zu bezeichnen.

Die (sprachliche) Eindeutigkeit sei aufgrund der fehlenden Bezeichnung der Werkzeuge im Demonstrator nicht gegeben. Ein anderer Patient zieht daraus den Schluss, dass bestimmte Schmerzeigenschaften mit dem Demonstrator nicht abzubilden seien, da Empfindungen wie ‚heiß' oder Zuständlichkeiten wie ‚elend' nicht darstellbar wären.

Die fehlende Sprachlichkeit der Werkzeuge, bzw. eine Definition ihrer Bedeutung, ist allgemein der häufigste Kritikpunkt am Demonstrator. Neben diesen allgemeinen Bedenken wird konkret die Absenz zweier Funktionen kritisiert: Zum einen die fehlende Möglichkeit Schmerzpunkte mit unterschiedlichen

---

[79] Dazu heißt es: „Also wenn ein Arzt jetzt weiß ich habe rheumatoide Arthritis und ich sage, es ist schlimm an der Hand und er sieht das Bild – ich glaube da weiß auch jeder Arzt, wie es einem geht" (Patient*in PATTK4).

[80] Eine entsprechende Aussage lautet: „Ich kann den Schmerz nur definieren, indem ich sage, ich habe Schmerzen oder ich habe keine Schmerzen" (Patient*in PATSA3).

[81] „Den Fragebogen, den haben Sie mir auch nochmal zurückgeschickt, weil Sie nicht zufrieden waren mit dem, was ich darein geschrieben habe" (Patient*in PATSA3).

[82] „Ich sage mal, wenn Sie in ihrer Statistik das als brennenden Schmerz ansehen, dann ist das richtig" (Patient*in PATSA3).

[83] „Schmerz empfindet ja auch jeder anders. Manchmal kann man das nur schwer beschreiben, aber mit so einer Grafik kann man das schon gut darstellen, denn mit Worten ist das manchmal schwer zu fassen" (Patient*in PATSA8).

Schmerzarten angeben zu können, zum anderen die Erfassung von zeitlichen Verläufen des Schmerzes. In Bezug auf die Werkzeuge wird die Animation erneut (s. Abschnitt 4.2.3.2) als besonders geeignet zur Schmerzvermittlung eingeschätzt. Das Animationswerkzeug wirft allerdings in der vorliegenden Form noch Gebrauchstauglichkeitsprobleme auf[84]. Das Materialitätswerkzeug wird zwar von vielen Patient*innen genutzt, so dass sich begründet annehmen lässt, dass es funktional überzeugt, sorgt aber auf der anderen Seite hinsichtlich der Bezeichnung häufig für Unklarheit[85]. Viele der Patient*innen (sechs von vierzehn) geben an, dass sie das Form-Werkzeug überzeugend finden und es gut für ihre Schmerzartikulation einsetzen können. Einige Patient*innen wünschen sich allerdings alternative Einstellungsmöglichkeiten der Form – so müssten die aktuellen Modulationsparameter noch überarbeitet werden. Hinsichtlich der Farben wählen nahezu alle Patient*innen die Farbe Rot. Die Parameter der Helligkeit und auch die Option des Verlaufs werden in der Testung gut angenommen[86]. Das Bereich-Einzeichnungs-Werkzeug wurde positiv aufgenommen. Besonders die Eigenschaft der Punkte, sich zu verbinden, wird dabei als gut geeignet empfunden. Bei einigen Patient*innen, die eher langgezogene Schmerzbereiche darstellen wollten, stößt das Werkzeug allerdings an seine Grenzen „Wenn das eine Linie oder ein Linienschmerz ist, ist ein Punkt doof" (Patient*in PATSA9). Diese Person wünscht sich eine alternative Einzeichnungsoption wie zum Beispiel die Möglichkeit, den Bereich mit dem Finger einzuzeichnen oder den Punkt durch Ziehen in eine längliche Form zu bringen. Das Modul zur Auswahl der Körperregion funktioniert zwar grundsätzlich gut, bei einigen Patient*innen werden allerdings zwei wiederkehrende Kritikpunkte deutlich: 1. Die Undeutlichkeit der Abbildung: Für einige Schmerzlokalisationen ist die Ansicht nicht scharf genug; 2. die zu geringe Auflösung in der Auswahl der Körperregionen.

Zusammenfassend ist hervorzuheben, dass die Patient*innen während der Testung des Demonstrators die Kategorien des Systems übernommen haben, um Aspekte ihrer Schmerzen zu beschreiben. Das zeigt sich im Gespräch, vor allem vor dem Hintergrund der initialen mündlichen Beschreibung zum Beginn der

---

[84] Vor allem ist es schwer ersichtlich, wie sich die Auswahl unterschiedlicher Animations-Parameter auf die Darstellung auswirkt.

[85] „Also mit der Schärfe, damit wüsste ich jetzt nichts her von Begriff mit anzufangen, muss ich jetzt ehrlich sagen. Das würde mir jetzt schwerfallen, das einzuordnen" (Patient*in PATSA7).

[86] Dabei ist hervorzuheben, dass bei den Farboptionen die Erwartungshaltung, dass hier Eindeutigkeit kodiert wäre, am höchsten ist. Eine Person merkt an, es „müsste da vielleicht noch erläutert werden, welche Farbe was [bedeutet] oder was man wie ausdrücken kann" (Patient*in PATSA8).

Sitzung, und in einem zunehmenden Detaillierungsgrad der Schmerzbeschreibung während der Nutzung des Demonstrators und der konkreten Übernahme der Kategorien bzw. Werkzeuge in ihre Beschreibung[87].

Schmerz-Visualisierungen und Beschreibung von Schermerzen anhand von Grafiken
Bis auf einen Abbruch sind alle Patient*innen in der Lage, eine Schmerzvisualisierung mit dem Demonstrator zu generieren. In Bezug auf die Farbauswahl wird ausnahmslos der Bereich Rot genutzt, wobei acht (der insgesamt vierzehn) Patient*innen zusätzlich die zugehörige Verlaufsfunktion gewählt haben. Der Großteil der Patient*innen nutzt für die Schmerzartikulation die Animationsfunktion (10 von 14), was die Bedeutung dieser Darstellungsform weiter unterstreicht. Als eine besondere Hilfe wird die visuelle Darstellungsform von Patient*innen empfunden, welche angeben, dass es ihnen schwer fällt ihre Schmerzen mündlich auszudrücken. Generell lässt sich in der Dokumentation der Sitzung nachverfolgen, wie die Patient*innen durch die Modulation der Darstellung und das Durchschreiten der Werkzeuge auch in der parallelen mündlichen Beschreibung zunehmend ausfürlicher werden[88] (s. Abb. 4.56).

---

[87] Zum Beispiel provozieren die Animationen mit den unterschiedlichen Charakteristika wiederholt zu einer Reflexion über den Schmerzverlauf – wann der Schmerz auftritt und wie er sich im Tagesverlauf verändert.

[88] In der mündlichen Beschreibung gibt beispielsweise Patient PAT1SA den Schmerz initial als „am ganzen Körper" spürbar und schlicht als „Beinträchtigung" und „durchgehend" an. In der Interaktion mit dem System differenziert sich die Beschreibung zunehmend. Das gilt bspw. in Bezug auf das Materialitätswerkzeug: „Das ist es auch! Also der Schmerz, sage ich mal, da ist keine gerade Linie drinne". Weiter dann mit dem ,Auflösungswerkzeug', welches zu einer Aufteilung der Schmerzpunkte in Einzelteile führt: „Das stimmt schon, dass das völlig durcheinander ist, weil das kann schon sein, dass – also jetzt gerade habe ich die Schmerzen extrem hier und das kann sein, dass in den nächsten 10 Minuten habe ich es hier"). Es spielt sich vielfach ein ,Dialog' zwischen Patient*in und System ab – quasi als interaktive Exploration der eigenen Schmerzen durch den Patienten in der Interaktion mit dem Schmerzerfassungssystem (Patient*innen PAT1SA, PAT2SA, PATSA7, PATSA10, PATSA11, PATTK4).

Abbildung 4.56
Schmerzvisualisierung einer
Person aus der Gruppe der
Patient*innen mit diffusen,
mündlich schwer
beschreibbaren Schmerzen
am ganzen Körper.
Während der Modulation
der Parameter und der
Erzeugung der Darstellung
konkretisierte und
präzisierte sich auch die
mündliche Darstellung

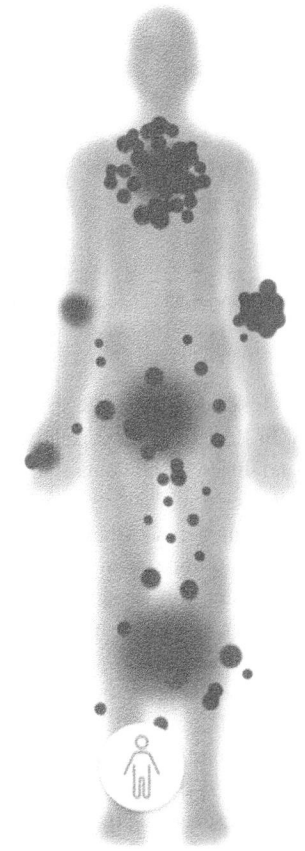

In der Gruppe der Patient*innen gibt es zwei Personen, welche an diagnostizierten Neuropathien leiden. Die eine Person beschreibt ihre Schmerzen als „so
ein Brennen in den Fußsohlen" die andere mit „wie wenn ich auf einem Nagelbrett stehe". Interessanterweise fallen die Schmervisualisierungen sehr ähnlich
aus (bzw. ähnlicher als die mündliche Beschreibung), nämlich mit einem roten
Zentrum und gelben Rändern. Weiterhin finden sich aber auch die Differenzen
der Schmerzerfahrung in den Darstellungen wieder. So lässt sich die Visualisierung von PATSA8 trotz der Ähnlichkeit tatsächlich eher mit einem Brennen, die
von PATSA7 eher mit einem Stechen („Nagelbrett") assoziieren (s. Abb. 4.57).

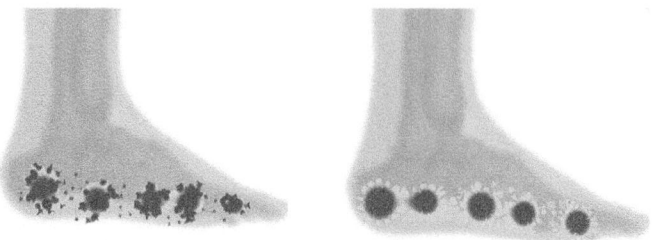

Abbildung 4.57 Schmerzvisualisierung von zwei Patient*innen mit gleicher Diagnose (Polyneuropathien); *links: PATSA8 und rechts: PATSA7.* Spannend ist die Ähnlichkeit der Darstellung, die mit der verifizierten Diagnose korreliert

In Bezug auf die Visualisierungen der standardisierten Schmerzreize der Proband*innen besteht eine starke Homogenität in Bezug auf a) die Lokalisierung der Schmerzen und auf b) die Größe des Schmerzareals (s. Abb. 4.58). Die gewählten Formen und Farben sind weniger einheitlich, wobei beim Druckschmerz eher dunkle Rottöne (drei von sieben), beim Stichschmerz eher helle Rottöne und Gelb (fünf von sieben) verwendet werden. In Bezug auf den Einsatz von Farbverläufen zeigt sich in der getesteten Gruppe ein heterogenes Bild. So wird der Verlauf zum Teil (drei von sieben) beim Hitze- und Druckschmerz (zwei von sieben) eingesetzt, beim Stichschmerz dagegen allerdings gar nicht. In Bezug auf die Form werden beim Stichschmerz die Zacken häufiger und mit längeren Zacken verwendet (vier von sieben), beim Druck und Hitzeschmerz kommen diese ebenfalls zum Einsatz, aber deutlich weniger ausgeprägt. Insgesamt lassen sich (unabhängig von der nur sehr geringen Anzahl an Teilnehmenden) über die Lokalisierung und Größe des Schmerzreizes hinaus keine generalisierbaren Visualisierungsstrategien erkennen.

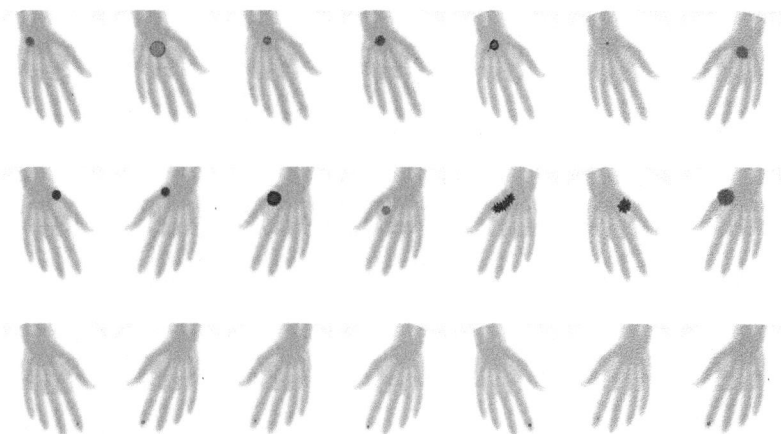

Abbildung 4.58 Schmerzvisualisierung von Proband*innen. Erste Reihe: Hitzeschmerz, zweite Reihe Druckschmerz, dritte Reihe Stichschmerz. Die Darstellungen weisen eine hohe Homogenität auf in Bezug auf Lokalisierung und Größe. Andere Aspekte der Darstellung, wie Form und Farbe, fallen allerdings heterogen aus

4.4.3.2 Einschätzung der Expert*innen aus dem Bereich Schmerztherapie[89]

Im Folgenden werden die Ergebnisse aus den Expert*innen-Interviews (Ärzt*innen, Psycholog*innen, Psychotherapeut*innen und Physiotherapeut*innen, s. Abschnitt 4.4.2.8) nach den initialen deduktiven Codes (Ansatz allgemein, konkrete Hinweise zum Demonstrator, Einschätzung zur Interpretierbarkeit des Systems und zu seinem Einsatz), sowie den induktiv abgeleiteten Sub-Codes zusammenfassend dargelegt (Tabelle 4.21).

---

[89] S. auch Anhang A19 im elektronischen Zusatzmaterial.

Tabelle 4.21 Einschätzung der Expert*innen aus dem Bereich Schmerztherapie

Thema: **Ansatz und Demonstrator allgemein**

Zusammenfassung	Zitate
Der Demonstrator wird insgesamt positiv aufgenommen. Als Mehrwert des Ansatzes wird neben der Möglichkeit eines präziseren Ausdrucks häufig die intuitive Handhabung genannt. Dies kann insbesondere für Patient*innen mit Sprachhemmungen eine wertvolle Unterstützung darstellen.	*„Ich finde das total spannend! Ich finde das was Neues und ich finde das was Innovatives!"* (Fachärztin für Anästhesie und Intensivmedizin) *„Ich glaube, für die Patienten ist das System schon einfacher und verständlicher [...]. Wenn sie das bildlich sehen, können sie das für sich selbst schon ganz anders verarbeiten."* (Pain Nurse) *„Ich denke auch an sprachgehemmte Personen oder auch sprachauffällige Personen. Das ist sicher eine gute Indikation."* (Psychotherapeutische Psychotherapeutin)
Die Behandler*innen betonen, dass eine derart detaillierte Form der Erfassung auch zu einer guten ‚Arzt-Patienten-Beziehung' beitragen kann, da durch eine visuelle und animierte Darstellung der Schmerz leichter zu antizipieren sei.	*„es ist auch eine Verbalisierung von diesem ganz individuellen Wahrnehmen – also das ist einfach auch ein schönes Signal an die Patienten."* (Psychotherapeutische Psychotherapeutin) *„Also irgendwie nehme ich das Visuelle eher ab, ist für mich leichter zugänglich"* (Fachärztin für Anästhesie und Intensivmedizin) *„ja, denke ich schon, dass es einen Mehrwert hat. Weil der Patient das dadurch ja viel differenzierter darstellen kann."* (Pain Nurse)
Insgesamt würden die verschiedenen Werkzeuge zu einer stärkeren Konzentration auf den Schmerz führen und eine Anleitung für die Patient*innen darstellen. Insofern könnte das System auch die Funktion einer Moderation der Erfassung leisten – sowohl in Bezug auf die Qualität und Quantität, als auch auf die Lokalisation des Schmerzes.	*„Vielleicht hilft es dem Patienten sich selbst auch nochmal bewusst zu machen. Weil viele – die kommen rein, überschlagen sich, wissen nicht was sie zuerst und was zuletzt machen sollen."* (Facharzt für Anästhesie und Intensivmedizin)

(Fortsetzung)

Tabelle 4.21   (Fortsetzung)

Thema: **Ansatz und Demonstrator allgemein**	
Zusammenfassung	Zitate
Wie bei der Schmerzerfassung generell besteht auch bei dem Demonstrator das Risiko einer Verstärkung der Symptomatik, auf Grund der Konzentration auf die Schmerzerfahrung während der Erhebung. Dieser Aspekt muss in der chronischen Schmerztherapie reflektiert werden. Das kann beispielsweise durch den Einsatz ausschließlich zu Beginn und zum Ende der Therapie geschehen.	*„Ich meine, wir sind ja sowieso zwiespältig was Schmerzmessung angeht – letztendlich lenken wir ja gerade die Aufmerksamkeit auf den Schmerz, was wir ja gerade nicht mehr wollen. Andererseits wird in der Medizin ja immer verlangt, dass man irgendwas misst und vor allem vorher/nachher-Vergleiche zieht. Von daher müssen wir es halt machen. Aber so richtig wollen tut man das eigentlich nicht. Also, „wie sind Ihre Schmerzen heute", ist ja gerade etwas, was man Schmerzpatienten besser gar nicht fragt. "* (Fachärztin für Anästhesie und Intensivmedizin)
Ein Teil der Expert*innen äußert sich skeptisch in Bezug auf die Gebrauchstauglichkeit, da befürchtet wird, dass ältere oder kognitiv eingeschränkte Patient*innen Schwierigkeiten bekommen könnten. Dies ist insofern wichtig, als Patient*innen das System selbständig nutzen können müssen (aufgrund der knappen Zeitressourcen im Krankenhaus). Auch ist es wichtig zu gewährleisten, dass aufgrund einer unzureichenden Gebrauchstauglichkeit keine falsche Schmerzangabe erfolgt. Die Bedenken betreffen vor allem das Animations- und Strahlenwerkzeug.	*„Ich könnte mir vorstellen, dass das nicht für alle Patienten anwendbar ist. Desto älter die Patienten sind, umso schwieriger gehen sie auch mit solchen Medien um. "* (Pain Nurse) *„dann muss das so gestaltet sein, dass er das selber ausfüllen kann. "* (Assistenzarzt am Institut für Physikalische und Rehabilitative Medizin) *„Wenn Du jetzt jemanden da sitzen hast, der kognitiv ein geringeres Leistungsniveau hat – wie der für sich so mit der Komplexität klar kommt, dass der nicht einfach nur einen Punkt macht. "* (Psychotherapeutische Psychotherapeutin)

(Fortsetzung)

Tabelle 4.21 (Fortsetzung)

Thema: **Ansatz und Demonstrator allgemein**

Zusammenfassung	Zitate
Wichtig zu implementieren sei ein dezidiertes Werkzeug zur Schmerzausstrahlung. Auch müsste das System für den perspektivischen Einsatz noch weitere Aspekte des Schmerzes abfragen: 1. die affektive Komponente, 2. den Kontext und 3. den Umgang mit der Schmerz erfahrung.	*[Nötig sei] „eine leicht zugängliche Animationsmöglichkeit oder Darstellungsmöglichkeit des Phänomens Ausstrahlung [...]"* (Facharzt für Anästhesie und Intensivmedizin) *„also, ist ja auch wichtig zu wissen: Ist das in Ruhe? Ist das bei Belastung? Ist das beidseitig? Was verstärkt den Schmerz? Ich finde auch wichtig zu wissen: was lindert den Schmerz? Also wenn man den Schmerz so bildlich dargestellt bekommt, dass man da auch weiß: ist das ein Ruhe und Bewegungsschmerz, oder nur ein Bewegungsschmerz?"* (Psychotherapeutische Psychotherapeutin)
Die Expert*innen begrüßen grundsätzlich die methodische Herangehensweise des Projekts einer Übertragung der Deutungshoheit über die Schmerzvisualisierung an die Patient*innen, weisen aber auch auf die dadurch resultierenden praktischen Herausforderungen hin, wenn das System im klinischen Kontext eingesetzt werden soll. Ohne eine systematische Validierung lässt sich das System (abgesehen von spezifischen Szenarien) nicht verwenden. Eine Validierung könnte allerdings grundsätzlich möglich sein, da sich bereits in der kleinen Stichprobe Muster erkennen ließen.	*„Ob das jetzt einer valideren Darstellung entspricht, entzieht sich im Endeffekt natürlich unserer Kenntnis. [...] Es gibt verschiedene sensorische Phänotypen die wir kennen, die wir auch messen können mit dem QST und auch neuropathischer vs. Gewebeschmerz. Wäre dann interessant, ob sich das in verschiedenen Mustern wiederspiegelt."* (Facharzt für Anästhesie und Intensivmedizin) *„wenn ich jetzt hier reingucke – also hier würde ich sagen, die hat einen gemischten Schmerz. Und ich würde – wenn ich jetzt hier schaue, dann passt das auch. Sie sagt „heiß, elend, brennend". Also eine neuropathische Geschichte ist bei einer Wirbelsäulenskoliose wahrscheinlich – und das zeigt das Bild auch."* (Fachärztin für Anästhesie und Intensivmedizin)

(Fortsetzung)

Tabelle 4.21 (Fortsetzung)

Thema: **Ansatz und Demonstrator allgemein**

Zusammenfassung	Zitate
In der Möglichkeit, die Patient*innen nach der Bedeutung der Visualisierungen zu fragen, liegt das Potential, eine persönlichindividuelle Schmerzauffassung in der Therapie zu verhandeln. Somit bestehen auch ohne Validierung jetzt schon sinnvolle Einsatzszenarien.	*„Ja, wenn man weiß, wenn Du die Patienten hinterher befragst, was bedeutet vielleicht die Farbe für Sie? Hat die eine Bedeutung gehabt? Und er sagt, ja Rot ist eben ein sehr starker Schmerz."* (Psychotherapeutische Psychotherapeutin) *„Ich denke, mit dem Bild ist das schon eindrucksvoll, wenn dann auch abgespeichert wird, in welche Richtung das geht. Also wenn Du mir jetzt das Bild nur so vorlegst, kann ich jetzt nicht für mich sagen, ob das stechend ist."* (Pain Nurse)
Das System könnte zum Austausch über Patient*innen im Zuge einer Vorstellung, einer Übergabe oder eines Konzils genutzt werden. Hier könnte die Visualisierung der Schmerzen Unterstützung leisten, um sich von Behandler*innenseite schnell in einen Fall hineinversetzen zu können – gerade im Austausch über Fachkliniken hinaus. Auch für die Lehre im Medizinstudium und in der Ausbildung könnten die Bilder eingesetzt werden.	*„Da haben wir ja auch Patienten, die konsiliarisch betreut werden, auf der Neurologie oder überall an den anderen Kliniken. Das finde ich zum Beispiel auch spannend. Die können den Schmerz kaum hier so ... also man versucht, ihn ordentlich zu beschreiben, aber hier, das kommt deutlicher raus."* (Fachärztin für Anästhesie und Intensivmedizin) *„Für die Lehre könnte man sowas auch gut benutzen! Also wenn man den Studenten den Unterschied zwischen Polyneuropathie-Schmerzen und anderen Schmerzen darstellen wollte, wäre so was eine tolle Darstellung."* (Facharzt für Anästhesie und Intensivmedizin)

(Fortsetzung)

Tabelle 4.21 (Fortsetzung)

Thema: **Ansatz und Demonstrator allgemein**	
Zusammenfassung	Zitate
In Bezug auf die chronische Schmerztherapie werden dem System Potentiale in den Bereichen der Anamnese attestiert. Hier wird der Mehrwert der Erfassung in Kombination mit anderen Instrumenten betont. Dabei werden zwei Vorteile konstatiert a) eine detaillierte Erfassung und b) eine schnellere Erfassbarkeit durch die Behandler*innen. Dabei wird hervorgehoben, dass die animierten Schmerzdarstellungen einmalig eine Anamneseform darstellen, welche die Blickdiagnose im Bereich der Schmerzmedizin ermöglicht.	*„Ich würde das gerne ergänzend einsetzen – zu den Fragebögen –, um mir ein Bild zu machen, um nochmal diesen weiteren Zugang zu haben. "* (Psychotherapeutische Psychotherapeutin) *„Der Patient hat ja jetzt hier drei Gebiete angeben an seinem Kopf – die auch teilweise diffus sind, die Schmerzen, teilweise auch pulsierend sind. Aber wie man sieht, tun ja nicht alle drei in der gleichen Stärke pulsieren und auch nicht immer gleichzeitig. Das in Worte zu fassen! Das ist schwierig – da kann das System das auf jeden Fall differenzierter darstellen. "* (Pain Nurse)
Das System könnte auch für die postoperative Überwachung eingesetzt werden, indem die Patient*innen in definierten Abständen ihre Schmerzen angeben und so systematisch nach Auffälligkeiten überwacht werden können.	*„ich habe jetzt so eine Vision – der Patient liegt im Bett mit einem Tablet und hat dann die Möglichkeit alle vier Stunden den Schmerz anzugeben zum Verlauf der postoperativen Schmerzen. Wenn das dann vielleicht sogar verarbeitet wird – wir nennen das Trajektorie – als Verlauf: abnehmend, zunehmend, Veränderung [...] – dann wäre das perspektivisch auch ein Instrument, mit dem Komplikationen frühzeitiger identifiziert werden können"* (Facharzt für Anästhesie und Intensivmedizin)

(Fortsetzung)

Tabelle 4.21 (Fortsetzung)

Thema: **Ansatz und Demonstrator allgemein**	
Zusammenfassung	Zitate
Hinsichtlich der diagnostischen Eigenschaften wird (wie weiter oben beschrieben) der noch zu erbringende Nachweis der Validität betont. Insgesamt wird das Potential des Systems aber als hoch angesehen – auch über die mögliche Erweiterung des Einsatzbereichs über Fachkliniken für Schmerztherapie hinaus.	*„Wir würden das ja jetzt mit den etablierten Instrumenten versuchen herauszufinden, ist das Neuropathie oder nicht. Wenn – also dazu hat der Hausarzt natürlich keine Zeit – aber wenn sich später herausstellen sollte, dass Patienten in der Lage sind, bestimmte Phänotypen auch darzustellen, so grafisch, dann wäre das sicher über den Kreis der Schmerzspezialisten heraus eine wertvolle Erweiterung."* (Facharzt für Anästhesie und Intensivmedizin)
Im Bereich der chronischen Schmerztherapie stellt eine Erfassung durch das System einen Mehrwert dar, da sich hier die individuellen Veränderungen durch die Therapie abbilden lassen. In diesem Sinne könnte das System sogar therapeutische Qualitäten aufweisen, indem es Veränderungen in der Schmerzerfahrung – und damit Beeinflussbarkeit – indizieren könnte, welche mit den bestehenden Erfassungsmethoden nicht abgebildet werden können.	*„Also das stimmt, das ist spannend. Also man würde sagen: am Anfang Schulterschmerzen richtig groß und im Verlauf würden die kleiner werden, könnte man sagen: ‚Kucken Sie mal, was Sie fühlen, können Sie auch zeigen".* (Sporttherapeutin) *„dieses positive Zurückspiegeln – wenn er einzeichnet [...]. Das hilft ja auch psychologisch, mit dem Schmerz besser umzugehen".* (Fachärztin für Anästhesie und Intensivmedizin)

4.4.4 Diskussion und Ausblick

4.4.4.1 Zusammenfassung der Demonstrationsstudie

In der hier vorgestellten Demonstrationsstudie soll die grundsätzliche Funktionalität des entwickelten Ansatzes einer grafischen Schmerzartikulation durch ein digitales Notationssystem geprüft werden. Dazu wird auf Grundlage der vorangegangenen Studien ein Demonstrator konzipiert und umgesetzt. Der Demonstrator wird in Form einer Webseite realisiert und über den Browser auf einem 12,9" Tablet ausgespielt. Über insgesamt fünf Werkzeuge und ein Modul zum Aufrufen einer Körperregion lassen sich auf dem Demonstrator Schmerzen visualisieren und animieren. Getestet wird der Demonstrator mit drei Gruppen: SchmerzPatient*innen, Proband*innen, sowie Expert*innen im Bereich Schmerztherapie.

Dazu werden sowohl quantitative als auch qualitative Datenerhebungsmethoden eingesetzt, um eine grundlegende Validierung des Ansatzes durchzuführen, die einzelnen Schmerzwerkezeuge zu untersuchen und die grundsätzliche Gebrauchstauglichkeit des Demonstrators zu evaluieren. Weiterhin sollen durch den Einsatz von standardisierten Schmerzreizen mögliche Muster in der Visualisierung von Schmerzen aufgezeigt werden. Um die Expert*innen den Ansatz hinsichtlich der Aussicht auf Konstruktvalidität evaluieren zu lassen, werden außerdem die Schmerzen der Patient*innen im Form eines Fragebogens und einer mündlichen Schilderung erfasst und mit den Expert*innen diskutiert.

Die quantitativen und qualitativen Ergebnisse zeigen, dass der Ansatz aus Perspektive der Patient*innen einen klaren Mehrwert aufweist. Im Vergleich zum Fragebogen kann der Schmerz differenzierter angegeben werden und ist somit für ein Gegenüber auch angemessener nachzuvollziehen. Auch die Gebrauchstauglichkeit wird sowohl von den Patient*innen als auch von den Proband*innen als gut bewertet. Skepsis gegenüber dem Ansatz wird von Seiten der Patient*innen hinsichtlich der Auswertbarkeit und vereinzelt auch in Bezug auf die Gebrauchstauglichkeit geäußert, z. B. fallen die Schmerzvisualisierungen heterogen aus: So nutzen die meisten Patient*innen zwar alle Werkzeuge, um differenzierte Abbildungen zu erzeugen, andere aber begnügen sich mit einer Lokalisierung des Schmerzes und einer Bestimmung seiner Größe. Drei Darstellungen von Polyneuropathien allerdings ähneln sich stark, auch in der Gruppe der Proband*innen lassen sich bei allen Teilnehmenden hinsichtlich der Größe und Lokalisierung sowie der gewählten Form Ähnlichkeiten erkennen. Die Expert*innen aus dem Bereich Schmerztherapie fassen den Ansatz grundsätzlich positiv auf und sehen sowohl hinsichtlich der Schmerzanamnese, der Diagnostik als auch der Therapie Potentiale. Dabei müsse aber in einem weiteren Schritt der Beweis einer klinisch/therapeutischen Validität des Ansatzes erbracht werden. Sollte dies gelingen, so ergeben sich eine Vielzahl von unterschiedlichen Einsatzszenarien, sowohl in der chronischen Schmerztherapie, als auch im postoperativen Monitoring.

4.4.4.2 Diskussion und Schlussfolgerungen aus der Demonstrationsstudie

Die Bewertungen des Fragebogens und die Aussagen der Patient*innen zeigen eindeutig, dass der Ansatz zur Erfassung von Schmerzen grundsätzlich geeignet und in Bezug auf Detaillierungsgrad und Bedienbarkeit aus Patient*innensicht potentiell den Fragebögen überlegen sein kann. Patient*innen geben sowohl im Fragebogen als auch mündlich an, dass sie ihre individuellen Leiden in der Visualisierung abgebildet sehen und es damit potentiell Behandler*innen ermöglicht werde, diese Leiden besser nachzuvollziehen. Die Akzeptanz eines solchen

Ansatzes kann somit als gegeben angesehen werden. Es lässt sich weiterhin konstatieren, dass der Ansatz das Potential hat, individuelle Schmerzerfahrungen zu repräsentieren und somit eine neue Form der Ermächtigung von Patient* anbietet.

In der Interaktion mit den Patient*innen kam – im Widerspruch zum Wunsch nach Mitteilung der persönlichen Schmerzerfahrung – wiederholt der Wunsch auf, den Werkzeugen und Modellierungen feste Denotationen zuzuordnen – also eine eindeutige Benennung der Schmerzerfahrung vorzunehmen. Es ist anzunehmen, dass sich darin, aufgrund des teilweise hohen Leidensdrucks der Patient*innen, der Wunsch nach einer ebenso eindeutig hilfreichen Therapieform abbildet. Manche Patient*innen wünschen, sich sicher aufgehoben zu fühlen und bauen daher die Erwartung einer medizinischen Autorität auf, mit welcher es durch eindeutige Angaben zu kommunizieren gilt. Dieses Phänomen gilt es bei einem bewusst offen und ambig gehaltenen Ansatz wie dem hier verfolgten zu reflektieren und beispielsweise durch entsprechende Versuchsaufbauten während der Erhebung (bspw. im Dialog mit Behandler*innen) oder einer virtuellen Assistenz bzw. Durchleitung während der Erfassung zu begegnen.

In den Sitzungen mit den Patient*innen ist deutlich geworden, dass und wie sich die initiale Hypothese dieser Arbeit, die Agentialität (s. Abschnitt 3.1) des Systems, bestätigt. Der Demonstrator moderiert die Erfassung und dieser Umstand führt dazu, dass die Nutzer*innen bestimmte Aspekte ihrer Schmerzen reflektieren, auf welche sie in initialen mündlichen Schilderungen nicht eingegangen sind. Diese Agentialität wird auch von Seiten der Schmerztherapeut*innen als Potential erkannt und benannt, wobei die im Kriterienkatalog definierten Eigenschaften des zu erhebenden Schmerzes bestätigt werden. Die Expert*innen attestieren dem System auf dieser Grundlage einen potentiellen therapeutischen Nutzen, welcher aus den reziproken Eigenschaften der Erfassung resultiert.

Die Frage nach der klinisch/therapeutischen Validität des Demonstrators muss vorerst offen bleiben. Zwar geben die Patient*innen und Proband*innen an, dass sie in den von ihnen erzeugten Abbildungen ihre Schmerzen gut dargestellt sahen. Für eine belastbare Aussage fehlt allerdings eine Wiederholung der Testung, sowie eine größere Stichprobe. Auch besteht das Risiko, dass aufgrund der zum Teil nicht optimalen Gebrauchstauglichkeit nicht alle Patient*innen eine optimal passende Abbildung für ihre Schmerzen gefunden haben (obgleich der Großteil dies angegeben hat) – hier fehlt schlichtweg eine Referenz und es fehlen eindeutige Kriterien im Versuchsaufbau. Indizien einer individuellen Validität – aber auch einer generellen Validität – lassen sich allerdings sowohl bei den Patient*innen, als auch bei den Proband*innen erkennen: Zum einen in der sehr homogenen Darstellung dreier Patient*innen mit Polyneuropathien, zum anderen in den Abbildungen der ebenfalls jeweils homogenen Darstellungen der unterschiedlichen standardisierten Schmerzreize bei den Proband*innen.

Vor allem durch die Testungen mit Patient*innen und Proband*innen, aber auch in der Spiegelung mit Expert*innen aus dem Bereich Schmerztherapie wird deutlich, dass der Demonstrator noch weiterer Anpassungen und Erweiterungen bedarf, um im klinischen Kontext funktional eingesetzt werden zu können. Dazu gehören neben einer Reihe technischer Probleme und Unklarheiten in der Bedienung vor allem Module zu multiplen Schmerzpunkten, die Möglichkeit der Angabe eines zeitlichen Verlaufs, ein deziertes Werkzeug für die Ausstrahlung von Schmerzen, die Möglichkeit der Speicherung, bzw. des Exports der Schmerzvisualisierungen, und die Einbettung in ein Schmerztagebuch.

In Bezug auf die gewählte Methodologie – der Exploration des Ansatzes durch einen Prototypen – aber auch auf der Ebene der individuellen Methode, hat sich das Vorgehen als im hohen Maße produktiv herausgestellt. So kann durch die Vorgehensweise sowohl in der Breite, als auch in der Tiefe eine Vielzahl neuer Erkenntnisse gewonnen werden. Es entstehen aber auch neue Fragen in Bezug auf die bereits bestehenden Einsatzmöglichkeiten sowie hinsichtlich potentieller Weiterentwicklungen der visuell-haptischen Erfassung individueller Schmerzerfahrung mittels interaktiver Eingabe- und Darstellungsformen.

4.5   Der praxisbasierte Entwicklungsprozess

Zu Anfang des Entwicklungsprozesses wurden in der ersten Vorstudie Kriterien zur Verhandlung von Schmerzen definiert. Sie wurden aus der Literaturrecherche und der Befragung von Betroffenen und Behandelnden erarbeitet. Insgesamt wurden acht Kriterien als Zielstellung und Arbeitshypothese formuliert. Diese Kriterien wurden anschließend in einer weiteren Studie (Konzeptstudie) für ein parametrisches Schmerzdokumentationssystem in einen Entwurf übersetzt, der durch die Spiegelung mit den Kriterien sowie mit einem Design-Review evaluiert wurde. Als Ergebnis der Konzeptstudie lässt sich festhalten, dass individuelle Schmerzdokumentation nur in Form eines aktiven und kreativen Aktes gelingen kann und dass das System daher eine möglichst große Anzahl an Artikulationsmöglichkeiten bereithalten sollte. Dies lässt sich nicht mit diskreten Auswahloptionen ('Ressourcen'), sondern vielmehr nur parametrisch mit sich gegenseitig bedingenden Werkzeugen ('direkt manipulatives System') umsetzen.

Der Ansatz eines individuellen Schmerzausdrucks durch parametrische Grafiken wurde in der Grundlagenstudie geprüft. Dazu wurde eine Reihe von Hypothesen zur interaktiven grafischen Schmerzartikulation aufgestellt und grundlegend in Testsitzungen überprüft. Für diese Testsitzungen wurde ein Entwicklungs- und Versuchsaufbau realisiert, in welchem sich Grafiken programmieren und testen lassen, die durch verschiedene Input-Formen (Wischen, Lageänderung und Beschleunigung) zu manipulieren sind. In diesem Versuchsaufbau wurden die Hypothesen in verschiedenen Grafik-Sets materialisiert und mit chronischen Schmerzpatient*innen, sowie gesunden Proband*innen, welchen standardisierte Schmerzreize verabreicht wurden, getestet. In der Grundlagenstudie wurde deutlich, dass Schmerzdokumentation über interaktive Grafiken grundsätzlich möglich ist und die Diversität und Fluidität der Ausdrucksmöglichkeiten – vor allem die der Animation – von Patient*innen als Mehrwert aufgefasst wird. Für die praktischen Umsetzung eines solchen Ansatzes besteht die zentrale Herausforderung darin, zwischen Detaillierungsgrad, Komplexität und Benutzerfreundlichkeit zu vermitteln.

Um die theoretischen Erkenntnisse aus der empirischen Grundlagenstudie praktisch zu verwerten, wurde in der Entwicklungsstudie eine prototypische Anwendung für den Einsatz des individuellen Schmerzausdruckes durch parametrische Grafiken entwickelt. Dazu wurden konkrete Anforderungen sowohl hinsichtlich der Ästhetik als auch der technischen Bedienbarkeit abgeleitet und umgesetzt. In Bezug auf die Darstellungsform folgte daraus die Entwicklung eines experimentellen Versuchsaufbaus zur zufallsbasierten Erzeugung fluider und organischer Formen und Formentransformationen, welche als Grundlage des Prototyps genutzt wurden. Ein weiterer elementarer Teil der Entwicklungsstudie stellte die Exploration von Körperdarstellungen zur Verortung der Schmerzvisualisierung dar. Ebenfalls wurde das in der Konzeptstudie entwickelte Notationssystem elaboriert und mit der neuen fluiden Darstellungsform verknüpft. Alle Elemente wurden schließlich in Form eines Click-Dummies zusammengeführt, in dem einzelne Grafik-Transformationen exemplarisch umgesetzt wurden (Abb. 4.59).

In der Demonstrationsstudie wurde das System in Form eines (High-fidelity-) Prototyps auf seine praktische Eignung getestet und es wurden Potentiale zur medizinisch-therapeutischen Verwendbarkeit und Einsatzszenarien durch empirische Testungen exploriert. Dabei sollte die Frage beantwortet werden: Funktioniert der Ansatz in der praktischen Anwendung? Es sollte dazu sowohl die Perspektive der Patient*innen, als auch diejenige der Behandler*innen berücksichtigt werden. Zu diesem Zweck wird das parametrische Schmerzerfassungssystem in Form einer Webseite umgesetzt und zur Testung auf ein Tablet gespielt. Durch

I Konzeptstudie	II Grundlagen-studie	III Entwicklungs-studie	IV Demonstrations studie
Kriterien zur Schmerzverhand-lung	Wie funktioniert ein individueller Ausdruck anhand von Grafiken?	Welche Parameter braucht der Schmerzaus-druck?	Funktioniert der Ansatz in der Umsetzung?
	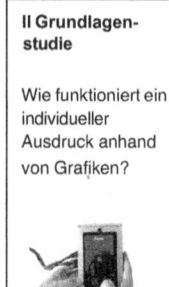		

Abbildung 4.59 Aufbau der Studien: Nach der Entwicklung von Entwurfskriterien und einem Konzept wird im Anschluss eine Grundlagenstudie durchgeführt und die Ergebnisse werden in der Entwicklungsstudie zu einem Demonstrator ausgearbeitet, welcher abschließend exploriert und evaluiert wird.

die Testung mit drei Gruppen (Patient*innen, Proband*innen und Expert*innen aus dem Bereich Schmerztherapie) konnte das Potential des Ansatzes hinsichtlich Anamnese, Diagnostik und Therapie in der chronischen Schmerztherapie belegt werden. Weiterhin konnte die Eingangshypothese der Agentialität des Erfassungssystems nachgewiesen und das medizinisch-therapeutische Potential des Ansatzes erfolgreich adressiert werden.

4.5.1 Diskussion

Der Entwicklungsprozess ist als Dialog aus Theoriebildung (in Form von Hypothesen) und ihrer Materialisierung und Überprüfung angelegt, geleitet durch praktische Entwürfe und Prototypen. Durch die initiale, intensive und interdisziplinäre theoretische Auseinandersetzung mit dem Thema Schmerzen konnten für die Praxis produktive Kriterien aufgestellt werden, welche den Entwicklungsprozess als Orientierung und Zielstellung geleitet haben und die im Demonstrator erfolgreich materialisiert werden konnten (s. Tabelle 4.21). Zugleich konnten die theoretischen Annahmen in der Praxis bestätigt werden. Der Ansatz erweist sich damit sowohl aus Perspektive der Patient*innen, als auch aus derjenigen der Behandler*innen als für die Schmerzerfassung geeignet und das auf dieser Grundlage entwickelte System weist die angenommenen therapeutischen Implikationen auf (Tabelle 4.22).

Tabelle 4.22   Diskussion der Entwurfskriterien

Diskussion anhand Zielstellung und Entwurfskriterien	
Kriterium 1: Abbildung von Körperinformationen nur in Bewegung. Vermittlung von Wandel und Veränderbarkeit.	Die multiplen Dimensionen der Schmerzerfahrung lassen sich durch das entwickelte System abbilden und werden sowohl von Patient*innen als auch von Behandler*innen als Mehrwert empfunden.
Kriterium 2: Ermächtigung der Nutzer*innen durch Aktions-Reflexions-Mechanik. Modellierbare Parameter statt Auswahl.	Die Modellierung der Darstellungen stellt einen intuitiven Zugang dar und ermöglicht ein gesteigertes Maß an Kontrolle des eigenen Schmerzes. In den Sitzungen ließ sich vielfach beobachten, wie die Nutzer*innen durch Iterationen und Korrekturen zu ihrer gewünschten Visualisierung gelangten. Die Therapeut*innen attestierten dieser Form der Notation sogar einen therapeutischen Mehrwert.
Kriterium 3: Beziehung zwischen erfasster Artikulation und Form der Darstellung nachvollziehbar halten.	Die Gültigkeit dieses Kriteriums ist nicht eindeutig. So wurde zwar von einzelnen Patient*innen, aber vor allem von den Therapeut*innen, der Mehrwert einer individuellen Bedeutungserzeugung der Abbildung bestätigt, anderseits kam es auch vereinzelt zu Verwirrungen in der Nutzung.
Kriterium 4: Vermeidung von wertungsimplizierter Ikonografie und Notationslogik. Subjektive Bewertung durch individuelle Bedeutungserzeugung.	In Bezug auf die Behandler*innen wurde die Integration klar begrüßt, da sie einen schnellen Zugang zur Schmerzerfahrung der Patient*innen darstellt. Einige Patient*innen übernahmen in der Notation allerdings die Trennung von Qualität und Quantität der Schmerzen, was auf einen gelernten Zugang zurückgeführt werden kann.
Kriterium 5: Erfahrung in ihrer Vielschichtigkeit und in Bezug auf Körper erfassen.	Das Thema der Subjektivität der Schmerzen wurde durch das entwickelte Erfassungssystem in den Testsitzungen häufig angesprochen. Die visuelle und körperbezogene Visualisierung wurde von den Nutzer*innen als Mehrwert empfunden.

(Fortsetzung)

Tabelle 4.22 (Fortsetzung)

Diskussion anhand Zielstellung und Entwurfskriterien	
Kriterium 6: Zusammenlegung von Intensität und Qualität – beides ist in der Wahrnehmung der Betroffenen nicht trennbar.	Die Zielstellung von fluiden und wandelbaren Schmerzdarstellungen ist erfüllt. Zum einen wurde die Animation von nahezu allen Patient*innen (und Proband*innen) genutzt, zum anderen sind durch die Nutzung des Systems Fragen nach Schmerzverläufen aufgekommen.
Kriterium 7: Organische und bildhafte Erhebung und Darstellung von Körperdaten. ‚Wahrnehmungsnähe‘ herstellen – Bild statt Zeichen.	Die Nutzer*innen gaben an, dass Behandler*innen ihren Schmerz durch die Visualisierungen besser nachvollziehen können – der vermittelten Information wird somit ein unmittelbarer Zugang attestiert.
Kriterium 8: Idiosynkrasie des Schmerzes: Approximation anhand körperlicher Bildmetaphern.	Der visuelle Ansatz stellt einen Mehrwert dar – sowohl für die Kommunikation, als auch hinsichtlich der Nutzerfreundlichkeit und der therapeutischen Verwendung des Systems.

In den empirischen Studien mit Patient*innen, Proband*innen und Expert*innen konnten die Entwurfskriterien geprüft und geschärft, es konnten zudem weitere Fragestellungen und konkrete Praxisanforderungen abgeleitet werden[90]. Die Tiefe und Breite des Erkenntnisgewinns auf Grundlage der praktisch-empirischen Studien sind dabei besonders hervorzuheben und stellen einen unverzichtbaren Bestandteil des Entwicklungsprozesses dar, indem auch ungeplante und unvorhergesehene Phänomene aufgetreten sind. Hier ist vor allem die Untauglichkeit der entwickelten genderneutralen Körperdarstellung zu nennen, um Schmerzen im Bereich der primären Geschlechtsmerkmale zu erfassen[91].

---

[90] Ein früherer und engmaschigerer Einbezug der Patient*innen hätte den Prozess daher sicher beschleunigen und ergänzende Funktionen des Systems hätten früher implementiert werden können. In diesem Punkt verzögerte der grundsätzlich schwierige Zugang zu Patient*innen, welcher aus der besonderen Fürsorgepflicht von Kliniken resultiert, den Entwicklungsprozess. So mussten zu Beginn entsprechende Kontakte hergestellt und ein Ethik-Votum eingeholt werden, in welchem der potentielle Erkenntnisgewinn gegen die Belastungen für die Patient*innen abgewogen wurde. Durch den Umweg über die Konzept- und Click-Dummy Studie in Kombination mit Design-Reviews mit Expert*innen konnte der initial fehlende Patient*innenkontakt allerdings aufgefangen werden. Die abschließende Demonstratorstudie stellt die empirische Bestätigung der auf diese Weise entwickelten Entwurfshypothesen dar.

[91] Dies war natürlich vorhersehbar, erschien aber als zeitgemäß.

Auch kollidiert der vereinzelt geäußerte Wunsch nach ‚Eindeutigkeit' bzw. klarer Vorgabe der Schmerzbedeutung mit dem zu Grunde gelegten (möglicherweise zu idealistisch gedachten) elementaren Wunsch nach Selbstbestimmung.

Insgesamt lässt sich aber konstatieren, dass es mit Hilfe der gewählten Methodologie und der praktischen Vorgehensweise gelungen ist, die definierte Zielsetzung des Entwurfs zu erfüllen und die initial definierten Kriterien durch den Demonstrator empirisch-praktisch zu bestätigen.

Fazit

5

Das Fazit bietet eine Zusammenfassung der Inhalte und Ergebnisse aller Kapitel und eine Darlegung der zentralen praktischen und theoretischen Ergebnisse der Arbeit unter Einschluss der zu berücksichtigenden Limitierungen. Der anschließende Ausblick eröffnet Perspektiven für weiterführende Forschungen und Entwicklungen auf Basis der gewonnenen Erkenntnisse. Das Kapitel endet mit einer Konklusion, in welcher die Leistung der Arbeit für die Perspektive einer personalisierten und patient*innenzentrierten digitalisierten Medizin im allgemeinen und konkret für die Erfassung und Therapie von Schmerzen dargelegt wird.

5.1 Zusammenfassung

In der Einführung konnte die Relevanz des Themas einer digitalen und individuellen Schmerzerfassung aufgezeigt werden: Vor dem Hintergrund einer sich verändernden Gesundheitsversorgung und neuer Entwicklungen in der Medizin gewinnt die Frage nach der persönlichen und individuellen Erfahrung der Patient*innen zunehmend an Bedeutung. Dies lässt sich zum einen auf einen gesellschaftlich-kulturellen Wandel und zunehmend individuell definierte Gesundheitsauffassungen zurückführen, zum anderen auf die zunehmende Integration von digitalen Werkzeugen in Verfahren der Deutung und des Managements der Gesundheit. Es kann somit von einer perspektivischen Verschiebung der medizinischen Tätigkeit von der Reaktion zur Prävention von Krankheiten ausgegangen werden. Sie resultiert aus Vorhersagen, die aufgrund der Auswertung von Referenzdaten möglich werden. Auf einer solchen Praxis aufbauende Präventionen und Therapien können somit nur in dem Maße individuelle Gesundheits-

bzw. Krankheitserfahrungen adressieren, wie diese auch erfasst werden können.
Insofern lässt sich folgern, dass der entscheidende Baustein für eine digitale und
gleichzeitig persönliche und patient*innenzentrierte Medizin eine gleichermaßen
individuell differenzierte wie auch standardisiert-digitale Form der Datenerhebung sein wird. Entsprechend hoch ist die Relevanz der Forschungsfrage:
Wie lässt sich eine persönlich-individuelle Schmerzerfahrung in einer digitalen,
standardisierten Form erfassen?

Die Arbeit kann darlegen, dass in der aktuellen klinischen und digitalen
Praxis bisher keine substantiellen Versuche in diese Richtung unternommen
worden sind. Aktuelle Verfahren stellen lediglich Adaptionen von der Papier-
und-Stift-Versionen von Fragebögen dar, die auf dem Prinzip einer definierten
Schmerz-Systematik und objektiven Schmerzkategorien beruhen. Einige wenige
Projekte, welche auf eine digitale und persönlich-individuelle Schmerzvermittlung abzielen, scheitern entweder an der Anforderung eines tatsächlich individuellen Ausdrucks oder an einer fehlenden Standardisierung. Die prekäre Lage wird
komplementiert durch a) die Absenz dezidierter gestalterischer Entwicklungsprozesse im Bereich der Erfassung persönlich-individueller Schmerzerfahrungen
und b) nur sehr eingeschränkten Entwurfswerkzeugen im UI/UX-Bereich. Es
wurde ermittelt, dass der Großteil der Projekte, in denen bisher mobile Anwendungen zur Schmerzerfassung entwickelt worden sind, anhand genormter HCI
Prozesse durchgeführt wurde. Letztere tendieren dazu, vorhandene Praktiken zu
reproduzieren und somit in Bezug auf Schmerzerfassung bestehende (nicht selten problematische) Kategorien unhinterfragt zu übernehmen. Als problematisch
müssen sie vor allem aus der Perspektive einer agentiellen Wirksamkeit aufgefasst werden. Der Vorbehalt betrifft vor allem Projekte, in denen eine aus der
älteren medizinischen Pathologie stammende mechanistische Schmerzauffassung
zu Grunde gelegt wird. Sie widersprechen einem aktuellen, auf individuelles
Wohlbefinden ausgerichteten Gesundheitsverständnis.

Um ein digitales System mit dem Ziel einer gleichermaßen standardisierten
wie persönlich-individuellen Schmerzerfassung zu entwickeln und die gestalterische Vorgehensweise, sowie die dafür geeigneten Methoden zu explorieren,
wird für den Ansatz der praxisbasierten Forschung argumentiert. In diesem
Ansatz werden einzelne Methoden während des Entwicklungsprozesses anhand
der Zielstellung dynamisch abgeleitet. Ein solches Vorgehen ermöglicht es, den
relationalen und prozesshaften Charakter der Schmerzartikulation zu berücksichtigen, insofern die agentielle Wirksamkeit auch in den Befragungsmethoden und
eingesetzten Prototypen reflektiert wird. Letztlich hat die Idee der praxisbasierten
Forschung zur Folge, dass im Entwurfsprozess selbst eine Verantwortung entsteht und dass der Umgang mit dieser Verantwortung durch die Ethik der/des

Entwerfenden bestimmt wird. Hier wird hinsichtlich eines möglichen Transfers argumentiert, dass dieser Verantwortung zum einen durch eine intensive Einarbeitung in die jeweilige Thematik begegnet werden sollte – um mögliche Folgen abschätzen zu können – und dass zum anderen die individuellen (ethischen) Zielvorstellungen als Teil des Entwurfs explizit gemacht werden müssen. Insofern beantwortet der Entwurf nicht nur die Frage: Wie lässt sich eine persönlich-individuelle Schmerzerfahrung in einer digitalen, standardisierten Form erfassen? Sondern eben auch: Wie sollte eine persönlich-individuelle Schmerzerfahrung in einer digitalen, standardisierten Form erfasst werden?

Dies wird im praktischen Teil der Arbeit beantwortet. Durch eine wechselseitige Verschränkung mit der Schmerzmedizin, sowie der Lebenswelten von Patient*innen, konnten Entwurfsziele grundlegend charakterisiert werden, welche nicht von objektiv erfassbaren Schmerzen ausgehen, sondern die agentielle Wirkmacht der Erfassung reflektiert und produktiv (im Sinne von hypothetisch medizinisch und therapeutisch sinnvoll) einsetzen. Diese aus Literaturrecherche und Befragungen abgeleiteten Kriterien stellen einen „Hybrid-Zustand" aus grundlegenden Entwurfshypothesen und (eben auch individuell moralisch motivierten) Zielstellungen dar. In der folgenden Konzeptstudie wird der Übersetzungsprozess dieser theoretisch-abstrakten Anforderungen beschrieben, aus welchem der elementare praktische Ansatz einer persönlich-individuellen Schmerzerfassung resultiert. Er besteht in der simultanen und fluiden Modulation von multiparametrischen Grafiken. Diese werden in einer darauf aufbauenden Grundlagenstudie evaluiert, in welcher durch einen interaktiven Prototyp das grundsätzliche Potential eines solchen Ansatzes systematisch untersucht und empirisch durch Schmerzpatient*innen validiert werden konnte. Die darauf aufbauende Entwicklungsstudie überträgt den Ansatz in eine praktische Anwendung und ermittelt auf diese Weise die für die Realisierung in Form eines Demonstrators wichtigen Umsetzungskriterien und Fragen. In der abschließenden Umsetzung des Demonstrators konnte schließlich ein praktisch einsetzbares System zur digitalen Erfassung persönlich-individueller Schmerzerfahrung vorgelegt werden. Das System wurde in der Demonstrationsstudie durch Testung und Befragungen von insgesamt vierzehn Schmerzpatient*innen, sieben Proband*innen mit standardisierten Schmerzstimuli, sowie zwölf Schmerztherapeut*innen untersucht. Aufgrund der Sitzungen konnte empiriebasiert a) die Beantwortung der Forschungsfrage validiert, b) die agentielle Wirksamkeit des Systems in der Schmerzerfassung nachgewiesen und es konnten c) die grundlegenden Entwurfshypothesen – bzw. Zielstellungen – bestätigt werden. Abschließend wurden, gemeinsam mit den Schmerztherapeut*innen, mögliche Einsatzszenarien des

Systems und ihre Voraussetzungen erarbeitet – diese reichen von unterschiedlichen Verwendungsarten in der chronischen Schmerztherapie über das Monitoring postoperativer Patient*innen bis hin zu einem universellen Erfassungswerkzeug.

5.2   Konklusion

Die vorliegende Arbeit folgte der Zielsetzung, ein System zu entwickeln, welches persönlich-individuelle Schmerzerfahrung in einer digitalen, standardisierten Form erfassen kann. Somit ist das Ergebnis im engeren Sinn der entwickelte Demonstrator, wie er in der Demonstrationsstudie des vorangegangen Kapitels beschrieben wurde. Im Folgenden wird die Bedeutung des praktischen Ergebnisses der Arbeit im Kontext des Themenbereichs der digitalen patient*innenorientierten Medizin dargelegt (zentrale praktische Ergebnisse der Arbeit), und es werden die daraus resultierenden theoretischen Ableitungen und Implikationen diskutiert (zentrale theoretische Ergebnisse der Arbeit).

5.2.1   Zentrale praktische Ergebnisse der Arbeit

Die vorliegende Arbeit identifiziert im Ausgang von aktuellen Entwicklungen in der Medizin den Bedarf nach einer Erfassung persönlich-individueller Schmerzerfahrung in einer digitalen, standardisierten Form und ihren hypothetischen medizinischen Nutzen. In einem praktischen, empiriegestützten Entwurfsprozess wurde dazu der Ansatz einer digitalen Erfassung anhand simultaner und fluider Modulationen von multiparametrischen Grafiken entwickelt. Dieser Ansatz wurde iterativ ausgearbeitet, so dass am Ende ein Demonstrator vorliegt, welcher sowohl von Patient*innen als auch von Schmerztherapeut*innen hinsichtlich seiner Leistungsfähigkeit validiert wurde. Der Demonstrator belegt, dass es grundsätzlich möglich ist, durch digitale Werkzeuge Patient*innen zu ermächtigen, eigene Visualisierungsformen für ihre Schmerzerfahrungen zu entwickeln. Er belegt zudem, dass die Visualisierungen durch Behandler*innen potentiell produktiv im klinischen Rahmen eingesetzt werden können. Es kann somit als erwiesen gelten, dass die divergenten Anforderungen einer gleichwertigen Berücksichtigung von individuellen Gesundheits- bzw. Krankheitserfahrungen und der Generierung von standardisierten digitalen Datensätzen in der Praxis zusammengeführt werden können. Dabei wurde nicht nur ein konkreter Vorschlag für ein entsprechendes System vorgelegt. Vielmehr wurde in der Neuentwicklung auch die Unmöglichkeit der Objektivierbarkeit von Schmerzen berücksichtigt und auf dieser

Grundlage ein alternativer Vorschlag zur Schmerzerfassung generell entwickelt, in welchem sich nicht nur individuelle Erfahrungen abbilden lassen, sondern in dem auch – empirisch bestätigt – tendenziell medizinisch-therapeutisch sinnvolle Aspekte in neuer Weise bedient werden. Damit bestätigt sich auch die Leistungsfähigkeit des im Projekt formulierten methodologischen Designansatzes, welcher vom Bedarf einer intensiven Einarbeitung in die Thematik Schmerzen und Schmerztherapie und der Orientierung an daraus abgeleiteten Entwurfszielen bzw. Kriterien ausgeht.

Auf der Ebene der einzelnen Entwurfs- und Testmethoden sind im Zuge der Entwicklung des Endprodukts eine Reihe von innovativen und potentiell transferierbaren Ansätzen entstanden. Allen voran ist hier das Entwurfswerkzeug des ‚Smartphone Simulators‘ mit zugehörigem *VVVV*-Skript zu nennen, welcher eine niedrigschwellige Entwicklung direkt manipulativer Systeme und somit auch den frühzeitigen Einsatz von interaktiven Prototypen im Entwicklungsprozess ermöglicht. Weiterhin ist auch der für die Arbeit als sinnvoll erwiesene Methoden-Mix der Prototypen-Studien zu nennen, der aufgrund seiner Kombination unterschiedlicher quantitativer und qualitativer Verfahren auch für vergleichbare Designforschungsprojekte genutzt werden kann.

5.2.2 Zentrale theoretische Ergebnisse der Arbeit

Über die genannten praktischen Leistungen hinaus kann die Arbeit auch in Bezug auf die Theoriebildung im Bereich des Designs und auf dem Gebiet der digitalen Schmerzerfassung relevante Ergebnisse vorlegen. Auch sie lassen sich auf andere Designforschungsprojekte übertragen. Es konnte dargelegt werden, dass Designer*innen dann, wenn sie die Nutzer*innen einbeziehen[1], keine ‚neutrale Moderator*innen‘ mehr sind. Vielmehr wird durch die Gestaltung der Befragung und vor allem den zu testenden Prototyp der Möglichkeitsrahmen der Ergebnisse des Prozesses maßgeblich beeinflusst. Dies ist insbesondere im vorliegenden Fall

---

[1] Damit sind vor allem ‚menschzentrierte Designprozesse‘ aus dem Bereich des HCI mit Nutzer*inneneinbezug gemeint, wie im Kapitel zum Stand der Forschung in dieser Arbeit beschrieben.

der Schmerzerfassung hervorzuheben, da sich Schmerzen nicht objektiv bestimmen lassen und somit Entwürfe durch Testungen nicht oder nur unzureichend
falsifiziert werden können[2].

Die Zielstellung des menschzentrierten Designs muss daher erweitert werden – über die Gestaltung eines ‚Dinges‘ zur Vermittlung von Funktionen an
die Nutzer*in hinaus. Das im Design von Donald Norman geprägte Konzept
des menschzentrierten Designs als Gestaltung der ‚wahrgenommenen Affordanz‘
[204] ist insofern unzureichend, als es von fixen Entitäten (Mensch und System) ausgeht. Der in dieser Arbeit verfolgte Ansatz aktualisiert das Konzept
des menschzentrierten Designs um den Aspekt der Relationalität. Er fasst Menschen und Objekte als Verschränkungen auf, die durch das Design hervorgebracht
werden. Der Designprozess ließe sich somit im Sinne Karen Barads als ‚Apparatur‘ auffassen, die eine Möglichkeit (kontingenter) Verschränkungen materialisiert
[vgl. 25]. Somit braucht es in einem verantwortungsvollen menschzentrierten
Design einen Schritt ‚davor‘, der reflektiert, welche soziotechnischen Konfigurationen (zunächst noch unabhängig von ihrer Ausgestaltung) überhaupt angestrebt
werden (sollten)[3]. Das dergestalt aktualisierte Verständnis von menschzentriertem
Design betont die Verantwortung der Designer*innen während des gesamten Prozesses und auch darüber hinaus – von der Zielstellung über die Gestaltung bis hin
zu perspektivischen Verschränkungen (‚Nutzung des Systems‘). Praktisch bedeutet dies a) eigene Dispositionen zu reflektieren und b) sich ein möglichst breites
Wissen anzueignen, um mögliche Auswirkungen (und somit die Verantwortung
über unmittelbare zeitliche und räumliche Begrenzung hinaus) antizipieren zu
können [vgl. 146].

Die simultane Berücksichtigung und Integration multipler Perspektiven, wie
von John Arnold als zentrale Leistung des Designs formuliert [18], spielt auch
in Bezug auf die Verantwortung im menschzentrierten Design eine essentielle
Rolle. So besteht ein elementarer Modus des Designs darin, zwischen multiplen
(und zum Teil divergenten) Anforderungen zu vermitteln, indem iterativ und pro-
totypenbasiert eine Lösung erarbeitet wird. Dazu ist es wichtig, ein möglichst
tiefes Verständnis für ‚das Problem‘ aus der jeweiligen (z. B.) fachlichen Perspektive zu gewinnen, aus dem heraus die Anforderungen formuliert werden,
um diese beim Entwurf zu berücksichtigen. Die vorliegende Arbeit zeigt, dass

---

[2] Dies ist zusätzlich besonders kritisch, da im Diskurs des partizipativen Designs häufig eine
moralische Wertung mitschwingt, welche ein solches Vorgehen unabhängig von der konkreten Ausgestaltung als ‚gut‘ bzw. ‚besser‘ markiert und somit eine kritische Reflexion
unterwandert.

[3] In diesem Sinne geht es auch um die Operationalisierung eines ‚ethischen‘ oder ‚politi-
schen‘ Designs, welches die Wirkmacht von Designobjekten [vgl. 45] reflektiert.

dieser Ansatz (aus der Perspektive des verantwortungsvollen menschzentrierten Designs) ebenfalls einer Erweiterung bedarf. Eine multiperspektivische Konzeption und Entwicklung gilt nicht nur als Anforderung zur Lösung eines Problems und endet mit der Abgabe des Entwurfs in die Produktion, sondern gilt auch in Bezug auf die perspektivischen soziotechnischen Zusammenschlüsse ‚außerhalb des Designstudios'.

Diese Arbeit schlägt daher vor, menschzentriertes Design (im Bereich der digitalen Gesundheitsversorgung) in erweiterter Form zu denken und es über die prozessuale Rahmung[4] bis in das Ergebnis hinaus auszudehnen. Der Einbezug von Stakeholdern ist dabei essentiell, um entwickelte Hypothesen praktisch zu prüfen und Systeme zu optimieren – dies allein reicht allerdings nicht aus, wenn (wie in diesem Fall) das Ziel eine maximale Mitbestimmung seitens der Patient*innen ist. Vielmehr sollten Systeme, in denen individuelle Gesundheits- und Krankheitserfahrungen (in einer standardisierter Form) verhandelt werden, so konzipiert sein, dass im Ergebnis ein möglichst hoher Gestaltungsspielraum für die Nutzer*innen entsteht. Somit ist das Schmerzerfassungssystem weniger als Abfragewerkzeug sondern als Infrastruktur zu denken, in der Nutzer*innen selbst zu Gestalter*innen innerhalb des Systems erhoben werden. Partizipatives Design geht also über die Entwicklung abgeschlossener Entitäten hinaus und nimmt Einzug in das Prinzip des Artefakts. In diesem Sinne könnte man auch sagen, dass die vorliegende Arbeit einen Weg aufzeigt, wie digitale Gesundheitsversorgung hinsichtlich einer digitalen Designpraxis in Gestalt einer „digitalen Kombinatorik" [291] aktualisiert werden kann.

In Bezug auf das Verhältnis zwischen Designforschung und seiner Methodologie zeigt diese Arbeit, dass sich letztere nicht exklusiv bestimmen lässt. Ein singulärer übergeordneter methodologischer Überbau bzw. eine ‚School of Thought' lässt sich somit nicht identifizieren; stattdessen kommen diverse Methodologien zum Einsatz. Nur so scheint sich das Ziel, ein zu entwickelndes System anschlussfähig zu machen und in bestehende (medizinische) Verwendungskontexte zu integrieren, erreichen zu lassen. Demzufolge kann ein Designforschungsprozess verschiedene Konzepte, Methoden und Techniken beinhalten, welche unter völlig divergenten methodologischen Grundannahmen stehen. So wird beispielsweise die Erarbeitung mit induktiven und grounded Methoden gleichermaßen durchgeführt, während die Gebrauchstauglichkeitsevaluation nach streng positivistischen Verfahren vorgeht. Wenn also im Design gezielt divergente Methodologien in den Entwicklungsprozess aufgenommen werden, lässt sich die These vertreten,

---

[4] Einbezug von Nutzer*innen zur Ermittlung von Anforderungen und Evaluation anhand der Gebrauchstauglichkeit.

dass die methodologische Entscheidung zum Bestandteil des Entwurfs selbst werden muss. Somit kann die Praxis des Designs als höchste Instanz und eine Art Meta-Methodologie verstanden werden. Anders gesagt ergibt sich eine Methodologie des Designs aus der Designpraxis selbst – im Sinne einer individuellen Methodologie oder ‚Theorie der Praxis' [256] der designbasiert Forschenden. Wie Frayling in Bezug auf Kenneth Agnew argumentiert, kommt bei einer solchen Auffassung einer Forschung durch Design der Reflexion eine entscheidende Rolle zu, da durch sie der Prozess für Außenstehende nachvollziehbar und die Forschungsergebnisse wissenschaftlich anschlussfähig gestaltet werden können [98]. Nur so kann zudem Design als potentiell transferierbare Methodologie aufgefasst werden. Es wäre zu diskutieren und weiter zu erforschen, inwiefern eine solche ‚projektautonome Design-Methodologie' eine Erweiterung wissenschaftlicher Arbeit sein kann oder aber zu einer Aufweichung von Kriterien der Wissenschaftlichkeit führen muss, bzw. inwiefern sie einer Standardisierung der Designforschung entgegentritt oder sie gerade befördern kann.

5.2.3 Limitationen

Die Ergebnisse dieser Arbeit unterliegen gewissen Limitationen. Allen voran ist, wie bei praxisbasierten Forschungsarbeiten üblich, die nach einer eng gefassten wissenschaftlichen Auffassung sehr eingeschränkte Falsifizierbarkeit der praktischen Ergebnisse – in diesem Fall des Demonstrators – zu nennen. Wie Rittel und Webber [237] in ihrem vielbeachteten Aufsatz zur Planungstheorie beschreiben, können Vorschläge, welche eine Vielzahl diverser Stakeholder betreffen, niemals ‚wahr' oder ‚falsch' sein, sondern sollten eher mit Kategorien wie ‚schlecht' ‚besser' oder ‚gut genug' bewertet werden. Weiterhin stellt die ‚Personalunion' des PhD-Forschers als gleichzeitig ausführende, initiierende und entwickelnde Person eine entscheidende operative Limitation dar. In der Folge sind die Versuchsaufbauten von einer starken Situiertheit geprägt, sodass sie eher als quasi-experimentelle bzw. quasi-empirische Systeme aufzufassen sind (vgl. Abschnitt 3.2.1.1). In diesem Sinne kann zwar durch das Forschungsdesign auf Grundlage der eingeholten Einschätzung der Patient*innen, Proband*innen und Schmerztherapeut*innen von einem Gelingen bzw. Erfüllen der Forschungsfrage ausgegangen werden[5], eindeutige Rückschlüsse oder Zuordnungen zu einzelnen Designentscheidungen bleiben allerdings interpretativ.

In Bezug auf die Validierung muss kritisch angemerkt werden, dass nur eine sehr kleine Gruppe befragt wurde (einundzwanzig Nutzer*innen und zwölf Expert*innen), welche überwiegend im europäischen Kulturkreis aufgewachsen und allesamt mit derselben Klinik assoziiert sind. Nutzbarkeit und Akzeptanz müssten perspektivisch global geprüft werden. Gerade vor dem Hintergrund unterschiedlicher Schmerzauffassungen konnten bereits in der kleinen Stichprobe Schwankungen in der Anwendbarkeit und Bewertung festgestellt werden. Das müsste durch eine vergleichende Studie in unterschiedlichen Kulturräumen näher untersucht werden. Für den nationalen und europäischen Raum ist aber nicht von maßgeblichen Effekten auszugehen, die den Ansatz als solchen grundsätzlich in Frage stellen könnten.

Auch in Bezug auf die Validierung ist von einer dominant positiven Einstellung der befragten Expert*innen zu dem Projekt auszugehen, da diese zum Teil und zumindest passiv die Entstehung des Systems an der Klinik begleitet haben. Auch dies ist aber eher eine kritisch zu reflektierende Tendenz, weniger eine mögliche Korrumpierung des grundsätzlichen Forschungsergebnisses.

5.2.4 Fazit

Die visuell-haptische Erfassung individueller Schmerzerfahrung mittels interaktiver Eingabe- und Darstellungsformen ist ein innovativer und für die Schmerztherapie potentiell gewinnbringender Ansatz. Ein entsprechendes Schmerzerfassungssystem auf Grundlage der Modulation parametrischer Grafiken ist in einem aktualisierten und verantwortungsvollen menschzentrierten Designprozess entstanden, der in einer multifaktoriellen Entwicklung die agentielle Wirkungsmacht des Designartefakts berücksichtigt. Das geschaffene Schmerzerfassungssystem geht dabei a) auf die Unmöglichkeit der Objektivierung von Schmerzen ein, indem es einen individuellen Ausdruck der Erfahrung ermöglicht, es generiert dabei b) standardisierte Daten für Anamnese und Diagnostik und es fördert c) eine medizinisch-therapeutisch produktive Schmerzauffassung, so dass es ein auf individuelles Wohlbefinden ausgerichtetes Gesundheitsverständnis ermöglich. Somit kann durch das entwickelte System beispielhaft aufgezeigt werden, wie

---

[5] Ob andere Formen der sensorischen Schmerzerfassung wie bspw. (von einer Schmerztherapeutin vorgeschlagen) durch die Modulation von Tönen ein gleichwertiges oder sogar besserer Verfahren darstellen würden, kann diese Arbeit somit ebenfalls nicht beantworten.

Räume für individuelle Erfahrungen geschaffen werden können und wie damit eine patient*innenzentrierte digitalisierte Medizin realisiert werden kann.

5.3   Ausblick

Die visuell-haptische Erfassung individueller Erfahrungen mittels interaktiver Eingabe- und Darstellungsformen stellt einen gewinnbringen Ansatz dar. Das Prinzip des Ansatzes findet sich wohl nicht zufällig auch in der im Juni 2023 von Apple vorgestellten Mindfulness-Anwendung, in der Stimmungen anhand linear modulierbarer Grafiken erfasst werden können (s. Abb. 5.1). Es lässt sich somit davon ausgehen, dass dieser Ansatz zunehmend Verbreitung finden wird und dass insofern auch ein Bedarf nach weiterer Forschung besteht.

Abbildung 5.1 In der Apple ‚Mindfulness' Anwendung wird die Stimmung der Nutzer*innen erfasst, indem diese über einen Schieberegler die darüber angezeigte Grafik modulieren können. Dabei verändert sich der Text und eine animierte grafische Darstellung oberhalb des Reglers. Zentrale Punkte des Kriterienkatalogs dieser Arbeit sind damit erfüllt

Der hier anschließende Ausblick bezieht sich vor allem auf mögliche Anschlussforschung und auf die Weiterentwicklung des Schmerzerfassungssystems. Neben der Adressierung von in den Testungen identifizierten technisch-funktionalen Anforderungen ist in diesem Zusammenhang vor allem die medizinische Validierung des Ansatzes und die Optimierung für verschiedene klinische Einsatzszenarien zu nennen. Der Ausblick baut in großen Teilen auf den Ergebnissen der Expert*innen-Befragung in der Demonstrationsstudie dieser Arbeit auf. Neben diesen konkreten Ansätzen wird außerdem ein allgemeinerer Ausblick gegeben und es werden Herausforderungen für die Designtheorie und -praxis im Bereich der digitalen Gesundheitsversorgung skizziert.

5.3.1 Technisch-funktionale Weiterentwicklung

Im Falle einer Weiterentwicklung des Systems sollten auch die in der Testung ermittelten fehlenden bzw. zu optimierenden Funktionen implementiert werden. Dazu gehört in erster Linie die Möglichkeit, mehrere Schmerzpunkte mit unterschiedlichen Charakteristika angeben zu können. Dafür müsste ein weiteres Modul zum Management der Schmerzpunkte entwickelt werden, in welchem sich diese speichern lassen und in welchem man zwischen unterschiedlichen Schmerzpunkten wechseln, diese aufrufen, verändern, sowie löschen kann. Das würde gerade für chronische Schmerzpatient*innen, welche häufig multimorbid sind, eine sinnvolle Ergänzung darstellen und auch für die Behandler*innen einen Mehrwert bedeuten, weil sie damit auf *einen* Blick die unterschiedlichen Schmerzbereiche der Patient*innen erfassen könnten.

Eine weitere – für den klinischen Einsatz wertvolle – Ergänzung stellt die Entwicklung und Implementierung eines Moduls zur Dokumentation und Darstellung zeitlicher Verläufe (Schmerztagebuch) dar. Das Modul könnte sowohl bei einer entsprechend einfachen Angabe zur reflexiven Erfassung des Schmerzverlaufs über einen definierten Zeitraum eingesetzt werden, als auch zur wiederholten Erfassung jeweils aktueller Schmerzerfahrungen. Auch wäre in diesem Modul die Auswahl und Modulation des letzten angegebenen Schmerzpunktes möglich.

Hinsichtlich der Werkzeuge besteht zum Teil noch Optimierungspotential. So könnten das Animationswerkzeug und das Zackenwerkzeug vereinfacht, sowie deren Steuerung intuitiv nachvollziehbarer gestaltet werden. Auch konnte das Phänomen der Ausstrahlung mit den vorhandenen Werkzeugen nur unzureichend abgebildet werden. Die Ergebnisse weisen darauf hin, dass ein dezidiertes Ausstrahlungswerkzeug entwickelt und implementiert werden sollte. Mögliche Ansätze zu dessen Umsetzung – wie das Dehnen des Schmerzpunktes – konnten in den Testsitzungen durch die Nutzer*innen und Expert*innen dokumentiert werden.

Als essenziell für die praktische Nutzung des Systems ist die Möglichkeit des Speicherns und Exportierens der Schmerzvisualisierungen zu erachten. Dazu ist durch die bereits im Demonstrator angelegte Schmerznotation als Questionaire-Response im FHIR-Datenstandard die Grundlage gegeben. Der nächste Schritt wäre die Integration von Schnittstellen zu

etablierten Krankenhaus-Informationssystemen (KIS) oder die Integration in
Patient-Reporting-Anwendungen mit Möglichkeiten der Auswertung.

5.3.2   Validierung des Ansatzes und klinische Nutzbarmachung

Der erste Schritt hin zu einer klinischen Nutzbarmachung stellt die Validierung des Ansatzes dar. Dazu sollte im ersten Schritt der Beleg individueller
Validität erbracht werden. Ein statistisch signifikanter Anteil der Patient*innen
muss dazu in der Lage sein, die Schmerzen in einer Form darstellen zu können, die diese als korrekt abgebildet erachten. Im nächsten Schritt müsste nach
möglichen Mustern und Differenzen gesucht werden. Sie wären mit bestätig-
ten Diagnosen abzugleichen, um die Visualisierungen als Teil der Anamnese für
diagnostische Zwecke einsetzen zu können. Perspektivisch könnte durch die Korrelation der Schmerzvisualisierungen mit einem ausreichend großen Datensatz
ein Algorithmus angelernt werden, welcher auf Grundlage der Mustererkennung Erkrankungen diagnostizieren oder zukünftige Gesundheitsrisiken anzeigen
könnte.

5.3.3   Optimierung für Einsatzszenarien

Die Diversität der identifizierten Einsatzszenarien wirft die Frage auf, ob
die Leistungsfähigkeit des Ansatzes durch eine Anpassung und Optimierung
auf den jeweiligen Einsatz hin verbessert werden könnte bzw. sollte. Hier
könnte eine vielversprechende Anschlussforschung ansetzen, indem auf Grundlage des entwickelten Ansatzes der simultanen und fluiden Modulation von
multi-parametrischen Grafiken für bestimmte Anforderungen optimierte Varianten
geschaffen werden. In den Gesprächen mit den Expert*innen ist deutlich geworden, dass nicht zu jeder Zeit derselbe Detailierungsgrad relevant ist und dass je
nach Einsatzkontext ergänzende Informationen erfasst werden müssten, welche
sinnvollerweise in das System zu integrieren sind.

5.3.4   Ausblick für die Designtheorie

Wie in der Konklusion dargestellt, eröffnet die Arbeit durch die praktische Entwicklung eines Schmerzerfassungssystems zur individuellen Artikulation eine

neue Perspektive im Bereich des partizipativen Designs digitaler Gesundheits-anwendungen. Konkret wird in dieser Arbeit die Verantwortung über den Prozess hinaus auf die perspektivische Nutzung des Artefakts hin erweitert. Zu unter-suchen wäre in diesem Zusammenhang, welche Auswirkungen ein solches Verständnis der Verantwortlichkeit für das Designverständnis und die Design-profession selbst hat. So müsste die Rolle der individuellen Ethiken und Moral-vorstellungen im Designprozess und im Fach untersucht werden. Perspektivisch könnten Designer*innen künftig vermehrt multiple Faktoren bei der Entwick-lung berücksichtigen, was zu einem zunehmenden Stellenwert von Recherche und Forschungsarbeit im Designprozess führen müsste. In der Folge ist auch von einem vermehrten Forschungsbedarf in Bezug auf entsprechende (designspezifi-sche) Recherche- und Forschungsmethoden auszugehen. Eine künftige Forschung könnte an die vorliegende Arbeit anknüpfen, indem der verfolgte Ansatz des ver-antwortungsvollen menschzentrierten Designs theoretisch weiter geschärft, dabei mit dem Diskurs des Partizipativen- und Co-Designs abgeglichen und zu einem klar abgegrenzten Ansatz elaboriert wird.

5.4 Schluss

Die zunehmende Auflösung von Hierarchiegefällen und der Einbezug marginali-sierter Gruppen in Entscheidungsprozesse, deren Ergebnisse ebendiese Gruppen betreffen, stellt eine markante gesellschaftliche Entwicklung in den letzten Jahr-zehnten dar. Ansätze wie das partizipative Design und das Co-Design stellen für diese Zwecke etablierte Methoden und Formate zur Verfügung und ermöglichen dadurch in immer mehr Lebensbereichen eine Demokratisierung der Planung. Ein ebensolcher Rückbau an Hierarchien lässt sich zunehmend auch in der medizi-nischen Praxis beobachten. Er äußert sich in Postulaten wie dem der Ärztin/des Arztes als Partner*in auf Augenhöhe im Gesundheitsmanagement „mündiger" Patient*innen [vgl. 71]. Auf der anderen Seite ist in der therapeutischen Praxis vielfach ein Wissensgefälle nicht vermeidbar. Expert*innenwissen bleibt wichtig und notwendig. Im Bereich der Schmerzerfassung scheint allerdings das Poten-tial einer Aktualisierung hinsichtlich eines Rollenwechsels sinnvoll – sind die Patient*innen doch eindeutig die Expert*innen in Bezug auf ihre Eigenerfahrung.

Der Philosoph Hans-Georg Gadamer spricht sich in seinem Vortrag „Schmerz – Einschätzung eines Philosophen" für eine Schmerzbewältigung aus, indem man sich dem Schmerz aktiv stellt, statt sich rein passiv einer Therapie hinzugeben. In diesem Sinne operationalisiert das Projekt ein philosophisches

Postulat und ermöglicht es, eine Selbstwirksamkeit zu erfahren, um die „Lebens-
form zu kräftigen und Kraft dieser Belebung das eigene Können und das eigene
Gelingen wieder erfahrbar zu machen" [102].

Durch den in dieser Arbeit entwickelten Ansatz übernimmt das System die
Rolle der Moderation. Dadurch werden die klinisch relevanten Aspekte berücksichtigt, die Schmerzvisualisierung selbst aber wird durch die Patient*innen
prozessual, individuell und selbständig entwickelt. Durch die Integration des partizipativen Grundsatzes in das System ermöglicht dieses potentiell eine neue Form
der Interaktion zwischen Therapeut*innen und Patient*innen und transformiert
die Erfassung in einen co-kreativen Prozess, in welchem die Schmerzvisualisierung eine Aktivierung der Patient*innen und eine Synchronisierung der
Perspektiven bzw. eine Übersetzungsfunktion einnehmen kann. Insofern soll diese
Arbeit nicht nur praktisch eine präzisere Schmerzerfassung und darauf aufbauende Therapien ermöglichen, sondern auch einen Katalysator für eine neue Form
des Austauschs bereitstellen, der grundsätzliche Gedanken des Designs in die
medizinische Praxis integriert und auf diese Weise die Situation für alle an
Schmerzen leidende Personen nachhaltig verbessert.

Literaturverzeichnis

1. Abou Deif O (2010) Schmerzskala
2. Adobe (2022) Übersicht über Funktionen: Möglichkeiten mit XD I Adobe XD. In: Adobe. https://www.adobe.com/de/products/xd/fea-tures.html. Abgerufen am 17. März 2022
3. Adobe (2022) Adobe XD I UI/UX-Design und Zusammenarbeit. In: Adobe. https://www.adobe.com/de/products/xd.html. Abgerufen am 17. März 2022
4. Albrecht UV (2016) Gesundheits-Apps und Risiken. In: Albrecht UV (Hg.) Chancen und Risiken von Gesundheits-Apps (CHARISMHA). Medizinische Hochschule Hannover, Hannover, S. 214–227
5. Albrecht UV, von Jan U (2016) Einführung und Begriffsbestimmungen. In: Albrecht UV (Hg.) Chancen und Risiken von GesundheitsApps (CHARISMHA). Medizinische Hochschule Hannover, Hannover, S. 48–61
6. Alexander C (2002) Notes on the synthesis of form, 17. Ausgabe. Harvard Univ. Press, Cambridge, Mass.
7. Amelunxen H von, Lammert A, Bernhard J, Akademie der Künste, Zentrum für Kunst und Medientechnologie Karlsruhe (2008) Notation: Kalkül und Form in den Künsten ; [... anlässlich der Ausstellung "Notation. Kalkül und Form in den Künsten", 20. September bis 16. November 2008, Akademie der Künste, Berlin ; 14. Februar bis 26. Juli 2009, ZKM, Zentrum für Kunst und Medientechnologie Karlsruhe]. Akademie d. Künste, Berlin
8. Ammer K (1995) Klinische Methoden der Schmerzmessung. Österreichische Zeitschrift für Physikalische Medizin und Rehabilitation 5 (2):68–74
9. Anneser J (2013) Basics Palliativmedizin. Elsevier, Urban & Fischer, München
10. Antonovsky A (1980) Health, stress, and coping. Jossey-Bass Publishers, San Francisco
11. Apkarian AV, Bushnell MC, Treede R-D, Zubieta J-K (2005) Human brain mechanisms of pain perception and regulation in health and disease. European Journal of Pain 9:463–463. https://doi.org/10.1016/j.ejpain.2004.11.001
12. Apple (2019) Health
13. Apple (2020) iOS – Gesundheit. In: Apple (Deutschland). https://www.apple.com/de/ios/health/. Abgerufen am 22. März 2020

14. Apple (2021) HealthKit | Apple Developer Documentation. In: HealthKit. https://dev eloper.apple.com/documentation/healthkit. Abgerufen am 5. Juli 2021

15. AR Prodctions (2019) Kopfschmerz-Tagebuch

16. Arnold B, Brinkschmidt T, Casser H-R, Diezemann A, Gralow I, Irnich D, Kaiser U, Klasen B, Klimczyk K, Lutz J, Nagel B, Pfingsten M, Sabatowski R, Schesser R, Schiltenwolf M, Seeger D, Söllner W (2014) Multimodale Schmerztherapie für die Behandlung chronischer Schmerzsyndrome: Ein Konsensuspapier der Ad-hocKommission Multimodale interdisziplinäre Schmerztherapie der Deutschen Schmerzgesellschaft zu den Behandlungsinhalten. Der Schmerz 28:459–472. https://doi.org/10.1007/s00482-014-1471-x

17. Arnold B, Brinkschmidt T, Casser H-R, Gralow I, Irnich D, Klimczyk K, Müller G, Nagel B, Pfingsten M, Schiltenwolf M, Sittl R, Söllner W (2009) Multimodale Schmerztherapie: Konzepte und Indikation. Der Schmerz 23:112–120. https://doi.org/10.1007/s00482-008-0741-x

18. Arnold J, Clancey W (2016) Creative Engineering – Promoting Innovation by Thinking Differently. Stanford Digital Repository, Stanford

19. von Arx M (2016) Dolografie – Mit diesem Kartenset kann man den Schmerz auf den Tisch legen. In: St. Galler Tagblatt. https://www.tagblatt.ch/leben/gesundheit/mit-die sem-kartenset-kann-man-denschmerz-auf-den-tisch-legen-ld.1572387. Abgerufen am 10. September 2022

20. Axure (2022) Axure – RP UX Prototypes, Specifications, and Diagrams in One Tool. In: Axure. https://www.axure.com/. Abgerufen am 18. März 2022

21. Baamer RM, Iqbal A, Lobo DN, Knaggs RD, Levy NA, Toh LS (2022) Utility of unidimensional and functional pain assessment tools in adult postoperative patients: a systematic review. British Journal of Anaesthesia 128:874–888. https://doi.org/10.1016/j.bja.2021.11.032

22. BAG (2017) Aktuelle Entwicklungen in der datengetriebenen Medizin und die damit verbundenen Herausforderungen und Aufgaben für das BAG. Schweizerische Eidgenossenschaft. Bundesamt für Gesundheit BAG, Bern

23. Bagge-Petersen CM, Langstrup H, Larsen JE, Frølich A (2022) Critical user-configurations in mHealth design: How mHealth-app design practices come to bias design against chronically ill children and young people as mHealth users. DIGITAL HEALTH 8:1–16. https://doi.org/10.1177/20552076221109531

24. Bangor A, Kortum PT, Miller JT (2008) An Empirical Evaluation of the System Usability Scale. International Journal of Human–Computer Interaction 24:574–594

25. Barad K (2015) Verschränkungen. Merve, Berlin

26. Baro E, Degoul S, Beuscart R, Chazard E (2015) Toward a Literature-Driven Definition of Big Data in Healthcare. BioMed Research International 2015:1–9. https://doi.org/10.1155/2015/639021

27. Barth J (2013) Prototyping Interfaces: interaktives Skizzieren mit vvvv. Hermann Schmidt, Mainz

28. Baumann T, Busch K (2016) Von der Idee bis zur fertigen App. In: Trill R (Hg.) Praxisbuch eHealth, 2. Auflage. Kohlhammer, Stuttgart, S.186–201

29. Beklemysheva A (2021) How to Build an Effective Medical Mobile App. https://steelk iwi.com/blog/how-to-build-medical-mobile-app/. Abgerufen am 23. Januar 2021

30. Bendel O (2021) Definition: Digitalisierung. In: Gabler Wirtschaftslexikon. https://wir tschaftslexikon.gabler.de/definition/digitalisierung-54195/version-384620. Abgerufen am 7. Juni 2023
31. Bense M (1965) Projekte generativer Ästhetik. In: Aesthetica. Einführung in die neue Aesthetik. Baden-Baden, S. 333–338
32. Ben-Zeev D, Kaiser SM, Brenner CJ, Begale M, Duffecy J, Mohr DC (2013) Development and usability testing of FOCUS: A smartphone system for self-management of schizophrenia. Psychiatric Rehabilitation Journal 36:289–296. https://doi.org/10.1037/prj0000019
33. Berg V (2010) Medizinische Internetforen: Ärzte als kompetente Teilnehmer. In: Deutsches Ärzteblatt. https://www.aerzteblatt.de/archiv/79214/Medizinische-Internetforen-Aerzte-als-kompetente-Teilnehmer. Accessed 6 May 2022
34. Berners-Lee T, Cailliau R, Luotonen A, Nielsen HF, Secret A (1994) The world-wide web. Communications of the ACM 37:76–82
35. Berwanger J (2018) Definition: Auflösung. In: Gabler Wirtschaftslexikon. https://wir tschaftslexikon.gabler.de/definition/aufloesung-28837/version-252461. Abgerufen am 8. Juni 2023
36. Beubler E (2020) Der Schmerz. In: Kompendium der medikamentösen Schmerztherapie. Springer Berlin Heidelberg, Berlin, Heidelberg, S. 1–9
37. Billingsley T (2015) Pain Tracker
38. BinUzayr S (2022) Mastering UI mockups and frameworks: a beginner's guide. CRC Press, Boca Raton, Florida
39. Bird M-L, Callisaya ML, Cannell J, Gibbons T, Smith ST, Ahuja KD (2016) Accuracy, Validity, and Reliability of an Electronic Visual Analog Scale for Pain on a Touch Screen Tablet in Healthy Older Adults: A Clinical Trial. Interactive Journal of Medical Research 5:e3. https://doi.org/10.2196/ijmr.4910
40. Bjögvinsson E, Ehn P, Hillgren P-A (2012) Design Things and Design Thinking: Contemporary Participatory Design Challenges. Design Issues 28:101–116
41. BLACKROLL (2020) BLACKROLL
42. BMBF (2017) AID — Mensch-Technik-Interaktion. https://www.technik-zum-men schen-bringen.de/projekte/aid. Abgerufen am 20. November 2018
43. Bohn CL, Türp JC (2021) „Ein Bild sagt (noch) mehr …": Diagnostik orofazialer Schmerzen mittels Dolografie®. Der Schmerz 35:307–314. https://doi.org/10.1007/s00 482-021-00532-x
44. Bohnacker H, Groß B, Laub J (2010) Generative Gestaltung: Entwerfen, Programmieren, Visualisieren, 2. Aufl. Hermann Schmidt, Mainz
45. Borries F von (2017) Weltentwerfen: eine politische Designtheorie. Suhrkamp, Berlin
46. Brancozzi A (2021) Mobile cross-platform gesture- guided visual pain tracking for endometriosis. KTH, School of Electrical Engineering and Computer Science (EECS), Stockholm
47. Braun RN (1963) Die Allgemeinpraxis und der Zeitfaktor. Deutsche Medizinische Wochenschrift 88:2084–2092
48. Breitschwerd R (2018) Mobile Health. In: Trill R (Hg.) Praxisbuch eHealth, 2. erweiterte Auflage 2018. Kohlhammer, Stuttgart, S. 171–185
49. Breivik H, Borchgrevink PC, Allen SM, Rosseland LA, Romundstad L, Breivik Hals EK, Kvarstein G, Stubhaug A (2008) Assessment of pain. British Journal of Anaesthesia 101:17–24. https://doi.org/10.1093/bja/aen103

50. Breuer J (2020) „Sexy Beine und Po Tag 1". Zum Design von Eigenkörpererfahrung in mHealth-Apps. IMAGE – Zeitschrift für interdisziplinäre Bildwissenschaft 32:16–38. https://doi.org/10.25969/mediarep/16339

51. Brooke J (1996) SUS: a "quick and dirty" usability scale. In: Jordan PW, Thomas B, Weerdmeester BA, McClelland AL (Hg.) Usability evaluation in industry. Taylor & Francis, London

52. Bruce C, Harrison P, Giammattei C, Desai S-N, Sol JR, Jones S, Schwartz R (2020) Evaluating Patient-Centered Mobile Health Technologies: Definitions, Methodologies, and Outcomes. The Journal of Medical Internet Research mhealth and uhealth 8:e17577. https://doi.org/10.2196/17577

53. Butler DS, Moseley GL, Moog ME, Butler DS (2009) Schmerzen verstehen, 2., [erw.] Aufl. Springer Medizin, Heidelberg

54. Cage J (1969) Notations. Something Else Press, New York

55. Cai RA, Beste D, Chaplin H, Varakliotis S, Suffield L, Josephs F, Sen D, Wedderburn LR, Ioannou Y, Hailes S, Eleftheriou D (2017) Developing and Evaluating JIApp: Acceptability and Usability of a Smartphone App System to Improve Self-Management in Young People With Juvenile Idiopathic Arthritis. The Journal of Medical Internet Research mhealth and uhealth5:e121. https://doi.org/10.2196/mhealth.7229

56. Canguilhem G (2017) Das Normale und das Pathologische. Neu Herausgegeben von Maria Muhle. August Verlag, Berlin

57. Carlile PR (2002) A Pragmatic View of Knowledge and Boundaries: Boundary Objects in New Product Development. Organization Science 13:442–455. https://doi.org/2019-06-1819:03:45

58. Casarett D, Pickard A, Fishman JM, Alexander SC, Arnold RM, Pollak KI, Tulsky JA (2010) Can Metaphors and Analogies Improve Communication with Seriously Ill Patients? Journal of Palliative Medicine 13:255–260. https://doi.org/10.1089/jpm.2009.0221

59. Cervero F (2014) Understanding pain: exploring the perception of pain. MIT Press, Cambridge, Massachusetts

60. Chamorro-Koc M, Gomez R, Dwyer J, Wannenburg E (2021) TAME: Paediatric Pain Empathy Device. Brisbane, Australia

61. Chanques G, Tarri T, Ride A, Prades A, De Jong A, Carr J, Molinari N, Jaber S (2017) Analgesia nociception index for the assessment of pain in critically ill patients: a diagnostic accuracy study. British Journal of Anaesthesia 119:812–820. https://doi.org/10.1093/bja/aex210

62. chemoWave (2020) chemoWave: cancer care tool

63. Chen J, Abbod M, Shieh J-S (2021) Pain and Stress Detection Using Wearable Sensors and Devices—A Review. Sensors 21:1030

64. Chow A, Mayer EK, Darzi AW, Athanasiou T (2009) Patient-reported outcome measures: The importance of patient satisfaction in surgery. Surgery 146:435–443. https://doi.org/10.1016/j.surg.2009.03.019

65. Chow S, Chow R, Lam M, Rowbottom L, Hollenberg D, Friesen E, Nadalini O, Lam H, DeAngelis C, Herrmann N (2016) Pain assessment tools for older adults with dementia in long-term care facilities: a systematic review. Neurodegenerative Disease Management 6:525–538. https://doi.org/10.2217/nmt-2016-0033

66. Christians H (1999) Über den Schmerz: eine Untersuchung von Gemeinplätzen. Akademie Verlag, Berlin
67. Chronic Stimulation (2020) Chronic Pain Tracker
68. Cipolat C, Geiges M (2003) The History of Telemedicine. In: Telemedicine and Teledermatology. Karger Medical and Scientific Publishers, Basel
69. Cleeland CS, Ryan KM (1994) Pain assessment: global use of the Brief Pain Inventory. The Annals is the official journal of the Academy of Medicine 23:129–138
70. Coté CJ, Lerman J, Todres ID (2009) A practice of anesthesia for infants and children, 4. Auflage. Saunders/Elsevier, Philadelphia, PA
71. Coulter A (2002) The autonomous patient: ending paternalism in medical care, 2. Auflage. TSO, London
72. Cross N (1993) Science and design methodology: A review. Research in Engineering Design 5:63–69
73. Curelator (2020) N1-Kopfschmerz
74. Daman (2020) RheumaBuddy
75. Dansie EJ, Turk DC (2013) Assessment of patients with chronic pain. British Journal of Anaesthesia 111:19–25. https://doi.org/2021-02-12 16:14:43
76. Della Mea V (2001) What is e-Health: The death of telemedicine? The Journal of Medical Internet Research 3:e22. https://doi.org/10.2196/jmir.3.2.e22
77. Denzinger J (2018) Das Design digitaler Produkte: Entwicklungen, Anwendungen, Perspektiven. Birkhäuser, Berlin, Boston
78. DFG (2020) Digitaler Wandel in den Wissenschaften
79. Diefenbach S, Hassenzahl M (2017) Psychologie in der nutzerzentrierten Produktgestaltung: Mensch-Technik-Interaktion-Erlebnis. Springer, Berlin
80. Dockweiler C (2016) Akzeptanz der Telemedizin. In: Fischer F, Krämer A (Hg.) eHealth in Deutschland. Springer Berlin Heidelberg, Berlin, Heidelberg, S. 257–271
81. Donia J (2020) Patient and public co-design of smart technologies for health care: a meta-narrative review. University of Toronto, Toronto
82. Dudgeon BJ, Ehde DM, Cardenas DD, Engel JM, Hoffman AJ, Jensen MP (2005) Describing pain with physical disability: Narrative interviews and the McGill Pain Questionnaire. Archives of Physical Medicine and Rehabilitation 86:109–115
83. Egloff N, Egle UT (2008) Weder Descartes noch Freud? Aktuelle Schmerzmodelle in der Psychosomatik. Praxis 97:549–557
84. Ehlich K (1985) The language of pain. Theoretical Medicine and Bioethics 6:177–187
85. Eliasen A, Abildtoft MK, Krogh NS, Rechnitzer C, Brok JS, Mathiasen R, Schmiegelow K, Dalhoff KP (2020) A smartphone app to self-monitor nausea during chemotherapy of childhood cancer. The Journal of Medical Internet Research mHealth and uHealth 20;8(7).e18564
86. Engemann C (2019) eHealth. In: Kasprowicz D, Rieger S (Hg.) Handbuch Virtualität. Springer Fachmedien Wiesbaden, Wiesbaden, S. 1–13
87. EU (2023) Das Paket des Digital Services Act l Gestaltung der digitalen Zukunft Europas. https://digital-strategy.ec.europa.eu/de/policies/digital-services-act-package. Abgerufen am 8. Juni 2023
88. Faraj S, Azad B (2012) The Materiality of Technology: An Affordance Perspective. In: Leonardi PM, Nardi BA, Kallinikos J (Hg.) Materiality and Organizing. Oxford University Press, S. 237–258

89. Feige D Martin (2018) Design Eine Philosphische Analayse. Suhrkamp, Berlin
90. Fergusson D, Monfaredi Z, Pussegoda K, Garritty C, Lyddiatt A, Shea B, Duffett L, Ghannad M, Montroy J, Murad MH, Pratt M, RaderT, Shorr R, Yazdi F (2018) The prevalence of patient engagement in published trials: a systematic review. Research Involvement and Engagement 4:17. https://doi.org/10.1186/s40900-018-0099-x
91. FHIR (2023) Index – FHIR v5.0.0. https://www.hl7.org/fhir/index.html. Abgerufen am 24. Juni 2023
92. Figma (2023) Design-Überblick: Eine Plattform für Zusammenarbeit und Produktentwicklung. In: Figma. https://www.figma.com/de/de-sign-overview/. Abgerufen am 20. Juli 2023
93. Fillingim RB, Loeser JD, Baron R, Edwards RR (2016) Assessment of Chronic Pain: Domains, Methods, and Mechanisms. The Journal of Pain 17:10–20
94. Fischer F, Krämer A (2016) eHealth in Deutschland: Anforderungen und Potenziale innovativer Versorgungsstrukturen. Springer Vieweg, Berlin Heidelberg
95. Foucault M (2016) Die Geburt der Klinik: eine Archäologie des ärztlichen Blicks. 10. Auflage. S. Fischer, Frankfurt/M.
96. Foucault M, Sennelart M, Foucault M (2004) Die Geburt der Biopolitik: Vorlesung am Collège de France 1978–1979. Suhrkamp, Frankfurt a.M
97. Fraunhofer (2018) Maschinelles Lernen. Eine Analyse zu Kompetenzen. Forschung und Anwendung. Fraunhofer-Gesellschaft, München
98. Frayling C (1993) Research in Art and Design. Royal College of Art Research Papers 1:1–5
99. Frederiksen LW, Lynd RS, Ross J (1978) Methodology in the measurement of pain. Behavior Therapy 9:486–488
100. Freund J (2019) Schmerztagebuch – Ake
101. Friedow C (2022) dotbase. https://dotbase.org/. Abgerufen am 10. September 2022
102. Gadamer H-G (2003) Schmerz: Einschätzungen aus medizinischer, philosophischer und therapeutischer Sicht. Winter, Heidelberg
103. Galer BS, Jensen MP (1997) Development and preliminary validation of a pain measure specific to neuropathic pain. Neurology 48:332. https://doi.org/10.1212/WNL.48.2.332
104. Gasson S (2003) Human-Centered Vs. User-Centered Approaches to Information System Design. Journal of Information Technology Theory and Application 5:29–46
105. Geiger A (2018) Andersmöglichsein. Zur Ästhetik des Designs. Transcript, Bielefeld
106. Gerabek WE, Haage BD, Keil G (2005) Enzyklopädie Medizingeschichte. Walter de Gruyter, Berlin New York
107. Gießelmann K (2018) Medizinprodukte: Risikoklasse für Apps steigt. In: Deutsches Ärzteblatt. https://www.aerzteblatt.de/archiv/196980/Medizinprodukte-Risikoklasse-fuer-Apps-steigt. Abgerufen am 10. Juni 2023
108. Glaser BG, Strauss AL (1998) Grounded theory: Strategien qualitativer Forschung. Huber, Bern
109. Göbel (2020) Migräne App
110. Goodman N (2019) Sprachen der Kunst: Entwurf einer Symboltheorie, 9. Auflage. Suhrkamp, Frankfurt am Main
111. Goodwin K, Cooper A (2011) Designing for the Digital Age: How to Create Human-Centered Products and Services. Wiley, Hoboken, New Jersey

112. Goodyear-Smith F, Jackson C, Greenhalgh T (2015) Co-design and implementation research: challenges and solutions for ethics committees. BMC Medical Ethics 16:78
113. Google (2020) Google Health. https://health.google/. Abgerufen am 22. März 2020
114. Google (2020) Google Fit: Gesundheits- und Aktivitätstracking – Apps bei Google Play
115. Göttgens I, Oertelt-Prigione S (2021) The Application of HumanCentered Design Approaches in Health Research and Innovation: A Narrative Review of Current Practices. The Journal of Medical Internet Research mHealth and uHealth 9:e28102
116. Gracely RH, Kwilosz DM (1988) The Descriptor Differential Scale: applying psychophysical principles to clinical pain assessment. Pain 35:279–288
117. Gray C, Malins J (2004) Visualizing research: a guide to the research process in art and design. Ashgate, Aldershot, Hants, England; Burlington, Vermont
118. Gruenenthal (2018) Schmerztagebuch – Pain Tracer
119. Haefeli M, Elfering A (2006) Pain assessment. European Spine Journal 15:S17–S24
120. Haines S, Standing S (2019) Schmerz ist ziemlich strange. Carl-Auer Verlag, Heidelberg
121. Hänisch T (2016) eHealth-eine Begriffsbestimmung. In: eHealth. Wie Smartphones, Apss und Wearables die Gesundheitsversorgung verändern werden. Springer, Wiesbaden
122. Hartmann F (2006) Globale Medienkultur. Facultas, Wien
123. Hassenzahl M, Burmester M, Koller F (2008) Der User Experience (UX) auf der Spur: Zum Einsatz von www.attrakdiff.de. In: Brau H, Diefenbach S, Hassenzahl M, Koller F, Peissner M, Röse K (Hg.) Usability Professionals 2008. German Chapter der Usability Professionals Association, Stuttgart, S, 78–82
124. Hauser-Schäublin: B (2003) Teilnehmende Beobachtung. In: Beer B (Hg.) Methoden und Techniken der Feldforschung. D. Reimer, Berlin, S. 33–54
125. Healint (2020) Migraine Buddy
126. Heck M, Fresenius M (2001) Schmerztherapie. In: Repetitorium Anaesthesiologie: Vorbereitung auf die anästhesiologische Facharztprüfung und das Europäische Diplom für Anästhesiologie. Springer Berlin Heidelberg, Berlin, Heidelberg, S. 473–501
127. Heidingsfelder ML, Bitter F, Ullrich R (2019) Debate through design. Incorporating contrary views on new and emerging technologies. The Design Journal 22:723–735. https://doi.org/10.1080/14606925.2019.1603658
128. Herczeg M (2005) Software-Ergonomie: Grundlagen der Mensch- Computer-Kommunikation. Oldenburg Wissenschaftsverlag, München
129. Herczeg M (2006) Interaktionsdesign: Gestaltung interaktiver und multimedialer Systeme. Oldenburg Wissenschaftsverlag, München
130. Hierl AN, Moran HK, Villwock MR, Templeton KJ, Villwock JA (2021) ABCs of Pain: A Functional Scale Measuring Perioperative Pain in Total Hip Arthroplasty Patients. Journal of the American Academy of Orthopaedic Surgeons Global Research & Reviews 5:e21.0009710. https://doi.org/10.5435/JAAOSGlobal-D-21-00097
131. HKB (2018) Synapse HKB – Dolografie. In: Synapse HKB. https://www.synapse-hkb.ch/dolografie/. Abgerufen am 10. September 2022
132. Ho BV, Beatty S, Warnky D, Sykes K, Villwock J (2022) ActivityBased Checks (ABCs) of Pain: A Functional Pain Scale Used by Surgical Patients. Kansas Journal of Medicine 15:82–85

133. Hoppe K, Lemke T (2021) Neue Materialismen zur Einführung. Junius, Hamburg
134. IASP (2022) Terminology | International Association for the Study of Pain. In: International Association for the Study of Pain (IASP). https://www.iasp-pain.org/resources/terminology/. Abgerufen am 31. Oktober 2021
135. Inal Y, Wake JD, Guribye F, Nordgreen T (2020) Usability Evaluations of Mobile Mental Health Technologies: Systematic Review. Journal of Medical Internet Research 6;22(1):e15337. https://doi.org/2020-11-09 14:20:25
136. Irvine AB, Russell H, Manocchia M, Mino DE, Cox Glassen T, Morgan R, Gau JM, Birney AJ, Ary DV (2015) Mobile-Web App to SelfManage Low Back Pain: Randomized Controlled Trial. The Journal of Medical Internet Research 17:e1
137. ISO (2019) ISO 9241-210:2019. https://www.iso.org/cms/render/live/en/sites/isoorg/contents/data/standard/07/75/77520.html. Abgerufen am 9. November 2020
138. ISO (2020) ISO 9241-11:2018. In: ISO. https://www.iso.org/cms/render/live/en/sites/isoorg/contents/data/standard/06/35/63500.html. Abgerufen am 27. Oktober 2020
139. Jaensson M, Dahlberg K, Eriksson M, Grönlund Å, Nilsson U (2015) The Development of the Recovery Assessments by Phone Points (RAPP): A Mobile Phone App for Postoperative Recovery Monitoring and Assessment. The Journal of Medical Internet Research mHealth and uHealth 3:e86. https://doi.org/10.2196/mhealth.4649
140. Jagtap S (2021) Co-design with marginalised people: designers' perceptions of barriers and enablers. International Journal of CoCreation in Design and the Arts 18e3: 279–302
141. Jensen JF (1998) Tracking a New Concept in Media and Communication Studies. Nordicom Review 19:185–204
142. Jiang M, Mieronkoski R, Syrjälä E, Anzanpour A, Terävä V, Rahmani AM, Salanterä S, Aantaa R, Hagelberg N, Liljeberg P (2019) Acute pain intensity monitoring with the classification of multiple physiological parameters. The Journal of Clinical Monitoring and Computing 33:493–507. https://doi.org/10.1007/s10877-018-0174-8
143. Jiokeng K, Jakllari G, Beylot A-L, Inp-Enseeiht T (2021) HandRate: Heart Rate Monitoring While Simply Holding a Smartphone. 2021 IEEE International Conference on Pervasive Computing and Communications, Kassel. S. 1–11
144. JMIR (2020) JMU – JMIR mHealth and uHealth. https://mhealth.jmir.org. Abgerufen am 9. November 2020
145. Johnson T, Das S, Tyler N (2021) Design for Health: Human-Centered Design Looks to the Future. Global Health: Science and Practice 9:S190–S194
146. Jonas H (2003) Das Prinzip Verantwortung: Versuch einer Ethik für die technologische Zivilisation. Suhrkamp, Frankfurt am Main
147. Jonassaint CR, Rao N, Sciuto A, Switzer GE, De Castro L, Kato GJ, Jonassaint JC, Hammal Z, Shah N, Wasan A (2018) Abstract Animations for the Communication and Assessment of Pain in Adults: Cross-Sectional Feasibility Study. The Journal of Medical Internet Research 20:e10056. https://doi.org/10.2196/10056
148. Kaiser U, Sabatowski R, Azad SC (2015) Multimodale Schmerztherapie: Eine Standortbestimmung. Der Schmerz 29:550–556. https://doi.org/10.1007/s00482-015-0030-4
149. Kantar (2021) Marktanteile der mobilen Betriebssysteme am Absatz von Smartphones in ausgewählten Ländern im 1. Quartal 2021. Statista. In: Statista GmbH. https://de.statista.com/statistik/daten/studie/198453/umfrage/marktanteile-der-smartphone-betriebssystemeam-absatz-in-ausgewaehlten-laendern/. Abgerufen am 5. Juli 2021

150. Karcioglu O, Topacoglu H, Dikme O, Dikme O (2018) A systematic review of the pain scales in adults: Which to use? The American Journal of Emergency Medicine 36:707–714. https://doi.org/10.1016/j.ajem.2018.01.008

151. Kim S, Lee H (2021) A Metaphor-based Approach to Pain Pictogram Design. Archives of Design Research 34:157–171

152. Klein J (2010) What is artistic research? Gegenworte 23:8

153. Kollmann T (2018) Definition: World Wide Web (WWW). In: Gabler Wirtschaftslexikon. https://wirtschaftslexikon.gabler.de/definition/world-wide-web-www-49260/version-272496. Abgerufen am 9. Juni 2023

154. Kollmann T (2018) Definition: Electronic Business. In: Gabler Wirtschaftslexikon. https://wirtschaftslexikon.gabler.de/definition/electronic-business-32185. Abgerufen am 7. Juni 2023

155. Konrad K (2010) Lautes Denken. In: Mey G, Mruck K (Hg.) Handbuch Qualitative Forschung in der Psychologie. VS Verlag für Sozialwissenschaften, Wiesbaden, S. 476–490

156. Kossek B (2012) Einleitung: digital turn? In: Kossek B, Peschl MF (Hg.) Digital turn? zum Einfluss digitaler Medien auf Wissensgenerierungsprozesse von Studierenden und Hochschullehrenden. V & R Unipress; Vienna University Press, Göttingen

157. Krippendorff K (2013) Die semantische Wende: eine neue Grundlage für Design. Birkhäuser, Basel

158. Kuhlmann D (1998) Lebendige Architektur: Metamorphosen des Organizismus. Universitätsverlag Weimar, Weimar

159. Kumar D, Jeuris S, Bardram JE, Dragoni N (2020) Mobile and Wearable Sensing Frameworks for mHealth Studies and Applications: A Systematic Review. ACM Transactions on Computing for Healthcare 2:1–28. https://doi.org/10.1145/3422158

160. Kütemeyer M (2002) Metaphorik in der Schmerzbeschreibung. In: Brünner G, Gülich E (Hg.) Krankheit verstehen: interdisziplinäre Beiträge zur Sprache in Krankheitsdarstellungen. Aisthesis, Bielefeld, S. 191–207

161. Lackes R (2018) Definition: Parameter. In: Gabler Wirtschaftslexikon. https://wirtschaftslexikon.gabler.de/definition/parameter-42989. Abgerufen am 7. Juni 2023

162. Lackes R (2018) Definition: Personal Computer (PC). In: Gabler Wirtschaftslexikon. https://wirtschaftslexikon.gabler.de/definition/personal-computer-pc-45036. Abgerufen am 8. Juni 2023

163. Lackes R, Siepermann M (2018) Gabler Wirtschaftslexikon, Definition: IT. In: Gabler Wirtschaftslexikon. https://wirtschaftslexikon.gabler.de/definition/it-38583/version-262004. Abgerufen am 7. Juni 2023

164. Lalloo C, Kumbhare D, Stinson JN, Henry JL (2014) Pain-QuILT: Clinical Feasibility of a Web-Based Visual Pain Assessment Tool in Adults With Chronic Pain. The Journal of Medical Internet Research 16:e127. https://doi.org/10.2196/jmir.3292

165. Latour B (2019) Eine neue Soziologie für eine neue Gesellschaft: Einführung in die Akteur-Netzwerk-Theorie, 5. Auflage. Suhrkamp, Frankfurt am Main

166. Latulippe K, Giroux D (2020) Co-Design to Support the Development of Inclusive eHealth Tools for Caregivers of Functionally Dependent Older Persons: Social Justice Design. The Journal of Medical Internet Research 22:e18399. https://doi.org/10.2196/18399

167. Lehmann NJ, Karagülle M-U, Kmiotek D, Spielmann F, George B, Junk O, Voisard A, Fluhr JW (2020) mROMA – An expert-based approach for the multidisciplinary rating of mHealth applications. In: 2020 IEEE International Conference on Healthcare Informatics (ICHI). S. 1–11. https://doi.org/10.1109/ICHI48887.2020.9374311
168. Lexikon der Chemie (2023) Fluid. In: Lexikon der Chemie. https://www.spektrum.de/lexikon/chemie/fluid/3381. Abgerufen am 17. Juni 2023
169. Lopes F, Rodrigues M, Silva AG (2021) User-Centered Development of a Mobile App for Biopsychosocial Pain Assessment in Adults: Usability, Reliability, and Validity Study. The Journal of Medical Internet Research mHealth and uHealth 9:e25316. https://doi.org/10.2196/25316
170. LottieFiles (2022) LottieFiles for After Effects. https://lottiefiles.com/plugins/after-effects. Abgerufen am 26. Dezember 2022
171. Luhmann N (2018) Soziale Systeme: Grundriß einer allgemeinen Theorie, 17. Auflage. Suhrkamp, Frankfurt am Main
172. LUMA Institute (2012) Innovating for people: handbook of humancentered design methods, First edition. LUMA Institute, Pittsburgh, Pennsylvania
173. Lupton D (2018) Digital health: critical and cross-disciplinary perspectives. Routledge, Taylor & Francis Group, London; New York
174. Lupton D, Jutel A (2015) 'It's like having a physician in your pocket!' A critical analysis of self-diagnosis smartphone apps. Social Science & Medicine 133:128–135
175. Magerl W, Krumova EK, Baron R, Tölle T, Treede R-D, Maier C (2010) Reference data for quantitative sensory testing (QST): Refined stratification for age and a novel method for statistical comparison of group data. Pain 151:598–605. https://doi.org/10.1016/j.pain.2010.07.026
176. ManagingLife (2020) Manage My Pain
177. Manhart K (2018) Grundlagenserie Business Intelligence: Business Intelligence (Teil 2): Datensammlung und Data Warehouses. https://www.tecchannel.de/a/business-intelligence-teil-2-datensammlung-und-data-warehouses,1739205. Abgerufen am 8. Juni 2023
178. Mankins JC (1996) TECHNOLOGY READINESS LEVELS. Ad-vanced Concepts Office Office of Space Access and Technology NASA. Huntsville, Alabama
179. Mareis C (2014) Theorien des Designs, 2. Korrigierte Auflage 2016. Junius, Hamburg
180. Materia FT, Smyth JM (2021) Acceptability of Intervention Design Factors in mHealth Intervention Research: Experimental Factorial Study. The Journal of Medical Internet Research mHealth and uHealth 9:e23303
181. Matheson GO, Pacione C, Shultz RK, Klügl M (2015) Leveraging human-centered design in chronic disease prevention. American Journal of Preventive Medicine 48:472–479
182. Mathew J, Kant V (2021) Can You See My Pain? Evocative Objects for Comprehending Chronic Pain. In: Chakrabarti A, Poovaiah R, Bokil P, Kant V (Hg.) Design for Tomorrow—Volume 3. Springer Singapore, Singapore, S. 375–386
183. Mau S (2018) Der quantifizierte Gesundheitsstatus. In: Das metrische Wir. Über die Quantifizierung des Sozialen, 3. Auflage. Suhrkamp, Berlin, S. 115–121
184. McWhinney IR (1985) Patient-centred and Doctor-centred Models of Clinical Decision-making. In: Sheldon M, Brooke J, Rector A (Hg.) Decision-Making in General Practice. Macmillan Education UK, London, S. 31–46

185. medicalmotion (2020) medicalmotion7
186. Meißner W (2011) Qualitätsverbesserung in der postoperativen Schmerztherapie. Zeitschrift für Evidenz, Fortbildung und Qualität im Gesundheitswesen 105:350–353. https://doi.org/10.1016/j.zefq.2011.05.017
187. Melzack R (1975) The McGill Pain Questionnaire: Major properties and scoring methods. PAIN 1:277–299
188. Melzack R, Wall PD (1965) Pain Mechanisms: A New Theory. Science 150:971–9781
189. Mentler T, Scherf J (2020) Gebrauchstauglichkeit, Akzeptanz und Nutzungserlebnis von mHealth-Anwendungen. In: Pfannstiel MA, Holl F, Swoboda WJ (Hg.) mHealth-Anwendungen für chronisch Kranke. Springer Fachmedien Wiesbaden, Wiesbaden, S. 253–270
190. Merboth M, Barnason S (2000) Managing pain: the fifth vital sign. The Nursing clinics of North America 35:375–383
191. Microsoft (2020) Digital Health | Microsoft. https://www.microsoft.com/en-us/industry/health. Abgerufen am 22. März 2020
192. Moormann J (2020) App. In: Statista. https://www.gabler-banklexikon.de/definition/app-70646/version-374605
193. Morone NE, Weiner DK (2013) Pain as the Fifth Vital Sign: Exposing the Vital Need for Pain Education. Clinical Therapeutics 35:1728–1732
194. MoxyTech (2020) GeoPain
195. Mühlenberend A (2006) Eine Form der Therapie. design report 6:32–34
196. Myers DR, Weiss A, Rollins MR, Lam WA (2017) Towards remote assessment and screening of acute abdominal pain using only a smartphonewith native accelerometers. Scientific Reports 7:12750
197. Nanolume (2020) Pain Tracker & Diary
198. Nelson EC, Eftimovska E, Lind C, Hager A, Wasson JH, Lindblad S (2015) Patient reported outcome measures in practice. British Medical Journal 350:g7818. https://doi.org/10.1136/bmj.g7818
199. Neurath M, Kinross R (2017) Die Transformierer: Entstehung und Prinzipien von Isotype. Niggli, Zürich
200. Newsenselab (2020) M-sense: Migräne & Kopfschmerz
201. Nilsen W, Kumar S, Shar A, Varoquiers C, Wiley T, Riley WT, Pavel M, Atienza AA (2012) Advancing the Science of mHealth. Journal of Health Communication 17:5–10
202. Nischwitz A, Fischer M, Haberäcker P (2007) Zusammenhang zwischen Computergrafik und Bildverarbeitung. In: Computergrafik und Bildverarbeitung: Alles für Studium und Praxis. Vieweg, Wiesbaden, S. 6–23
203. Noorbergen TJ, Adam MTP, The University of Newcastle, Roxburgh M, The University of Newcastle, Teubner T, Technical University Berlin (2021) Co-design in mHealth Systems Development: Insights From a Systematic Literature Review. AIS Transactions on HumanComputer Interaction 13:175–205. https://doi.org/10.17705/1thci.00147
204. Norman DA (1999) Affordance, Conventions, and Design. Interactions 6:38–43
205. Norman DA (2005) Human-centered design considered harmful. interactions 12:14–19
206. Nothnagel H, Puta C, Lehmann T, Baumbach P, Menard MB, Gabriel B, Gabriel HHW, Weiss T, Musial F (2017) How stable are quantitative sensory testing measurements

over time? Report on 10-week reliability and agreement of results in healthy volunteers. Journal of Pain Research 10:2067–2078. https://doi.org/10.2147/JPR.S137391

207. Nowak P, Spranz-Fogasy T (2008) Medizinische Kommunikation – Arztund Patient im Gespräch. Jahrbuch Deutsch als Fremdsprache 34:80–96

208. Ologeanu-Taddei R (2020) Assessment of mHealth Interventions: Needfor New Studies, Methods, and Guidelines for Study Designs. The Journal of Medical Internet Research Medical Informatics 8:e21874. https://doi.org/10.2196/21874

209. Onmeda (2020) Krankheitsgebiete. In: Onmeda-Forum. https://fragen.onmeda.de/forum/krankheitsgebiete. Abgerufen am 5. Mai 2022

210. Onmeda (2022) Über uns. https://www.onmeda.de/ueber-uns-id201209/. Accessed 6 May 2022

211. Ouchie (2020) Ouchie

212. Oulasvirta A, Hornbæk K (2021) Counterfactual Thinking: What Theories Do in Design. International Journal of Human–Computer Interaction 38(1):78–92. https://doi.org/10.1080/10447318.2021.1925436

213. Ozkaynak M, Sircar CM, Frye O, Valdez RS (2021) A Systematic Reviewof Design Workshops for Health Information Technologies. Informatics 8:34. https://doi.org/10.3390/informatics8020034

214. Parnas DL, Weiss DM (1987) Active design reviews: Principles and practices. Journal of Systems and Software 7:259–265. https://doi.org/10.1016/0164-1212(87)90025-2

215. PCMAG (2023) Definition of press and hold. In: PCMAG. https://www.pcmag.com/encyclopedia/term/press-and-hold. Abgerufen am 20. Juni 2023

216. Peirce CS (1983) Phänomen und Logik der Zeichen. Suhrkamp, Frankfurt am Main

217. Pfeiffer F (2014) To Do: Die Neue Rolle Der Gestaltung In Einer Veränderten Welt. Hermann Schmidt Verlag, Mainz

218. Pioch S (2019) Entwickeln eines Prototyps. In: Digital Entrepreneurship. Springer Fachmedien Wiesbaden, Wiesbaden, S. 29–42

219. Pohl J (2019) Wie Progressive Web Apps die Smartphones erobern. In: silver.solutions. https://blog.silversolutions.de/2019/07/b2btechnologie/wie-progressive-web-apps-die-smartphones-erobern/. Abgerufen am 7. September 2021

220. Polanyi M (1966) The tacit dimension. Doubleday, Garden City, New York

221. Portenoy RK, Ahmed E, Krom C (2022) Assessment and Management of Pain. In: Dimitrov N, Kemle K (Hg.) Palliative care medicine for physician assistants: fostering resilience and managing seriously ill patients. Oxford University Press, New York, NY, S. 214–258

222. Postbank (2020) Welches der folgenden Endgeräte benutzen Sie zum Surfen im Internet? In: Statista. https://de.statista.com/statistik/daten/studie/1118965/umfrage/endgeraete-zur-internetnutzung-indeutschland-nach-altersgruppen/. Abgerufen am 5. Juli 2021

223. Prinz D (2009) Nozizeption. In: DocCheck Flexikon. https://flexikon.doccheck.com/de/Nozizeption. Abgerufen am 10. Januar 2022

224. Processing (2022) Welcome to Processing! In: Processing. https://processing.org//de/. Abgerufen am 18. März 2022

225. Prodanoff Z, White-Williams C, Chi H (2021) Regulations and Standards Aware Framework for Recording of mHealth App Vulnerabilities: International Journal of E-Health and Medical Communications 12:1–16. https://doi.org/10.4018/IJEHMC.202 10501.oa1

226. Que P, Guo X, Zhu M (2016) A Comprehensive Comparison between Hybrid and Native App Paradigms. In: 2016 8th International Conference on Computational Intelligence and Communication Networks (CICN). S. 611–614

227. Rao N (2015) Redesigning the Pain Assessment Conversation. School of Design at Carnegie Mellon University, Pittsburgh, Pennsylvania

228. Rao N, Perdomo S, Jonassaint C (2022) A Novel Method for Digital Pain Assessment Using Abstract Animations: Human-Centered Design Approach. The Journal of Medical Internet Research Human Factors 9:e27689. https://doi.org/10.2196/27689

229. Rathgeb M, Aicher O (2015) Otl Aicher. Phaidon Press, London ; New York

230. Rehn J (2019) Gesunde Gestaltung. Priming- und Placebo-Effekte als gesundheitsverhaltenswirksame empiriegestützte Gestaltungsmethodik. Springer, Frankfurt am Main

231. Reiche D (2010) Roche-Lexikon Medizin, 5. Auflage. Urban & Fischer, München Jena

232. Reinecke J (2014) Grundlagen der standardisierten Befragung. In: Baur N, Blasius J (Hg.) Handbuch Methoden der empirischen Sozialforschung. Springer Fachmedien Wiesbaden, Wiesbaden, S. 601–617

233. Reitebuch L (2022) MHealth-Anwendungen in der Gesetzlichen Krankenversicherung.In: Mobile Health Applications. Springer Berlin Heidelberg, Berlin, Heidelberg, S. 335–400

234. Repschläger J, Pannicke D, Zarnekow R (2010) Cloud Computing: Definitionen, Geschäftsmodelle und Entwicklungspotenziale. HMD Praxis der Wirtschaftsinformatik 47:6–15

235. Richter M, Weiß T (2018) Der Einfluss von Schmerzwörtern auf die Schmerzverarbeitung. Der Schmerzpatient 1:168–175. https://doi.org/10.1055/a-0641-7376

236. Rismawan W, Marchira CR, Rahmat I (2020) Usability, Acceptability, and Adherence Rates of Mobile Application Interventions for Prevention or Treatment of Depression. Journal of Psychosocial Nursing and Mental Health Services 1;59(2):41–47

237. Rittel HWJ, Webber MM (1973) Dilemmas In A General Theory Of Planning. Policy Sciences 4:155–169

238. Roberts C (2005) Gatekeeping theory: An evolution. The University of South Carolina, San Antonio, Texas

239. Rodrigues JC, Avila MA, dos Reis FJJ, Carlessi RM, Godoy AG, Arruda GT, Driusso P (2022) 'Painting my pain': the use of pain drawings to assess multisite pain in women with primary dysmenorrhea. BMC Women's Health 22:370. https://doi.org/10.1186/s12905-022-01945-1

240. Rodriguez-Calero IB (2020) Prototyping strategies for stakeholder engagementduring front-end design: Design practitioners' approaches in the medical device industry. Design Studies 71:35

241. Rog DJ, Nurmikko TJ, Friede T, Young CA (2007) Validation and Reliability of the Neuropathic Pain Scale (NPS) in Multiple Sclerosis. The Clinical Journal of Pain 23:473–481. https://doi.org/10.1097/AJP.0b013e31805d0c5d

242. Rolke R, Baron R, Maier C, Tölle TR, Treede -D. R., Beyer A, Binder A, Birbaumer N, Birklein F, Bötefür IC, Braune S, Flor H, Huge V, Klug R, Landwehrmeyer GB, Magerl

W, Maihöfner C, Rolko C, Schaub C, Scherens A, Sprenger T, Valet M, Wasserka B (2006) Quantitative sensory testing in the German Research Network on Neuropathic Pain (DFNS): standardized protocol and reference values. Pain 123:231–243. https://doi.org/10.1016/j.pain.2006.01.041

243. Roobol S (2018) Kopfschmerz-Tagebuch

244. Ross EL, Jamison RN, Nicholls L, Perry BM, Nolen KD (2020) Clinical Integration of a Smartphone App for Patients With Chronic Pain: Retrospective Analysis of Predictors of Benefits and Patient Engagement Between Clinic Visits. The Journal of Medical Internet Research 22:e16939. https://doi.org/10.2196/16939

245. Rothgangel A, Braun S, Smeets R, Beurskens A (2017) Designand Development of a Telerehabilitation Platform for Patients With Phantom Limb Pain: A User-Centered Approach. The Journal of Medical Internet Research Rehabilitation and Assistive Technologies 4:e2. https://doi.org/10.2196/rehab.6761

246. Roto V, Obrist M, Väänänen-Vainio-Mattila K (2010) User Experience Evaluation Methods in Academic and Industrial Contexts. Proceedings of the Workshop UXEM

247. Rüfenacht SA Katja (2020) Dolografie. https://www.dolografie.com/. Abgerufen am 18. November 2020

248. Rünker M (2022) Körpertechniken. In: Bart M, Breuer J, Freier AL (Hg.) Atlas der Datenkörper. transcript Verlag, Bielefeld, S. 18–21. https://doi.org/10.14361/978383 9461785-003

249. Salinas E, Cueva R, Paz F (2020) A Systematic Review of UserCentered Design Techniques. In: Marcus A, Rosenzweig E (Hg.) Design, User Experience, and Usability. Interaction Design. Springer International Publishing, Cham, S. 253–267

250. Salmony M (1995) Multimedia — was ist das, wer will das, wie macht man das? In: Eberspächer J (Hg.) Neue Märkte durch Multimedia/New Markets with Multimedia. Springer Berlin Heidelberg, Berlin, Heidelberg, S. 9–15

251. Sanders EB-N, Stappers PJ (2008) Co-creation and the new landscapes of design. CoDesign 4:5–18

252. Sauer T (2009) Notations 21. Mark Batty Publisher, Brooklyn, New York

253. Saussure FD (2001) Grundfragen der allgemeinen Sprachwissenschaft, 3. Auflage. De Gruyter, Berlin

254. Schirra J (2013) Bilder als Medien – GIB – Glossar der Bildphilosophie. http://www.gib.uni-tuebingen.de/netzwerk/glossar/index.php?title=Bilder_als_Medien. Abgerufen am 7. Juni 2023

255. Scholz OB (1996) Schmerzmessung. In: Basler H-D, Franz C, Kröner-Herwig B, Rehfisch HP, Seemann H (Hg.) Psychologische Schmerztherapie. Springer Berlin Heidelberg, Berlin, Heidelberg, S. 267–290

256. Schön DA (2003) The reflective practitioner: how professionals think in action. Ashgate, Aldershot

257. Schott GD (2010) The cartography of pain: The evolving contribution of pain maps. European Journal of Pain 14(8): 784–791

258. Schulmeister R (2002) Taxononomie der Interaktivität von Multimedia- Ein Beitrag zur aktuellen Metadaten-Diskussion (Taxonomy of Interactivity in Multimedia – A Contribution to the Acutal Metadata Discussion). it – Information Technology 44:193–199

259. Schulz T (2018) Zukunftsmedizin: wie das Silicon Valley Krankheiten besiegen und unser Leben verlängern will. Deutsche VerlagsAnstalt, München
260. Seiffert H (1977) Einführung in die Wissenschaftstheorie. 2: Geisteswissenschaftliche Methoden: Phänomenologie, Hermeneutik und historische Methode, Dialektik, 7. Auflage. Beck, München
261. Sekhon M, Cartwright M, Francis JJ (2017) Acceptability of healthcare interventions: an overview of reviews and development of a theoretical framework. BMC Health Services Research 17:88. https://doi.org/10.1186/s12913-017-2031-8
262. Selfapy (2019) Selfapy – Stimmungstagebuch
263. SILECI (2016) Symdir – symptom diary made easy
264. Simon HA (1996) The sciences of the artificial, 3. Auflage. MIT Press, Cambridge, Massachusetts
265. Sketch (2022) Sketch. In: Sketch. https://www.sketch.com/. Abgerufen am 17. März 2022
266. Smeets RJ, Hijdra HJ, Kester AD, Hitters MW, Knottnerus JA (2006) The usability of six physical performance tasks in a rehabilitation population with chronic low back pain. Clinical Rehabilitation 20:989–997. https://doi.org/10.1177/0269215506070698
267. SmoothMobile (2018) Symptom-tracker
268. Softarch Technologies (2020) iMigraine – migraine tracker
269. Solís-Galván JA, Vázquez-Reyes S, Martínez-Fierro M, VelascoElizondo P, Garza-Veloz I, Caldera-Villalobos C (2021) Towards Development of a Mobile Application to Evaluate Mental Health: SystematicLiterature Review. In: Mejia J, Muñoz M, Rocha Á, Quiñonez Y (Hg.) New Perspectives in Software Engineering. Springer International Publishing, Cham, S. 232–257
270. Sommer M (2088) Stift, Blatt und Kant: Philosophie des Graphismus. Suhrkamp, Frankfurt am Main
271. Sood R, Stoehr JR, Janes LE, Ko JH, Dumanian GA, Jordan SW (2020) Cell Phone Application to Monitor Pain and Quality of Life in Neurogenic Pain Patients: Plastic and Reconstructive Surgery – Global Open 8:e2732. https://doi.org/10.1097/GOX.0000000000002732
272. Stark E, Ali D, Ayre A, Schneider N, Parveen S, Marais K, Holmes N, Pender R (2020) Coproduction with Autistic Adults: Reflections from the Authentistic Research Collective. Autism in Adulthood 3(2): 195–203. https://doi.org/10.1089/aut.2020.0050
273. Statista (2017) Smartphones und Tablets – Besitzer nach Geschlecht 2017. In: Statista. https://de.statista.com/statistik/daten/studie/13429/umfrage/besitzer-von-smartphones-und-tablet-pcsnach-geschlecht/. Abgerufen am 6. Juli 2021
274. Statista (2020) Welches Betriebssystem läuft auf Ihrem (hauptsächlich genutzten) Smartphone? In: Statista. https://de.statista.com/prognosen/999737/deutschland-beliebteste-smartphone-betriebssysteme. Abgerufen am 5. Juli 2021
275. Steingrímsdóttir ÓA, Engdahl B, Hansson P, Stubhaug A, Nielsen CS (2020) The Graphical Index of Pain: a new web-based method for high-throughput screening of pain. Pain 161:2255–2262. https://doi.org/10.1097/j.pain.0000000000001899
276. Stoyanov SR, Hides L, Kavanagh DJ, Zelenko O, Tjondronegoro D, Mani M (2015) Mobile App Rating Scale: A New Tool for Assessing the Quality of Health Mobile Apps. The Journal of Medical Internet Research mHealth and uHealth 3:e27. https://doi.org/10.1097/10.2196/mhealth.3422

277. Strategy Analytics (2020) Tablets – Marktanteile Betriebssysteme weltweit bis Q4 2019. In: Statista. https://de.statista.com/statistik/daten/studie/196140/umfrage/markta nteile-der-fuehrenden-betriebssysteme-im-tablet-markt-seit-2010/. Abgerufen am 6. Juli 2021

278. Sullivan MJL, Bishop SR, Pivik J (1995) The Pain Catastrophizing Scale: Development and validation. Psychological Assessment 7:524–532

279. Swann GMP (2000) The Economics of Standardization. Manchester Business School, Manchester

280. Swanston M, Abraham C, Macrae WA, Walker A, Rushmer R, Elder L, Methven H (1993) Pain assessment with interactive computer animation. Pain 53:347–351. https://doi.org/10.1016/0304-3959(93)90231-D

281. Symple Health (2020) Symple Symptom Tracker

282. Tait RC, Chibnall JT, Krause S (1990) The Pain Disability Index: psychometric properties. Pain 40:171–182

283. Tandem Loop (2020) Tabletten Erinnerung

284. Track & Share Apps (2018) TracknShare LITE

285. Trill R (2018) eHealth Anwendungen in der Übersicht. In: Praxisbuch eHealth, 2. erweiterte und überarbeitete Auflage. Kohlhammer, Stuttgart, S. 45–68

286. Tripathi L, Kumar P (2014) Challenges in pain assessment: Pain intensity scales. Indian Journal of Pain 28:61. https://doi.org/10.4103/0970-5333.132841

287. Vater J, Töpfer L (2019) BASICS Anästhesie, Intensivmedizin und Schmerztherapie, 5. Auflage. Elsevier, München

288. Voss C, Krtilová K, Engell L (2019) Einleitung. In: Medienanthropologische Szenen: die conditio humana im Zeitalter der Medien. Wilhelm Fink, Paderborn

289. VVVV (2020) vvvv – a multipurpose toolkit. In: vvvv. https://vvvv.org/documentation/vvvv-a-multipurpose-toolkit. Abgerufen am 28. Oktober 2020

290. WHO (2020) What is the WHO definition of health? https://www.who.int/about/who-we-are/frequently-asked-questions. Abgerufen am 11. Mai 2020

291. Willmann J (2017) Digitale Kombinatorik: Daten, Empirie und Partizipation. In: Hartmann F, Hapke T (Hg.) Wilhelm Ostwald: Farbenlehre, Formenlehre: eine kritische Rekonstruktion. Avinus Verlag, Hamburg, S. 36–54

292. Winkpass Creations (2019) Wellth Gesundheits-Tracker

293. Witteman HO, Vaisson G, Provencher T, Chipenda Dansokho S, ColquhounH, Dugas M, Fagerlin A, Giguere AM, Haslett L, Hoffman A, Ivers NM, Légaré F, Trottier M-E, Stacey D, Volk RJ, Renaud J-S (2021) An 11-Item Measure of User- and Human-Centered Design for Personal Health Tools (UCD-11): Development and Validation. The Journal of Medical Internet Research 23:e15032. https://doi.org/10.2196/15032

294. Wittgenstein L (2021) Tractatus logico-philosophicus, 38. Auflage. Suhrkamp, Berlin.

295. XEROX (1975) ALTO: A Personal Computer System Hardware Manual. XEROX.

296. Yannik T, Eva-Maria M, Dana S, Sarah P, Alexandra P, Anna-Sophia E, Melanie B, Mike P, Harald B, Lasse S (2021) Systematic evaluationof content and quality of English and German pain apps in European app stores. Internet Interventions 24:100376295. https://doi.org/10.1016/j.invent.2021.100376

297. Zill JM, Zeh S, Scholl I (2023) Patientenzentrierte Versorgung. https://www.mwv-berlin.de/meldung/!/id/336. Abgerufen am 7. Juni 2023

298. Zygote (2022) Zygote Body 3D Anatomy Online Visualizer | Human Anatomy 3D. https://www.zygotebody.com/. Abgerufen am 25. Dezember 2022

299. (2006) Notation. In: dtv-Lexikon: in 24 Bänden, Genehmigte Sonderausg. Dt. Taschenbuch-Verl, München, S.38

GPSR Compliance

The European Union's (EU) General Product Safety Regulation (GPSR) is a set of rules that requires consumer products to be safe and our obligations to ensure this.

If you have any concerns about our products, you can contact us on ProductSafety@springernature.com

In case Publisher is established outside the EU, the EU authorized representative is:

Springer Nature Customer Service Center GmbH
Europaplatz 3
69115 Heidelberg, Germany

The manufacturer's authorised representative in the EU is Springer
Nature Customer Service Centre GmbH, Europaplatz 3, 69115 Heidelberg,
Germany. If you have any concerns regarding our products, please
contact ProductSafety@springernature.com

Printed and bound by CPI Group (UK) Ltd, Croydon, CR0 4YY

28/04/2026

02098513-0002